2판 과학기술로 세상 바로 읽기

송성수 · 최경희 지음

 북스힐

제2판 서문

"STS는 21세기의 필수 교양이다." 필자가 수업이나 강연에서 종종 하는 말이다. STS는 과학기술과 사회(science, technology and society) 혹은 과학기술학(science and technology studies)의 머리철자를 딴 것이다. 과학기술이 인간의 일상생활에 깊이 스며들고 사회적 이슈에서도 단골 메뉴로 등장함에 따라 과학기술에 대한 인문학적·사회과학적 접근이 매우 중요해지고 있다.

세상을 보는 방법에도 여러 가지가 있겠지만, 이 책은 인간사회에 과학기술을 담고 과학기술에 인간사회를 녹이는 접근을 시도하고 있다. 인간사회를 논하는 데 있어 과학기술을 빠뜨려서도 안 되고, 과학기술에 고착되어 인간사회를 놓쳐서도 안 된다는 의미다. 세상을 제대로 이해하기 위해서는 적어도 과학기술의 측면과 인간사회의 측면이 동시에 고려되어야 하는 것이다.

이 책은 부산대학교의 교양과목인 '과학기술로 읽는 세상'의 교재로도 사용되고 있다. 지난 몇 년 동안 이 책의 초판으로 수업을 하면서 개정증보판의 필요성을 절실히 느꼈다. 과학기술이 워낙 빠르게 변화하고 이에 대한 새로운 사회적 이슈도 속속 등장하고 있기 때문이다. 그러나 원고를 실제로 보완하는 일은 계속해서 미루어져 왔고, 이 책의 초판 3쇄가 거의 매진되었다는 소식을 듣고서야 개정 작업에 속도를 내게 되었다.

개정증보판을 어떤 식으로 준비할까 고민을 하다가 초판의 내용을 가급적 보존하면서 몇몇 부분을 집중적으로 보완하는 방향으로 가닥을 잡았다. 초판은 26장으로 구성되어 있었지만, 개정증보판은 28장으로 늘어났다. 초판의 '기술에 관한 두 가지 물음'은 내용을 보완하여 '과학과 기술의 관계(제3장)'와 '기술과 사회의 얽힘(제4장)'으로 분리했고, 초판에 없던 '과학기술과 공공정책(제27장)'을 추가했다. 다른 부분의 경우에도 본문의 내용을 추가하거나 박스를 활용하여 최근의 상황이나 구체적인 사례를 담아내려고 노력했다. 이와 함께 초판에 있던 실수나 오류를 바로잡고 몇몇 내용을 다시 구성하여 책의 완성도를 높이고자 했다. 하지만 여전히 미흡한 점은 있을 것이고, 이에 대한 독자분들의 관심과 비판을 적극 환영한다.

수업에 열심히 참여하면서 필자의 부족함을 일깨워 준 학생들과 이 책의 편집과 발간에 힘써 준 북스힐 관계자분들께 감사의 뜻을 전한다.

 집필진을 대표하여 송성수 드림

머리말

이 책은 과학기술이란 렌즈를 통해 세상을 읽어보고자 하는 시도다. 세상을 읽는 방식에는 여러 가지가 있겠지만, 특별히 과학기술로 세상을 읽으려는 것은 현대 사회에서 과학기술이 차지하는 비중이 매우 크기 때문이다.

과학기술은 공기와 같은 존재라고 할 수 있다. 공기가 없이는 생명을 유지할 수 없듯이, 과학기술 없이는 일상생활을 유지하기가 어려운 상황이 되었다. 예를 들어, 버스나 지하철을 타고, 휴대 전화를 사용하고, 컴퓨터로 일을 하고, 텔레비전으로 여가를 보내는 것 등은 모두 과학기술로 가능한 일들이다. 이처럼 오늘날 과학기술은 우리의 일상생활에 깊이 스며들어 있지만 우리는 과학기술의 중요성을 잘 실감하지 못하는 경우가 많다. 그것은 우리가 호흡을 하면서도 공기의 중요성을 잘 모르는 것과 같다.

다른 한편으로 과학기술은 우리 사회에서 중요한 논쟁거리가 되어 왔다. 황우석 사건, 방사성폐기물 처분장, 광우병 파동 등과 같은 논쟁들이 대부분 과학기술과 직간접적으로 관련되어 있다. 과학기술은 단순히 우리의 일상생활을 편리하게 해주는 존재가 아니라 우리가 풀어가야 할 사회적 이슈를 제기하는 존재인 것이다. 다른 각도에서 보면, 과학기술과 관련된 사회적 논쟁이 빈번해지는 것과 과학기술이 사회에서 차지하는 위상이 높아지는 것은 동전의 양면이라 할 수 있다. 논쟁적이라는 것 자체가 그만큼 가치가 있다는 점을 반영하고 있는지도 모른다.

　이러한 맥락에서 이 책은 과학기술과 사회의 상호작용을 잘 보여줄 수 있는 다양한 주제들에 대해 검토하고 있다. 이 책은 모두 5부 26장으로 구성되어 있다. 1부는 과학기술과 사회를 보는 시각에 관한 것으로서 과학과 인문학의 만남을 화두로 던진 후 과학의 성격, 기술의 성격, 과학기술과 사회에 대한 전망을 살펴보고 있다. 2부, 3부, 4부는 각각 정보기술, 생명공학기술, 환경과 에너지에 대한 사회적 쟁점들을 다루고 있다. 2부에서는 노동의 변화, 인터넷 중독, 해킹, 전자감시, 정보 공유 등을, 3부에서는 생명 복제, 유전정보, 동물실험, 안락사, 유전자 변형 생물체 등을, 4부에서는 석유 정점, 기후변화, 원자력, 신재생에너지, 환경호르몬 등을 주제로 삼고 있다. 그리고 5부는 과학기술의 재구성을 위해 필요한 과제로서 과학기술자의 책임, 과학기술과 대중, 과학기술과 여성, 과학기술과 교육에 대해 논의하고 있다. 참고문헌은 이 책의 내용과 관련된 것 중에서 시중에서 쉽게 구할 수 있는 서적들을 소개하는 데 초점을 두었다.

　이 책은 필자들이 공동저자로 참여했던 이필렬 외, 『과학, 우리 시대의 교양』(세종서적, 2004)을 출발점으로 삼았다. 이 책의 2부, 3부, 4부에서는 『과학, 우리 시대의 교양』에서 다룬 내용을 보완하고 확장했으며, 1부와 5부는 새롭게 추가되었다. 이 책은 대학의 교양과목을 염두에 두고 기획되었으며, 모두 26장으로 구성되어 있어서 매주 2장씩 다루면 한 학기 과목으로 활용하기에 안성맞춤이다. 그러나 꼭 대학생만을 염두에 둔 것은 아니며, 청소년들이나 일반인들이 과학기술과 사회에 입문할 때도 좋은 안내서가 될 것이다. 이 책은 2008년 여름부터 집필이 시작되어

2010년에 마무리되었다. 2장, 7~8장, 10장, 18~22장, 26장은 최경희 교수가 담당하였고, 나머지 부분은 송성수 교수가 담당하였다.

이 책의 학문적 기반은 과학기술학(Science and Technology Studies, STS)에 해당하며, 과학기술학은 과학기술에 대한 인문·사회과학적 접근을 통칭하는 분야다. 과학기술학은 과학기술의 사회적 쟁점을 폭넓게 제기하는 것에서 과학기술과 사회의 상호작용에 관한 이론적 시각을 정교화하는 것으로 발전한 후 최근에는 이론과 실천을 통합하려는 방향으로 나아가고 있다. 이 책은 주로 과학기술의 사회적 쟁점을 다루고 있어서 약간은 오래된 스타일의 과학기술학에 해당한다고 볼 수 있다. 그러나 새로운 것만이 능사는 아니며, 과학기술학의 이론적 논의도 실천적 문제들의 변화와 확장에 항상 주의를 기울여야 할 것이다.

끝으로, 항상 학문적·실천적으로 독려해주시는 한국과학기술학회의 여러 선생님들과 이 책을 오랫동안 기다리고 편집을 위해 수고해주신 북스힐 관계자들께 심심한 감사의 뜻을 전한다. 그리고 필요한 자료수집과 집필에 도움을 준 이향연, 이현옥, 유효숙, 박정연 양에게 특히 고마운 마음을 전한다.

이 책이 과학기술학에 대한 관심과 이해를 촉발하여 과학기술을 우리 시대의 교양으로 정착시키는 데 조그마한 도움이라도 되기를 기대한다.

 최경희·송성수

차 례

Read the World of Science and Technology

제 **1** 부

과학기술과 사회를 보는 시각

과학과 인문학의 만남

과학과 인문학의 괴리

몇 년 전부터 우리 사회에서는 문과(文科)와 이과(理科)의 만남이 중요한 화두로 부상했다. 이러한 현상을 촉발시킨 대표적인 인물로는 스티브 잡스(Steve Jobs)를 들 수 있을 것이다. 2011년 10월에 타개한 잡스는 자신의 성공을 인문학(humanities) 혹은 교양(liberal arts) 덕분으로 돌렸다. 그는 "소크라테스와 점심을 할 수 있다면 애플이 가지고 있는 모든 기술을 그것과 바꾸겠다."라고 말하기도 했다.

그림 1. 기술과 교양의 결합을 강조하고 있는 스티브 잡스

이전에도 문과와 이과의 연결을 주장한 사람은 제법 있었다. 대표적인 예로는『통섭: 지식의 대통합(Consilience: The Unity of Knowledge)』이라는 거창한 제목의 책을 쓴 에드워드 윌슨(Edward Wilson)을 들 수 있다. 윌슨의 책은 1998년에 발간되었고, 2005년에 우리말로 번역되었다. 그는 "인간 지성의 가장 위대한 과업은 예전에도 그랬고 앞으로도 그럴 것이지만 과학과 인문학을 연결해 보려는 노력이다."라고 강조하면서, 지금의 대학생들이 "과학과 인문학의 관계는 무엇이고, 그 관계가 인류의 복지에 얼마나 중요한가?"라는 질문에 대답할 수 있도록 교육을 받아야 한다고 역설했다.

통섭이 강조되고 있는 이유는 학문이 점차적으로 전문화·세분화되면서 학문 분야 사이의 대화가 어려워지고 있다는 점에서 찾을 수 있다. 특히, 인문학과 과학은 '두 문화(two cultures)'라 불릴 정도로 심각한 갈등의 양상을 보이고 있다. 두 문화는 물리학자 출신의 작가인 스노우(Charles P. Snow)가 1959년에 케임브리지 대학교의 리드 강연에서 제기한 문제로서 상당한 파문을 일으킨 바 있다. 당시 강연에서 스노우는 유명한 과학자에게 "어떤 책을 읽느냐?"라고 물었는데, 그 과학자가 "책 말입니까? 저는 책을 차라리 도구로 사용하기를 좋아하죠."라고 응답했다는 일화를 소개하기도 했다. 또한, 스노우는 인문학자 중에 열역학 제2법칙을 설명할 수 있는 사람이 거의 없는데 그것은 셰익스피어의 작품을 읽지 않은 것과 마찬가지라고 꼬집었다.

물론 과학과 인문학의 갈등은 이전에도 있었다. 그러나 현대 사회에 들어서는 그러한 갈등이 일상적인 것으로 변모하고 있다. 그 이유에 대해서 많은 의견이 제시될 수 있을 것이다. 필자는 과학이 급속한 발전을 계속하고 있는 데 반해 인문학은 크게 달라지지 않고 있어서 둘 사이의 거리가 더욱 멀어지고 있다고 생각한다. 더구나 고등교육이 보편화되면서 두 문화는 소수의 과학자와 인문학자의 대립을 넘어 대중 전체의 문제로 확대되는 경향을 보이고 있다.

이러한 두 문화 현상이 우리나라에서는 제도적·역사적 맥락과 결부되어 더욱 심각한 문제로 인식되고 있다. 우리나라는 세계에서 거의 유일하게 고등학교 2학년 때부터 문과와 이과를 확연하게 구분하고 있는데, 이것은 두 문화 현상을 고착화시키는 폐단으로 작용하고 있다. 문과와 이과 중 한 가지만 알고 있는 국민이 많을 뿐만 아니라 많은 경우에 그것을 매우 당연한 것으로 받아들이고 있는 것이다. 문과 쪽은 이과를 '인간과 무관한 차가운 것'으로 생각하고, 반면에 이과 쪽은 문과를 '근거가 불명확한 말장난'으로 간주하는 경향을 보인다. 결국 서로에 대한 무지(無知)가 심각한 편견으로 이어지고 있는 셈이다.

특히, 서구의 경우에는 과학에 대한 다양한 견해가 존재해 왔지만 우리나라를 포함한 동아시아 국가에서는 과학을 도구적 관점에서 접근하는 경향이 지배적인 양상을 보이고 있다. 우리나라에서는 과학기술이 주로 경제성장을 위한 도구로 간주되어 왔으며 이에 따라 과학기술의 인문학적 가치에 대한 논의가 매우 부족한 형편이다. 이와 함께 과학기술이 긍정적 측면과 부정적 측면을 모두 가진 존재임에도 불구하고 과학기술에 대한 신뢰와 반감을 양분하여 '과학주의'와 '반(反)과학주의'로 편을 가르고 거기에 안주하는 현상도 어렵지 않게 목격할 수 있다.

어디에서 시작할 것인가

　이처럼 과학과 인문학의 괴리는 심각한 문제가 되어서 두 문화 현상을 극복하는 것 자체가 매우 어렵게 되었다. 그렇다면 어디에서 논의를 시작해야 두 분야의 공생(共生)을 모색할 수 있을까?

　무엇보다도 과학과 인문학의 차이는 존재하지만 그것을 필요 이상으로 과장하거나 적대시하는 태도에서 벗어나야 한다. 사실상 학문의 역사는 분화와 통합을 지속적으로 경험해 왔으며 과학과 인문학이 갈등을 일으켜야 할 필연적인 이유는 없다. 학문의 차이는 과학과 인문학뿐만 아니라 과학과 공학, 인문학과 사회과학에도 존재하며 더 나아가 과학 내부 혹은 인문학 내부에도 존재하는 것이다. 게다가 아인슈타인(Albert Einstein), 러셀(Bertrand Russel), 하이젠베르크(Werner Heisenberg), 왓슨(James Watson), 세이건(Carl Sagan), 도킨스(Richard Dawkins) 등과 같이 인문학에도 조예가 깊은 과학자들이 있(었)다는 점을 상기한다면, 과학과 인문학 사

그림 2. 문과와 이과라는 틀을 뛰어넘는 통합적 사고가 중요하다.

이에 넘어설 수 없는 본질적인 장벽이 존재하는지도 의문이다.

학문을 결과로만 보지 않고 학문이 생성되는 과정에 주목한다면 과학과 인문학의 차이는 더욱 좁혀질 수 있다. 과학의 성과에만 주목하면 인간과 동떨어진 것처럼 보이지만 과학이 변화해 온 역사적 과정을 살펴보면 과학의 인간적인 성격을 잘 이해할 수 있다. 실제로 연구를 수행하는 과정에서는 수많은 상상력과 시행착오가 결부되며 그것은 인문학은 물론 과학의 경우에도 마찬가지라고 할 수 있다.

더 나아가 실제 세상은 문과와 이과로 분리되어 있지 않으며, 수많은 사회적·학문적 이슈들은 2가지 접근법을 보완적으로 활용할 것을 요구하고 있다. 예를 들어, 교통사고를 비롯한 각종 사고의 원인을 파악하는 데도 과학기술적 증거와 심리적·사회적 추론이 동시에 활용되고 있다. 또한, 복잡계(complex system)에 관한 논의에서 보듯이 학문적 차원에서도 자연현상과 사회현상에 유사한 시각을 가지고 접근하려는 노력이 강화되고 있는 추세다.

한국적 맥락에서도 과학과 인문학의 공생을 모색하는 것이 중요한 과제로 부상하고 있다. 최근 몇 년 동안 한국 사회에서는 인문학과 과학이 모두 위기의 국면을 맞이하고 있다. '인문학의 위기'나 '이공계 위기'가 우리에게 매우 익숙한 화두가 되었다. 여기서 우리는 스노우가 두 문화의 문제를 제기했던 시기와 달리 물리학과 문학은 더 이상 학문의 여왕자리를 놓고 경쟁하는 후보가 아니라는 점에 주목할 필요가 있다. 인문학과 이공계의 위기에는 다양한 원인이 있겠지만 두 분야가 모두 자신의 틀 안에서 안주했기 때문에 발생한 현상으로도 풀이할 수 있다. 순수학문으로서 가치가 있고 지원을 받아야 한다는 소극적 논리를 넘어 과학과 인문학의 결합을 통해 새로운 차원의 효용을 보여주는 것이 긴요한 시점이다.

더 나아가 우리나라의 과학기술 발전전략이 전환의 국면을 맞이하고 있다는 점도 지적되어야 할 것이다. 즉, 우리나라의 과학기술이 모방 혹은 추격의 단계를 넘어 창조의 단계로 도약해야 할 시점이 되면서 창의적 연구의 중요성이 강조되고 있는 것이다. 이러한 맥락에서 창의성이란 무엇인지, 창의적 지식은 어떤 과정을 통해 만들어지는지, 어떠한 사회문화적 환경에서 창의적 연구가 가능한지 등이 본격적으로 탐구되어야 할 필요가 있다. 이를 위해서는 연구활동의 특성, 인간의 심리, 사회문화적 환경의 진화 등에 관한 다각적인 고찰이 필수적이다.

이와 함께 정보, 생명, 환경 등을 매개로 다양한 차원에서 과학기술의 사회윤리적 문제가 발생하고 있다는 점도 강조되어야 한다. 최근 몇 년 동안 우리 사회는 인터넷 범죄, 생명윤리, 원자력 안전 등과 같은 과학기술의 사회윤리적 문제로 인해 상당한 홍역을 앓아 왔다. 이와 같은 과학기술의 부작용을 최소화하기 위해서는 과학기술자와 인문사회과학자가 머리를 맞대고 절적한 대응 방안을 마련해야 한다. 서로 다른 견해가 발생하는 원인에 대해 생각하고 그 차이를 한 차원 높은 단계에서 이해함으로써 갈등 해소를 위한 기초를 마련해야 하는 것이다.

두 문화를 잇는 노력

다른 각도에서 보면, 20세기 말부터 과학기술과 인문사회의 대화를 촉진하려는 시도가 다양한 계기를 통해 이루어지고 있다. 예를 들어, 과학기술의 경우에는 감성 컴퓨터, 지능형 로봇 등과 같이 인공지능을 활용한 차세대 제품의 개발이 적극적으로 모색되고 있다. 과학기술의 미래에 대한 예측 혹은 전망에서도 단순한 과학기술의 발전은 물론 개인적·사회적 생활의 변화를 감안한 시나리오가 작성되고 있다. 음악, 미술, 연극, 영화 등 예술 분야에서도 과학기술을 활용하거나 과학기술을 소재로 한 작품이 대거 등장하고 있으며, 과학과 예술을 결합한 '사이아트(SciArt)' 혹은 '아티언스(Artience)'라는 용어도 유행하고 있다. 출판계도 예외가 아니어서 과학기술적 내용과 인문학적 통찰력을 아우르는 서적에 대한 수요와 공급이 크게 증가하는 추세다.

최근에는 국내 대학에서 이공계 학생의 인문학적 소양을 배양하기 위한 교육과정도 개설되고 있다. 글쓰기 교과목이 그 대표적인 예다. 물론 글쓰기 교과목의 내용과 운영방식에 대해서 다양한 비판이 존재하는 것도 사실이지만, 적어도 이공계 학생이 다른 분야를 이해하고 의사소통 능력을 확보할 수 있는 계기를 제공한다는 측면에서는 상당한 효과가 있을 것으로 판단된다.

이보다 더욱 발전된 형태로서 과학기술에 대한 인문사회과학적 접근을 지향하는 교과목도 속속 개발되고 있다. 예를 들어, 한양대는 '과학기술의 철학적 이해'라는 통합교과적 과목을 교양필수로 운영하고 있다. 그 과목은 과학철학의 이론과 역사, 과학기술의 사회학, 동양의 자연철학, 유전자의 철학적 쟁점, 현대 기술의 철학적 쟁점, 과학연구와 과학자의 실천, 한국의 전통 과학기술, 한국 현대 과학기술의 전개, 동아시아 근현대 과학기술의 이해, 사회 속의 과학기술, 과학기술의 윤리적 쟁점 등으로 구성되

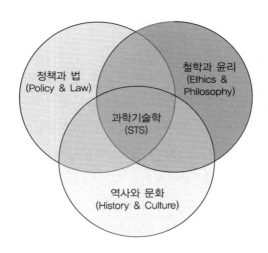

그림 3. 과학기술과 사회가 만나는 다양한 접점들. STS는 학문의 대상인
과학기술과 사회(science, technology and society), 그리고 학문의 영역
인 과학기술학(science and technology studies)을 동시에 의미한다.

어 있어 좁은 의미의 '철학적' 이해를 넘어서고 있다.

또한, 공학교육 개혁의 일환으로 공학교육인증제가 추진되면서
공학과 인문사회과학을 연계하는 교육이 본격화되고 있다. 미국에
서는 오래전부터 공학기술인증위원회(Accreditation Board for Engineering
and Technology, ABET)를 중심으로 공학교육인증제를 실시해 왔으
며, 우리나라는 1999년에 한국공학교육인증원(Accreditation Board for
Engineering Education of Korea, ABEEK)을 설립하면서 이를 뒤따르고
있다. 공학교육인증제도는 공학교육을 공학소양, 전공기초, 전공
심화로 구분하고 있는데, 그중에서 눈에 띄는 것은 공학소양교육
이다. 공학소양교육의 범위에는 기술의 역사, 기술과 사회, 공학
윤리, 기술경제, 기술경영, 과학기술정책, 공학커뮤니케이션, 과학
기술자의 리더십 등이 포함된다.

더 나아가 과학기술과 인문사회를 연계하기 위한 학문이 과학

학(science studies) 혹은 과학기술학(science and technology studies, STS)의 형태로 제도화되고 있다. 선진국의 경우에는 1960~1970년대에 과학기술학 관련 프로그램이 설치되어 과학기술과 인문사회에 관한 다양한 연구와 교육을 촉진하고 있다. 과학기술학의 범위를 엄밀하게 규정하기는 어렵지만 통상적으로는 과학기술에 대한 사회학적·인류학적 분석을 중심으로 과학기술의 역사와 철학을 포함하며, 넓은 의미로는 과학기술 문화, 과학기술 윤리, 과학기술 정책, 과학기술과 법, 기술경영, 기술경제 등으로 확장될 수 있다.

우리나라의 경우에는 몇몇 대학이 과학기술학 관련 프로그램을 운영하고 있다. 1984년에는 서울대에 과학사 및 과학철학 협동과정이 개설되었고, 1994~1995년에는 전북대 과학학과, 고려대 과학기술학 협동과정, 부산대 과학기술학 협동과정 등이 설치되었으며, 2008년에는 한국과학기술원 과학기술정책대학원이 출범했다. 그중에서 학부가 있는 대학은 전북대가 유일하며, 나머지 대학의 경우에는 대학원 과정으로 운영되고 있다.

최근에는 정부 차원에서도 과학기술과 인문사회를 연계하는 노력이 본격적으로 시작되고 있다. 문화콘텐츠에 관한 연구개발을 촉진하고 과학기술에 문화적 요소를 접목하기 위한 사업을 강화하고 있는 것은 그 대표적인 예다. 또한, 이공계 융합교육을 위한 기관 설립을 지원하고 몇몇 대학원에 기술경영과정의 개설을 지원하는 등 과학기술자의 인문사회과학적 소양과 능력을 제고하는 데도 적극적인 관심이 기울여지고 있다. 앞서 언급한 공학소양교육의 활성화에도 정부의 직간접적 지원이 중요한 역할을 담당하고 있다.

다시 생각해보는 통섭

다시 통섭으로 돌아가 보자. 통섭이란 용어를 처음 사용한 사람은 19세기 영국의 과학자이자 철학자인 휴얼(William Whewell)이었다. 그는 1840년에 출간된『귀납적 과학의 철학(The Philosophy of the Inductive Sciences)』에서 통섭을 더불어 넘나든다는 의미로 사용하여 과학을 비롯한 학문의 성장을 강에 비유한 바 있다. 여러 갈래의 냇물들이 모여 강을 이루듯이, 먼저 밝혀진 진리들이 시간이 흐르면서 하나둘씩 합쳐지고 결국 하나의 커다란 흐름을 형성한다는 것이다. 이와 같은 휴얼의 통섭은 합류적 통섭(confluent consilience)으로 평가되고 있다.

이에 반해 윌슨(Edward Wilson)은 환원적 통섭(reductive consilience)을 주장하였다. 모든 학문이 궁극적으로는 인간의 마음과 본성을 연구하는 자연과학, 특히 생명과학으로 환원될 수 있다는 것이다. 그는 통섭이 "인간 종의 고유한 특성과 문화가 자연과학과 인과적인 설명으로 연결될 때만 온전한 의미를 갖는다."고 주장하고 있다. 실제로 윌슨은 자연과학과 인문사회과학을 잇는 매개 분야로 인지뇌과학, 인간행동유전학, 진화생물학, 환경과학에 주목하고 있는데, 그에게 이러한 네 분야는 자연과학과 인문사회과학을 잇는 교량의 역할을 한다기보다는 인문사회과학을 자연과학으로 환원시키는 역할을 담당하고 있다.

그림 4. 윌슨의『통섭』

윌슨이 주장하는 환원적 통섭이 통

섭의 최종 단계인지는 모르겠지만, 적지 않은 사람들이 명시적 혹은 묵시적으로 환원적 통섭에 반감을 표방하고 있다. 학문들 사이에 대화의 물꼬를 트자는 제안에는 어렵지 않게 공감할 수 있지만, 다양한 학문들을 특정한 몇몇 분야로 환원하자는 주장에는 동의하기 어려운 것이다. 더구나 우리나라와 같이 교육과정이 문과와 이과로 인위적으로 분리되어 있어서 두 문화 현상이 매우 심각한 경우에는 통섭을 섣불리 주장하기보다는 조심스러운 접촉이나 소통을 강조하는 편이 나을 것으로 보인다.

문과와 이과의 대화를 촉진할 수 있는 구체적인 방법으로는 교차(crossing), 희석(blurring), 부정(denying)을 들 수 있다. 예를 들어, 과학사는 과학과 역사를 교차하는 방법에 해당하고, 문학 속의 과학을 살펴보는 것은 문학과 과학의 경계를 희석시키는 방법이라 할 수 있으며, 과학의 사회적 성격을 고찰하는 시도는 과학과 사회의 경계를 부정하는 것으로 나아갈 수 있다. 이러한 방법은 앞서 언급한 과학기술학(STS)이 성장하면서 활발히 시도되고 있으며, 그 결과 과학은 일련의 문화적 행위들 중의 하나로 인식되기 시작하였다.

사실상 다른 분야와 소통(communication)한다는 것은 쉬운 일이 아니다. 다른 분야에 접근한다는 것은 다른 언어를 쓰는 다른 문화권에 들어간다는 것을 의미한다. 이와 관련하여 코넬 대학교의 물리학자인 머민(David Mermin)은 과학자와 사회학자의 글쓰기 스타일에 차이가 난다는 점을 지적한 후 두 집단의 생산적인 대화를 위해 필요한 3가지 규칙을 제시하기도 했다. 상대의 의도를 짐작해서 그것에 초점을 맞추지 말고 상대가 한 말에 초점을 둘 것, 다른 전공을 하는 상대가 내 전공의 미묘한 점을 이해할 수 있다고 기대하지 말 것, 다른 전공자들의 언어에 쉽게 뚫고 들어 갈 수 있을 것이라고 가정하지 말 것이 그것이다.

이처럼 다른 분야와의 소통은 쉽지 않은 일이지만 그렇다고 해서 침묵할 필요는 없다. 보다 적극적으로 다른 분야와의 대화를 준비하는 일이 필요한 것이다. 외국을 여행할 때 여권과 비행기 표만 준비하는 사람은 거의 없다. 여행자들은 목적지를 소개한 책자를 보고, 간단한 외국어를 공부하는 등 여행을 위한 준비를 하기 마련이다. 많이 준비할수록 더욱 유익한 여행을 즐길 수 있다. 또한, 외국을 여행하게 되면 다양한 외국 음식을 접하게 된다. 그중에는 입맛에 맞는 것도 있고 그렇지 않은 것도 있다. 대부분의 여행자들은 외국의 음식을 나름대로 평가하기는 하지만 그것을 처음부터 거부하지는 않는다. 다른 분야와의 만남도 이와 흡사하다. 나의 지식을 고집하고 상대에게 그것을 가르치겠다는 태도가 아니라 열린 마음으로 낯선 문화를 탐구하겠다는 여행자의 태도가 중요한 것이다.

이상과 같은 점을 고려한다면, 과학과 인문학의 완전한 통합을 주장하기보다는 오히려 그 반대로 더 많은 차이와 더 이질적인 문화를 만드는 방향으로 나아가는 것이 필요할지도 모른다. 그렇게 되면, 과학자냐 인문학자냐 하는 문제는 더 이상 분리나 배제의 근거가 아니라 차이를 생성하는 다양한 자원으로 활용될 수 있을 것이다. 이러한 시도가 이루어지는 과정에서 두 문화 현상이 점차적으로 완화될 수 있으며, 더 나아가 새로운 형태의 간학문적 (inter-disciplinary), 다학문적(multi-disciplinary), 초학문적(trans-disciplinary) 분야가 형성될 수 있을 것이다.

통섭의 세부적인 유형으로는 혼성(hybrid), 수렴(convergence), 복합

(composition), 융합(fusion) 등을 들 수 있다. 하이브리드 자동차가 축전지와 가솔린을 교대로 사용하면서 달리듯이, 한 분야와 다른 분야를 병행해서 탐구하는 것이 혼성에 해당한다. 수렴은 복수의 분야에서 공통된 문제를 발견하고 이를 해결하려는 노력을 의미한다. 복합의 경우에는 빼빼로 과자와 같이 복수의 재료가 결합되어 새로운 것을 만들지만 원재료의 속성은 그대로 남아 있다. 융합은 산소와 수소가 결합되어 물이 합성되는 것처럼, 복수의 분야가 화학적으로 결합되어 완전히 새로운 것을 창출하려는 시도를 의미한다. 이처럼 통섭에는 매우 다양한 유형이 존재하며, 처음부터 복합이나 융합과 같은 높은 수준의 통섭을 요구하는 것은 무리한 발상으로 보인다.

통섭은 새로운 인재의 유형에 대한 논의로도 이어질 수 있다. 21세기 인재의 유형으로는 I자형 인간 대신에 T자형 인간이나 H자형 인간이 거론되고 있다. 한 가지 전공만 깊게 파서 평생을 살 수 있는 시대는 지났다. 이제는 자신의 전공을 바탕으로 다른 두 영역으로 뻗어나가거나 이공계 전공자와 인문사회계 전공자가 서로에게 팔을 벌릴 수 있어야 한다. 이를 위한 선결 조건이 다양한 학문에 대한 학습과 이해에 있다는 점은 분명한 사실이다. T자형 인간이 개인의 통섭에 주목하고 있는 반면, H자형이 집단적 통섭을 겨냥하고 있다는 점도 흥미롭다. 통섭이 뛰어난 개인의 전유물이 될 이유는 없는 것이다.

과학의 개념과 속성

과학이란 무엇인가

과학은 '안다'라는 뜻의 라틴어인 '스키엔티아(scientia)'에서 파생된 용어로 18세기 이후에야 널리 사용되었다. 과학이 학문 전체를 뜻하는 철학에서 분리·독립된 이후에 과학이라는 용어가 본격적으로 사용된 것이다. 그것은 과학자의 경우도 마찬가지다. 과학자라는 용어는 1833년에 휴얼(William Whewell)이 처음 사용한 것으로 전해진다. 이전과 달리 과학 활동에 전념하는 것으로도 생계를 유지할 수 있고 사회에 공헌할 수 있는 사람들이 점차 많아졌기 때문이다. 과학이나 과학자라는 용어가 나오기 전에는 자연철학(natural philosophy)이나 자연철학자가 주로 사용되었다. 근대과학의 출현을 상징하는 작품으로 여겨지는 뉴턴(Isaac Newton)의 『프린키피아(Principia)』의 전체 제목도 '자연철학의 수학적 원리'다.

과학의 본성(nature of science, NOS)에 관한 물음은 "과학이란 무엇인가", "우리는 무엇을 과학으로 간주하는가", "과학과 비(非)과학을 구획하는 기준은 무엇인가" 등으로 표현될 수 있다. 본성에 관한 모든 물음이 그렇듯이, 과학의 본성에 대해서도 어떤 관점에서 과학에 접근하느냐에 따라 매우 다양한 견해가 제시될 수

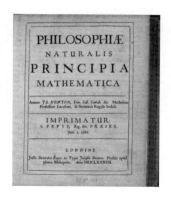

그림 5. 1687년에 발간된 『프린키피아』의 초판 표지

있다. 예를 들어 실증주의적 전통에서는 과학을 과학자들이 자연
현상을 발견하여 체계화한 지식으로 간주하는 반면, 오늘날의 과
학철학에서는 과학을 탐구활동과 그 과정을 통해 구성한 설명체
계로 정의하고 있다. 이전에는 '발견'에 초점을 두었던 반면, 요
즘에는 '구성'을 강조하고 있는 셈이다.

자이먼(John Ziman)은 과학이 사회학·심리학·철학의 3가지 관
점(aspects) 또는 차원(dimensions)으로 구성되어 있다고 주장하였다.
사회학적 관점에서는 과학의 본성을 사회·제도·규준·흥미 등
의 사회학적 용어로, 심리학적 관점에서는 동기·지각·지능 등
개인적 특성과 관련된 용어로, 그리고 철학적 관점에서는 이론·
원인·법칙 등 인식론적 용어로 기술한다. 이외에 과학은 기술
적·경제적·윤리적·정치적·방법론적·도덕적·실용적 측면
등으로 이루어져 있다고도 한다.

한편, 과학은 겉모습뿐만 아니라 내적으로도 다양한 구성요소
로 이루어진 논리적 체계다. 그러므로 과학의 본성을 제대로 이
해하기 위해서는 각 구성요소의 특성과 그 구성요소들 사이의 관

계를 모두 파악해야 한다. 과학자와 과학철학자들은 나름의 견해에 따라 여러 가지 구성요소를 제시하고 있다. 전통적으로는 과학지식을 가장 중요시하였으며, 1960년대에 이르러서는 지식체계로서의 과학 이외에 방법으로서의 과학과 태도로서의 과학도 중요시하였다. 현재는 과학의 구성요소에 과학자도 포함시키며, 과학자의 역할과 책임도 강조한다.

과학의 구성요소

과학자와 과학철학자의 경험적, 학술적 정의를 살펴보면 과학은 크게 '지식적인 측면'과 '방법적인 측면'을 공통적으로 언급하고 있음을 알 수 있다. 과학의 탐구대상인 자연현상이나 사건을 설명할 자료를 수집하고 분석하며 가설을 설정하고 검증하는 방법을 통해 과학지식이 획득되기 때문이다. 학자에 따라서 다양한 측면이 고려되기는 하지만 '과학지식'과 '과학적 방법'은 이견 없이 공통적인 과학의 구성요소로 간주된다. 여기에다 현대 과학교육학계에서는 과학의 주요한 구성요소로 과학 태도를 강조한다.

과학지식은 자연에 대한 탐구를 수행하면서 얻게 되는 산물이다. 따라서 다양한 탐구 영역들은 저마다의 독자적인 지식을 형성하게 된다. 대표적인 과학의 영역으로는 물리학, 화학, 생물학, 지구과학 등을 들 수 있는데, 이러한 학문 영역은 각각 하나의 지식체계라고 할 수 있다. 각 학문의 지식체계들은 독자적인 연구 내용을 가지지만 거시적으로는 자연이라는 동일한 연구대상을 가지기 때문에 모든 학문 영역이 만나는 경계를 명확히 구분하기는 어렵다. 따라서 현대에 와서는 여러 학문 분야가 함께 참여하여 연구하는 학제적 연구를 통해 간(間)학문 영역에 대한 지식체계를 형성하게 되었다. 학문 영역과 무관하게 과학지식은 사실, 개념, 법칙, 원리, 가설, 이론, 모형 등으로 구성되며 이러한 형태의 과학지식은 나름의 역할을 가지고 과학에 기여한다.

그런데 과학지식은 절대불변의 진리가 아니라 시대에 따라 변하여 왔으며 앞으로도 변화할 가능성을 가진다(과학지식의 가변성). 또한 과학지식을 구성하는 관찰 사실 또한 우리의 생각만큼 객관적이지 않을 수도 있다. 왜냐하면 그러한 관찰 사실을 해석하는 것이 저마다 다른 경험과 주관성을 가진 인간이기 때문이다. 과학지식의 중요한 본성인 가변성과 관찰의 이론의존성에 대해 잠시 생각해보자.

과학적 주장은 사고와 기술의 진보를 통해 가능하게 된 새로운 증거에 의해 변화하며, 존재하는 증거들은 새로운 이론적 증거들에 의해 재해석되고, 문화적·사회적 영역에서 변화하거나 확립된 연구 프로그램의 경향에 따라 이동하게 된다. 옛날에는 지구가 평평하며 우주의 중심이라고 믿었지만, 지금은 지구가 구의 형태를 띠고 있으며 태양 주위를 공전하는 여러 행성 중 하나일 뿐이라는 것이 밝혀졌다. 더 나아가 우리의 태양 또한 유일한 것이 아니라 우리 은하의 여러 태양 중 하나이며 우주에는 은하들이 마치 별처럼 무수히 존재한다는 사실을 받아들이기까지 자연에 대한 인간의 관점과 이론은 변화에 변화를 거듭해 왔다.

이처럼 과학지식은 원칙적으로 항상 수정이 가능한 상태에 있다. 지금 인정받는 많은 과학이론들은 현재의 다양한 현상을 잘 설명하며, 새로운 현상이나 문제를 해결하는 데 효과적일 때까지 안정적으로 받아들여질 것이다. 그러나 새로이 발견되는 문제의 해결에 실패하고 그러한 현상이 누적되는 가운데 더 나은 설명을 제시하는 이론이 나타난다면 얼마든지 대체될 가능성을 가지고 있다. 과학지식은 절대적인 진리가 아니기에 끊임없이 변화되고 수정되는 것이다.

과학철학자 핸슨(Norwood R. Hanson)은 동일한 그림이 하나 이상의 다른 대상 또는 사건으로 보일 수 있다는 형태주의 심리학의 연구성과를 받아들여 그것을 과학적 관찰의 경우로 확장시켰다. 그가 든 예 중에서 지구 중심설을 옹호했던 티코 브라헤와 태양 중심설을 주장했던 케플러의 가상 대화는 매우 잘 알려져 있다.

> (두 사람이 아침 산책을 나와 푸른 들판의 지평선에서 무엇인가 환하게 떠오르는 모습을 보고 있다.)
> 티코 브라헤: 태양이 떠오르고 있군.
> 케플러: 지구가 회전하고 있는 것이죠.

핸슨은 이런 예를 통해 과학적 관찰의 경우에도 관찰자의 관찰 보고는 그가 어떤 이론을 받아들이고 있느냐에 따라서 결정된다고 말한다. 이와 비슷한 사례들은 우리 주위에 드물지 않게 찾을 수 있다. 예를 들어, 우리와 같이 의학적 지식이 없는 사람들은 X-선 사진을 아무리 들여다보아도 어디에 무엇이 붙어있고 어떤 부분에 이상이 있는지 전혀 알 수 없지만, 의사나 방사선 전문가들은 동일한 음영을 가지고 우리의 관찰 사실과는 매우 다른 이야기를 한다. 우리와 그들의 차이는 의학적 지식을 가지고 있느

냐 없느냐의 차이다. 이런 사례들에 근거하여 과학철학자들은 과
학적 관찰이 관찰자의 배경지식, 다시 말해 그 과학자가 가지고
있는 이론에 의존한다는 이른바, '관찰의 이론의존성(혹은 이론적재
성)' 논제를 제시하기에 이른다.

과학적 방법은 과학적 문제를 해결하기 위한 방법·절차·원리
등과 관련되어 있으며, 과학적 방법의 종류로서 귀납법, 연역법,
가설-연역법, 그리고 사회적 합의 등이 있다. 귀납법은 구체적인
증거에서 결론을 도출하는 과정이다. 또한, 특수한 사례를 바탕으
로 일반적인 원리를 이끌어 내는 과정을 귀납적 추리라고 한다.
과학적 방법으로서 귀납법은 실험적이고 질적인 특성을 지닌다.
귀납적 추리는 비록 그 일반화의 바탕이 되는 전제와 결론 사이
가 개연적이지만, 과학적 연구와 탐구에서 새로운 정보를 수집하
기에는 매우 효과적인 방법이다. 더욱이, 자연을 관찰하고 그 자
료를 수집하여 의미를 찾는 등의 귀납적 추리과정은 누구나 수행

http://www.weirdoptics.com/hidden-horses   http://designbump.com/amazing-o
-visual-optical-illusion/   ptical-illusion-pictures/

그림 6. 관점에 따라 그림이 다르게 보인다.

할 수 있을 정도로 쉽다. 따라서 과학의 대중화에 크게 이바지하였다.

연역법은 전제들로부터 결론을 이끌어 내는 과정이다. 연역적 논증의 전형적인 형식으로는 그리스 시대의 아리스토텔레스가 처음으로 개발했다고 알려져 있는 삼단논법(syllogism)을 들 수 있다. 삼단논법은 3가지의 판단, 즉 대전제·소전제·결론으로 이루어져 있다. 대전제는 보편적인 명제로 진술하고, 소전제는 특수한 조건이나 상황을 나타내는 세부적인 명제로 진술한다. 연역적 논증의 전제들과 결론은 필연적인 관계를 맺고 있다. 그러므로 연역적 논증에서는 전제가 참이고 논증의 과정이 타당하면 반드시 참의 결론이 추론된다. 반면에, 그 전제가 참일지라도 추론의 과정이 타당하지 않으면 허위의 결론이 도출된다. 또한, 전제와 결론이 허위일지라도 그 논증과정은 타당한 경우가 있다. 연역적 추론 과정은, 이런 전제와 논증의 속성에서 생기는 문제들 때문에 이상적인 과학적 방법으로 받아들이기 쉽지 않다.

사실상 많은 과학적 탐구는 가설을 설정하고 그것을 바탕으로 결론을 도출한 후, 관찰이나 실험을 통해 그 결론의 진위를 검증하는 가설-연역적(hypothetico-deductive) 방법에 따라 이루어진다. 연역법이 전제를 참으로 가정하는 것과 대조적으로, 가설연역법은 방법은 어떤 아이디어 혹은 이론을 바탕으로 잠정적이고 아직 정당화되지 않은 가설을 제시하고, 그것에서 논리적 추론을 통해 결론을 이끌어 내는 과정으로 진행된다.

전통적 과학철학에서 말하는 과학은 합리적 학문으로서, 객관적인 자료나 절대적 근거를 바탕으로 이루어지는 논리적 추리를 통한 절대적인 것으로 인식되었다. 그러나 현대의 과학철학자들은 과학을 주관적이고 이념적인 학문으로 간주한다. 그들에 따르면, 과학적 이론은 당시의 사회적 환경이나 가치관에 가장 잘 어울리는 것만이 살아남고, 과학은 그런 진화 과정을 통해서 발달한다. 즉, 과학은 부단히 변화·발달한다는 것이다. 과학의 기능, 효율성 등 그 가치는 사회적 합의 과정을 통해서 판단된다. 결국, 한 이론과 문화적·사회적 가치관의 일치도, 그 이론이 과학 및 기술과 관련이 있는 문제를 해결할 수 있는 정도 등은 토론이나 의사소통과 같은 민주적 합의절차를 통해서 결정된다. 따라서 사회적 합의 과정을 과학적 방법으로 생각할 수 있다.

한편, 과학 태도는 상황에 따라서 '과학에 대한 태도(attitudes towards science)'와 '과학적 태도(scientific attitudes)'의 두 가지로 정의된다. '과학에 대한 태도'는 과학에 대한 흥미나 과학 관련 직업 등에 대해 학생들이 가지는 태도이며, '과학적 태도'는 자연현상이나 일상생활에서의 문제해결에 접근하는 방법으로 개방성, 정직성, 회의성 등의 과학자적 기질이나 특성과 관련되어 있다. 과학 태도 연구는 다양하게 이루어져 왔으며 학자에 따라서는 다차원의 구조로 보는 경우도 있으나 일반적으로는 2개의 범주로 나누어 생각한다.

'과학에 대한 태도'에 대해 앤트슨(W. W. Arntson)은 과학을 좋아하거나 싫어하는 태도, 과학을 가치 있게 여기거나 무가치한 것으로 여기는 태도, 과학을 지지하고 지원하거나 반대하고 업신여기는 태도 등으로 정의하였다. 이 외에도 과학, 과학자, 과학 직업 등 과학과 관련된 대상에 대한 태도, 과학에 대한 인식, 과학에 대한 개인적 반응에 대한 흥미 등으로 다양하게 분류되기는

그림 7. 과학적 태도는 호기심에서 시작된다.

하지만 정의적인 요소를 강조한다는 점이 공통적이다. '과학적 태도'는 사물과 현상을 과학적으로 사고하고, 처리하며, 생활에 과학화를 실천하는 경향이 있으며, 과학을 긍정적으로 생각하고 '과학하는 것(doing science)'에 대한 협조적 자세를 말한다. 즉, 과학적 태도는 과학적으로 사고하고, 행동하려는 경향성의 문제로서 인지적 요소를 강조한다.

과학의 가치와 목적

인간의 지적 활동에는 그것을 수행하는 사람의 가치관이 반영된다. 과학자가 수행하는 과학적 연구도 지적인 활동으로서 과학의 가치에 대한 그들의 인식이 반영되어 있다. 과학의 가치는 과학의 바람직한 원리, 기준, 질 등으로 과학의 본성이자 그것이 추구하는 궁극적 이상이기도 하다. 또한 과학지식, 가설을 설정하고 자료를 수집·분석하고 현명한 의사를 결정할 수 있는 능력, 사회적·개인적 신념, 객관성, 정직성 등 과학자의 지식·기술·태도에 영향을 미치는 요인을 말한다.

과학의 대표적인 가치로는 진리, 자유, 의심, 독창성, 질서, 의사소통 등을 들 수 있다. 첫째, 과학자들은 자연에서 일어나는 현상을 서술하고 설명하며 궁극적으로는 그 현상에 대한 진리를 추구하는 데 전념한다. 둘째, 자유롭고 자율적인 사고가 보장되는 분위기나 상황 속에서 과학이 융성하고 발달할 수 있다. 셋째, 과학의 산물은 자연세계에 대한 의심이나 의문을 풀기 위한 탐구활동의 결과다. 넷째, 과학자들의 독창적인 사고와 노력이 없이는 과학이 결코 진보할 수 없다. 다섯째, 과학자들은 자연의 질서를 가정하고 그에 따라 정보를 수집하고 조직하여 과학지식을 구성한다. 여섯째, 과학은 다른 과학자들이 이룬 업적과 그에 대한 이해가 없이는 그 발달이 제한될 수밖에 없다. 갈릴레오나 아인슈타인이 유명한 과학자로 남게 된 것은 그들이 바로 이런 가치를 추구하였기 때문이다.

과학의 가치는 상대적인 개념으로서 과학을 보는 관점에 따라 달라진다. 과학을 전통적 인식론에서는 자연에서 발견된 절대적 지식체계로, 현대의 인식론에서는 사회적 과정을 통해 구성된 설명체계로 본다. 현대의 과학철학에서는 자연과학을 인문사회과학적 성격을 가진 학문으로 보기도 한다. 과학이 인간생활과 사회를 떠나서 존재할 수 없으며 그에 절대적인 영향을 미친다는 생각이다. 현대의 과학철학은 또한 과학이 여러 가지 측면으로 구성되어 있으며, 이로 인해 야기된 문제는 반드시 가치관과 집단이익이 관련되어 있다고 주장한다.

과학의 목적으로는 자연현상에 대한 기술(description), 설명(explanation), 이해(understanding), 예상 혹은 예측(prediction), 통제(control)를 들 수 있다. 물론 이와 같은 과학의 목적이 과학의 모든 분야에서 보편적으로 적용되지는 않으며, 분야에 따라서는 몇 가지 목적만을 추구하기도 한다.

기술(記述)은 다양한 방법으로 수집한 자료를 바탕으로 자연현상을 사실대로 기록하는 행위에 해당하며, 과학지식이 형성되는 일차적인 원천으로 작용한다. 자연현상의 기술에 필요한 자료는 소극적인 관찰이나 측정을 통해 얻어지기도 하고, 의도적인 조사와 실험을 통해 확보되기도 한다. 자료의 수집에는 종종 도구가 사용되는데, 도구를 이용해 수집한 자료는 대부분 정량적 자료로 수학적 분석이나 통계적 처리가 용이한 특징이 있다.

설명은 매우 다양한 의미를 가지고 있다. 예를 들어 단어나 문구의 뜻을 기술하는 것, 신념이나 행동을 정당화하는 것, 어떤 진술로부터 다른 진술을 도출하는 것, 어떤 대상의 기능을 해석하는 것 등이 모두 설명의 범주에 포함될 수 있다. 그러나 과학적 설명은 일반적으로 현상이나 사건에 대한 원인을 제시하는 경우를 지칭한다. 기술이 무엇이, 어디서, 언제, 어떻게 이루어지는지에 대한 질문에 답을 준다면, 설명은 '왜'에 대한 답을 주는 것이다.

이해는 주어진 정보와 자료의 의미를 파악하여 적용하고 분석하거나 다른 의미와 관련짓는 과정이다. 주어진 과학지식을 단순히 기억하는 것이 아니라 기존의 과학지식과 통합하여 체계화하는 것, 제시된 정보·자료·과학지식을 다른 말로 표현할 수 있는 것, 내·외연을 통해 새로운 의미를 추리해 내는 것 등을 이해라고 한다. 표의 의미를 도표로 나타내는 것, 표나 그래프가 나타내는 의미를 자신의 말로 표현하는 것 등도 이해의 한 형태이

다. 이해는 논리적 추리를 통해서 대상을 아는 경우를 말하기도
한다.

과학적 연구는 몇 가지의 원인을 근거로 하여, 그리고 관측이
가능한 자연현상을 예상할 목적으로 수행되기도 한다. 예상은 주
로 미래의 현상과 사건을 다루며, 흔히 다루려는 현상이나 사건
이 일어나기 전에 수행된다.

예상은 통제할 수는 없지만 정확한 인과율적 설명이 필요한 영
역을 연구하는 데 유용한 수단이다. 천문학자들은 천체에서 일어
나는 갖가지 현상의 원인을 정확하게 예상할 수는 있으나 통제할
수는 없는데, 이 영역의 주된 과학적 활동은 사실을 예상하고 관
찰을 통해서 그 예상된 사실의 진위를 검증하는 것이다. 기상학
자나 지질학자들은 일식, 유성의 출현, 태풍의 진로, 지진의 발생
등을 정확하게 예상할 수는 있지만 그것들을 통제하지는 못한다.
이와 같이 예상은 현상이 일어난 원인을 제시함으로써 위험에 대
한 경고를 하며 과학적 문제의 해결에 도움을 준다.

통제는 비교적 실제적인 과학적 활동으로서 순수과학보다는
공학·농학·의학 등 응용과학과 기술 분야에서 더 중요시하는
과학의 목적이다. 어떤 일이나 사건을 통제한다는 말은 그것이
일어나도록, 또는 일어나지 못하도록 억제하거나 어떤 목적에 맞
게 조절할 수 있다는 것을 의미한다.

과학과 기술의 관계

기술의 어원은 그리스어인 '테크네(techne)'다. 테크네는 인간 정신의 외적인 것을 생산하기 위한 실천을 뜻한다. 옛날에는 과학을 인간 정신의 일부로 생각했던 반면에 기술은 인간 정신의 외부에 있는 것으로 간주했던 것이다. 테크네는 오늘날의 기술 이외에도 예술과 의술을 포함한 넓은 의미를 가졌다. 19세기를 전후하여 인류가 산업화를 경험하면서 기술의 의미는 제품이나 서

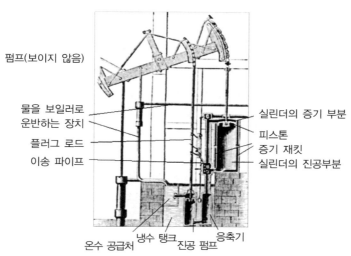

펌프(보이지 않음)

물을 보일러로
운반하는 장치

플러그 로드

이송 파이프

실린더의 증기 부분

피스톤

증기 재킷

실린더의 진공부분

온수 공급처   냉수 탱크   진공 펌프   응축기

그림 8. 산업화의 상징으로 여겨지는 와트의 증기기관에 대한 개념도

비스의 생산과 연관된 것으로 정착되기 시작했다.

기술의 성격에 관한 핵심적인 질문으로는 다음의 두 가지를 들 수 있다. 첫째는 '기술은 응용과학인가?(Is Technology Applied Science?)'라는 의문이고, 둘째는 '기술은 역사를 추동하는가?(Does Technology Drive History?)'라는 물음이다. 전자는 과학과 기술의 관계에 대한 질문에 해당하고, 후자는 기술과 사회의 상호작용에 관한 논의로 확장될 수 있다.

과학과 기술은 별개인가

과학과 기술은 어느 정도 관련되어 있는가? 과학과 기술이 전혀 다른 존재라는 주장이 있는 반면에, 과학과 기술이 밀접하게 연관되어 있다는 주장도 있다. 과학과 기술이 본질적으로 같은지 다른지를 명료하게 판단하기는 쉽지 않다. 자연과학대학의 과학자와 공과대학의 엔지니어가 만나면 과학과 기술의 차이를 강조하는 경향이 있지만, 다른 외부인의 시각에서는 과학과 기술의 공통점이 더욱 부각될는지도 모른다. 또한 과학과 기술의 연관성에 주목하는 경우에도 과학을 우선시하는 사람도 있고 기술을 중시하는 사람도 있다.

원리적으로 과학과 기술을 구분하는 것은 가능하지만 실제적으로 과학과 기술이 유사한 문제를 탐구하는 경우가 많아졌다. 오늘날의 과학 활동은 종종 일반적인 이론보다는 데이터의 분석이나 기법의 개발에 초점을 두고 있으며, 기술시스템이 점점 거대화되고 정교해짐에 따라 과학에 대한 이해가 기술 활동의 필수

조건으로 작용하고 있다. 게다가 "과학자는 학계에 있고 기술자는 산업계에 있다."라는 공간적 분리에 대한 가정도 더 이상 지지될 수 없게 되었다. 많은 과학자들이 기술 개발을 위해 기업체에서 활동하고 있으며 과학의 꽃으로 불리는 노벨상도 기업체 출신이 수상하는 경우가 증가하고 있는 것이다.

그러나 과학과 기술은 영역, 방법, 가치 등에서 상당한 차이를 보이고 있다. 과학은 소립자에서 우주에 이르는 모든 세계를 다루고 있지만, 기술이 다루는 영역은 인간의 감각으로 알 수 있는 것에 국한되는 경향이 있다. 예를 들어, 과학자들은 원자 모형이나 우주 모형을 구성하지만, 기술에서는 엔진 모형이나 플랜트 모형이 만들어지는 것이다. 또한 동일한 종류의 실험을 하는 경우에도 기술에서는 대상을 축소하거나 변수를 임의로 고정시키기도 하지만 과학에서는 거의 그렇지 않다. 더 나아가 과학을 평가하는 주요 기준은 자연현상에 대한 설명력에서 찾을 수 있는 반면, 기술의 경우에는 경제성이나 효율성이 중요한 잣대로 작용한다. 예를 들어 재료나 구조물에 대한 공학은 뉴턴이 사용했던 단순한 '힘(force)'이 아니라 단위면적에 작용하는 힘을 뜻하는 '응력(stress)'을 중시한다.

그렇다고 해서 과학과 기술이 본질적으로 다르다는 견해도 지지되기 힘들다. 어떤 사람들은 과학과 기술의 대상이 전혀 다르며, 과학은 자연적 세계를, 기술은 인공적 세계를 다룬다고 주장한다. 그러나 많은 경우에 과학의 대상은 자연 그대로의 자연이 아닌 인간이 만든 자연이며, 기술의 대상은 자연과 유리된 인공이 아니라 자연의 연장으로서의 인공이라 할 수 있다. 가령 전류의 세기가 전압의 크기에 비례하고 저항의 크기에 반비례한다는 옴(Ohm)의 법칙을 생각해 보자. 옴의 법칙은 자연에 존재하는 보편적인 법칙이며 과학의 대표적인 예다. 그렇지만 실제로 옴의 법칙은 인공적으로 만들어진 전원에서 인공적인 도체를 연결하고 그 도체에 흐르는 전류를 인공적인 기기를 통해 측정할 때 성립한다. 이러한 상황에서 순수한 자연은 어디에도 존재하지 않는다.

또한 과학의 동기는 지적 호기심이고 기술의 동기는 유용성이라는 주장도 있다. 그러나 그것을 명확하게 구분하기는 쉽지 않다. 과학이 지적 호기심에서 비롯된 것만은 아니다. 맥스웰(James C. Maxwell)이 장(field)의 개념을 바탕으로 모터의 특성을 분석한 논문이 전자기장의 특성을 잘 이해하기 위해서인지 모터의 효율성을 높이기 위한 것인지를 구별하는 것은 쉽지 않다. 거꾸로 기술이 한 사회의 실용적 요구를 충족시키기 위해서 개발되는 것만도 아니다. 예를 들어 레오나르도 다빈치(Leonardo da Vinci)의 노트에는 비행기계, 자동마차, 증기기관 등에 대한 그림이 포함되어

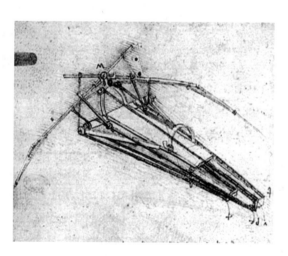

그림 9. 레오나르도 다빈치의 비행기계에 관한 설계

있다. 그러한 기술들은 당시의 사회가 요구하지 않았으며 오히려 개인의 지적 호기심에서 비롯된 것이었다.

과학과 기술이 어떤 면에서 다르고 어떤 면에서 비슷한가 하는 논의는 끝이 없어 보인다. 오히려 과학과 기술이 고정된 형태와 기능을 가지고 있는 실체가 아니라 역사적·사회적 맥락에 따라 지속적으로 변화하는 존재라고 인식하는 것이 중요하다. 과거에 과학과 기술이 수행했던 역할이 현재에 반드시 유효하지는 않으며 현재의 과학과 기술이 미래에도 계속된다고 볼 수도 없기 때문이다.

과학과 기술의 접근

과학과 기술은 오랜 세월 동안 별개로 존재해 왔다. 한 사회의 상층부에 속한 사람들이 학문 탐구의 일환으로 과학에 관심을 기울여 왔던 반면, 기술은 실제 생산 활동에 종사하는 낮은 계층의 사람들이 담당해 왔다. 게다가 고대와 중세에는 사상적 차원에서도 자연적인 것(the natural)과 인공적인 것(the artificial)이 엄격히 구분되었기 때문에 인공적인 것을 담당하는 기술은 자연의 질서를 거역하는 것으로 간주되었다. 물론 아르키메데스(Archimedes)와 같이 과학과 기술을 함께 한 사람도 있었지만, 그것은 매우 예외적인 경우에 해당했다. 심지어 아르키메데스조차도 자신이 기술자로 비춰지는 것을 매우 싫어했다.

이러한 상황은 근대 사회에 접어들면서 점차적으로 변화되었다. 16~17세기의 과학혁명을 통하여 적지 않은 과학자들이 기술을 높게 평가하기 시작했고 기술의 지식과 방법이 과학의 추구에서도 의미를 지니는 것으로 생각했다. 당시의 과학자들은 더 이상 자연세계만을 탐구의 대상으로 삼지 않았으며 기술도 과학의 새로운 출처로 간주하게 되었다. 예를 들어, 갈릴레오(Galileo Galilei)는 당시의 기술자들과 자주 교류했고, 그가 다룬 역학의 몇몇 주제들도 기술적인 문제에 자극을 받아 촉진되었다. 더 나아가 과학이 기술의 방법을 배워야 한다는 생각이 널리 퍼졌으며, 과학이 기술로 응용되어야 한다는 믿음도 생겨났다. 베이컨(Francis Bacon)은 귀납적 방법론을 주창하면서 실제적·기술적 지식을 옹호했고, "아는 것은 힘이다."라고 하여 과학이 기술에 기여

그림 10. 스프랫(Thomas Sprat)이 1667년에 쓴 『왕립학회의 역사』의 표지. 가운데에 찰스 2세의 흉상이 놓여 있고, 왼편에는 왕립학회의 초대 회장인 윌킨스(Maurice Wilkins), 오른편에는 과학단체의 필요성을 역설한 베이컨이 있다. 그림의 배경에는 공기펌프를 비롯한 다양한 과학기구들이 놓여 있다.

해야 한다는 강한 믿음을 보였다.

과학과 기술의 관계는 18세기 중엽부터 19세기 중엽까지 전개된 영국의 산업혁명을 통해 더욱 발전했다. 산업혁명기에는 과학자와 기술자가 빈번하게 교류하게 되면서 두 집단이 지식을 습득하는 경로도 비슷해졌고, 한 사람이 두 가지 분야에서 활동하는 경우도 많아졌다. 과학자들은 산업이나 기술과 관련된 지식을 분류, 정리, 설명했으며, 기술자들은 기술혁신의 과정에서 과학의 태도와 방법을 적극적으로 활용했다. 예를 들어, 와트(James Watt)가 증기기관을 개량하는 데에는 기존의 기술이 가진 문제점을 정량적으로 분석하고 이를 일반화하여 모델을 만든 후 실험을 실시하는 과학적 방법이 큰 역할을 담당했다. 특히, 산업혁명기의 영국에서는 루나협회(Lunar Society)와 같은 과학단체를 매개로 과학에 대한 관심이 저변문화를 이룰 정도로 광범위하게 확산되어 있었고 과학적 지식을 기술혁신에 활용하려는 시도나 노력이 다각도로 이루어졌다. 그러나 산업혁명기에도 과학의 내용이 기술혁신에 구체적으로 적용된 예는 거의 없었으며, 대부분의 기술혁신은 과학의 응용이라기보다는 경험을 세련화한 성격을 띠고 있었다.

과학의 내용이 기술혁신에 본격적으로 활용되기 시작한 것은 19세기 후반부터 발생한 일이라고 볼 수 있다. 그것은 영국이 아닌 독일과 미국에서, 그리고 기존의 분야가 아닌 새로운 분야에서 시작되었다. 독일의 염료산업은 유기화학을, 미국의 전기산업은 전자기학을 바탕으로 탄생했던 것이다. 특히, 이러한 분야들에서는 기업체가 연구소를 설립하여 산업적 연구(industrial research)를 수행함으로써 과학과 기술이 상호작용할 수 있는 제도적 공간이 마련되었다. 독일의 바이엘(Bayer) 연구소와 미국의 제너럴 일렉트릭(General Electric) 연구소는 그 대표적인 예다. 20세기에는 수많은 기업연구소들이 설립되어 과학자들에게 새로운 직업을 제공했으며, 과학 연구에 입각한 기술 개발이 점차적으로 보편화되었다. 이와 함께 20세기를 전후해서는 기술지식을 체계화한 공학(engineering)이 출현하여 과학과 기술의 상호작용이 학문적 차원에서도 강화되기 시작했다.

19세기 후반부터 본격화된 과학과 기술의 상호작용은 20세기 중반 이후에 더욱 심화되었다. 우선, 과학이 기술로 현실화되는 시간격차(time lag)가 점차적으로 짧아졌다. 예를 들어, 전동기는 65년, 진공관은 33년, X선은 18년, 레이저는 5년, 트랜지스터는 3년 등으로 그 시차가 단축되었던 것이다. 또한 과학을 바탕으로 새로운 산업이 출현하는 경우도 빈번해졌다. 핵물리학이 원자력에, 고체물리학이 반도체에, 분자생물학이 바이오산업에 활용된 것은 그 대표적인 예다. 특히, 20세기 중반 이후에는 정부나 기업의 지원을 바탕으로 특정한 목표를 달성하기 위한 대규모 프로젝트가 추진되는 일이 많아졌고, 이를 매개로 과학자와 기술자가 동시에 활용되는 경우가 많아지면서 과학과 기술을 실제로 구분하는 것이 쉽지 않게 되었다. 이와 같은 과정을 통해 과학과 기술은 서로 접촉할 수 있는 기회를 점차 확장함으로써 오늘날에는 '과학기술' 혹은 '테크노사이언스(technoscience)'라는 용어가 사용될 정도로 밀접한 관계를 형성하고 있다.

이와 같은 과학과 기술의 상호작용은 남녀의 관계에 비유될 수 있다. 이전에는 아무런 의미도 없었던 두 남녀가 처음으로 만나고 관계가 발전하면서 약혼을 하고 결혼에 이르듯이, 과학과 기술도 이러한 과정을 거쳐 왔다고 볼 수 있다. 오랜 기간 동안 별개로 존재해 왔던 과학과 기술은 과학혁명기를 통해 처음 만난 후 산업혁명기를 통해 더욱 적극적인 의미를 확인하게 되었고, 19세기 후반에 약혼의 상태에 접어든 후 20세기 중반 이후에 '과학기술'이라는 결혼의 상태에 이른 것이다. 결혼한 부부가 자식을 가지게 되듯이, 과학과 기술도 새로운 매개물을 만들면서 계속적으로 그 관계를 발전시키고 있다. 그러나 결혼한 부부도 각각 독립적인 개체이고 많은 갈등의 소지가 있는 것처럼 과학과 기술이 항상 좋은 관계를 유지하는 것은 아니다.

다시 생각해 보는 과학과 기술

20세기의 과학과 기술의 관계에 대해서도 서로 다른 의견이 제시될 수 있다. 예를 들어 제2차 세계대전 때의 과학연구가 기술혁신에 미친 영향에 대해서는 상반된 의견이 표출된 바 있다. 미국 국방부가 주도한 하인드사이트 프로젝트(Project Hindsight)는 핵심적인 군사기술의 대부분이 기초과학(0.3%)이 아닌 기존 기술(91%)이나 응용과학(8.7%)을 바탕으로 개발되었다고 보고했다. 이에 반해 국립과학재단(National Science Foundation, NSF)의 지원을 받은 트레이스 프로젝트(Project Traces)는 20세기 중반에 이루어진 기술혁신의 약 90%가 과학자들의 기초연구를 활용한 것이라고 주장하면서 대표적인 예로 자기 페라이트(magnetic ferrites), 비디오테이프리코더, 경구피임약, 전자현미경, 매트릭스 유리(matrix isolation) 분석법 등을 들고 있다. 이에 대하여 하인드사이트 프로젝트는 정부 연구소에 국한하고 20년 이하의 기간을 대상으로 삼았던 반면, 트레이스 프로젝트는 산업계도 포함하고 30년 이상을 대상으로 삼았기 때문에 다른 결론이 도출되었다는 평가도 내려지고 있다.

사실상 과학과 기술의 관계에 대한 입장은 오늘날에도 상당한 차이를 보이고 있으며, 이는 다음의 세 가지 모형으로 대별할 수 있다. 첫째는 위계적 모형(hierarchical model)으로 기술을 응용과학(applied science)으로 보는 입장이다. 이 입장에 따르면, 과학과 기술은 명확히 구분될 수 있고, 과학은 기술에 일방적인 영향을 미친다. 둘째는 기술이 과학과는 별개의 독자성을 가지고 있다는 대칭적 모형(symmetrical model)이다. 이 입장에서는 기술이 과학과는 관계없이 발전해 왔으며, 기술은 디자인과 효율성을 중시하는 독자적인 문화를 가지고 있다고 본다. 또한 기술과 과학의 핵심적인 상호작용은 지식의 측면에서 발생하며 서로 동등한 수준에서 이루어진다. 셋째는 수렴 모형(convergence model)으로 이 글이 지지하고 있는 입장이다. 과학과 기술은 원래 다른 의미를 가지고 있었지만, 현대 사회에 들어와 매우 긴밀한 관계를 형성함으로써 양자의 구분이 어렵게 되었다는 것이다.

우리나라를 포함한 동아시아에서는 상당 기간 동안 과학기술이 서구와는 다른 의미를 가지고 있다는 점에도 주목할 필요가 있다. 우리나라에서는 서구의 과학기술을 수용하면서 주로 과학기술이 갖는 실용적 힘에 관심을 가지게 되었다. 사실상 우리나라에서는 과학기술이 과학과 기술 전체를 아우르는 것이 아니라 대부분 기술에 국한되었던 것이다. 이에 따라 한국적 맥락에서는 과학기술을 뜻하는 용어로 테크노사이언스가 적합하지 않으며, '사이엔테크(scientech)'와 같은 새로운 용어가 필요하다는 주장도 제기되고 있다. 아무튼 우리나라의 경우에는 과학기술이 주로 경제 성장을 위한 도구로 간주되어 왔으며, 그 결과 과학기술이라는 이름하에 기초연구는 경시되고 응용연구나 기술개발이 강조되는 경향이 지배적이었다.

그러나 최근에 들어서는 우리나라의 발전전략이 '모방형' 혹은 '추격형'에서 '탈(脫)추격형' 혹은 '창조형'으로 전환되어야 한다는 점이 강조되고 있으며, 이를 매개로 기초연구의 중요성이 새롭게 부각되고 있다. 사실상 우리나라는 오랜 기간 동안 연구개발에서 기초연구가 차지하는 비중이 선진국에 비해 낮았지만, 최근에 들어와 기초연구의 비중이 제법 증가하는 양상을 보이고 있다. 예를 들어 우리나라의 연구개발투자에서 기초연구가 차지하는 비중은 2000년에 12.6%에 불과했지만, 2012년에는 18.3%를 기록했다. 이제 우리나라에서도 과학과 기술이 별개로 간주할 것이 아니라 과학과 기술의 상호작용을 강화해야 한다는 관점이 지배적인 담론으로 부상하고 있는 셈이다.

이를 배경으로 어떤 유형의 연구를 정책적으로 지원할 것인가에 대한 문제가 본격적으로 논의되고 있다. 이와 관련하여 미국의 국립과학재단에 오랫동안 관여한 스토크스(Donald E. Stokes)는 연구를 수행하는 동기로 원천적 이해의 추구를 한 축에 놓고 사용에 대한 고려를 다른 한 축에 놓은 후, 연구 활동의 유형을 순수기초연구(pure basic research), 사용을 고려한 기초연구(use-inspired basic research), 응용연구(applied research)로 구분하고 있다. 이를 바탕으로 그는 각 사분면의 영역에 해당하는 연구자 혹은 과학기술자의 유형을 보어 형, 파스퇴르 형, 에디슨 형으로 칭하고 있다. 보어 형은 아직까지 확실히 밝혀지지 않은 현상을 규명하는 것을 추구하고, 에디슨 형의 주된 연구 목적은 실생활의 문제를 해결

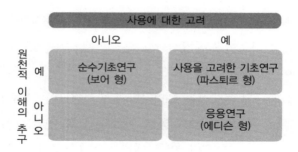

그림 11. 스토크스의 연구 활동 유형에 관한 분류

하는 데 있는 반면, 파스퇴르 형의 경우에는 이해의 폭을 확장함과 동시에 실제적 사용도 염두에 두고 연구를 수행한다. 스토크스는 원천적 이해도 추구하지 않고 사용에 대한 고려도 하지 않는 연구는 지원 대상이 아니며, 두 가지를 모두 포괄하는 파스퇴르 형 연구에 지원의 초점을 두어야 한다고 주장하고 있는 셈이다.

기술과 사회의 얽힘[*]

제**4**장

오늘날 기술은 급속한 변화를 겪고 있으며 기술이 사회에 미치는 영향도 날로 증가하고 있다. 우리는 기술과 밀접히 연관된 생활을 영위하면서도 여전히 기술의 실체와 본질을 충분히 이해하지 못하고 있으며, 이에 따라 첨단기술과 관련된 각종 이데올로기에 쉽게 빠져들기도 한다. 기술의 발전은 삶의 질 향상과 사회의 진보를 보장할 것인가, 아니면 기술이 사회의 통제를 벗어나 오히려 인간이 기술의 노예로 전락할 것인가? 이제 우리는 이러한 문제를 심각하게 재고(再考)하지 않으면 안 된다. 기술과 사회의 관계에 관한 세련된 시각을 정립하는 것이 매우 중요한 과제로 부상하고 있는 것이다.

기술은 사회를 결정하는가

기술과 사회의 관계에 접근하는 대표적인 관점으로는 기술결

***

[*] 이 글은 한국과학기술학회 편, 『과학기술학의 세계: 과학기술과 사회를 이해하기』(휴먼사이언스, 2014), 87~115쪽을 약간 간추린 것이다.

정론(technological determinism)을 들 수 있다. 기술결정론은 기술이 그 자체의 고유한 발전 논리, 즉 공학적 논리를 가지고 있기 때문에 기술의 발전은 구체적인 시간과 공간에 관계없이 동일한 경로를 밟는다고 가정한다. 이러한 관점에 의하면, 사회구조는 기술의 논리 자체에 영향을 미치지 않으며 단지 기술 발전의 속도를 조절할 수 있을 뿐이다. 반면에 사회와 무관하게 자율적으로 발전한 기술은 사회의 변화에 막대한 영향을 미치며, 심지어 사회의 변화가 모두 기술의 속성과 영향력으로만 설명되기도 한다. 더나아가 낙관적 형태의 기술결정론은 기술의 발전이 모든 사회집단에게 보편적인 이익이 된다고 간주하고 있다.

이처럼 기술결정론은 기술의 중립성과 기술 중심적인 사고를 중요한 특징으로 한다. 기술은 두 가지 의미에서 중립적이다. 기술은 사회와 무관하게 중립적으로 발전하며, 특정한 집단에게 이익을 주는 것이 아니라 모든 사회집단에게 공동의 선(善)이 된다는 것이다. 또한, 기술결정론에 의하면 기술이 모든 변화를 일으키는 판도라의 상자이며, 다른 변수들은 모두 기술 발전의 부산물에 지나지 않는다. 기술은 독립변수이며 사회는 종속변수인 것이다. 기술결정론의 대표적인 예로는 등자(stirrup)가 봉건제를 낳았다는 주장, 인쇄술이 르네상스를 만들었다는 주장, 기계가 자본주의를 낳았다는 주장 등이 있다. 더 나아가서 기술결정론은 과거 사회를 해석하는 데는 물론 현재 사회의 변화를 규명하고 미래 사회를 전망하는 데도 적용되고 있다. 흔히 미래학자로 분류되는 벨(Daniel Bell)의 정보사회론과 토플러(Alvin Toffler)의 제3물결론이 그 대표적인 예다.

우리가 기술과 사회의 관계에 대해 좀 더 분석적으로 접근한다

그림 12. 1933년에 시카고에서 개최된 세계박람회의 포스터. "과학은 발견하고, 산업은 응용하며, 인간은 순응한다(Science Finds, Industry Applies, Man Conforms)."라는 구호가 널리 사용되었다.

면 기술결정론의 약점은 어렵지 않게 찾아낼 수 있다. 사실상 기술결정론은 '기술의 일생'이나 '기술의 사이클'을 고려하지 않고 '기술'과 '사회'라는 분화되지 않은 거시적 개념에만 입각하고 있다. 그러나 기술이 생성되어 그것이 사회에 영향을 미치는 과정에는 기술의 개발, 기술의 선택, 기술의 사용, 기술의 사회적 효과와 같은 여러 단위들이 존재한다. 이처럼 기술이 사회에 영향을 미치기 위해서는 다양한 매개체가 필요하기 때문에 기술의 변화는 사회활동의 양식과 범위에 한계를 부과하는 것이지 기술 변화가 곧바로 사회 변동을 유발하지는 않는다. 더구나 앞서 말한 각 부문들은 서로 영향을 주고받기 때문에 문제는 더욱 복잡해진다.

기술결정론에 대한 보다 근본적인 비판은 기술이 독립변수가 아니라 기술 변화 역시 사회의 영향을 받는다는 점에 있다. 여기서 우리는 "무엇이 사회적 영향을 가지는 기술을 형성하는가?"
혹은 "기술의 변화에서 사회가 담당하는 역할은 무엇인가?" 등과
같은 질문을 제기할 수 있다. 다시 말해 특정한 시간과 공간에서
특정한 기술이 개발된 이유는 무엇이고 어떠한 조건에서 그 기술
이 현실화되었는가를 이해하기 위해서는, 기술이 형성되거나 구
성되는 과정 중에 작동하는 사회적 관계를 고려해야 한다. 이와
관련된 많은 사례 연구들은 기술의 개발, 선택, 사용 과정에 다양
한 사회적 요소들이 개입함을 보여주고 있다.

기술의 사회적 구성

기술 변화의 사회적 성격을 강조하면서 기술의 효과뿐만 아니라
기술의 내용까지 논의의 대상으로 삼는 대표적인 관점으로는 기
술의 사회구성주의(social constructivism)를 들 수 있다. 기술의 사회
구성주의는 다양한 분파로 이루어져 있다. 그것은 핀치(Trevor J.
Pinch)와 바이커(Wiebe E. Bijker)의 기술의 사회적 구성론(Social Con-
struction of Technology, SCOT), 휴즈(Thomas P. Hughes)의 기술시스템
(technological system) 이론, 라투르(Bruno Latour), 칼롱(Michel Callon),
로(John Law)의 행위자-연결망 이론(Actor-Network Theory, ANT)으로
분류할 수 있다.

핀치와 바이커는 과학지식사회학에서 비롯된 상대주의 경험프
로그램(empirical programme of relativism, EPOR)을 기술의 영역으로 확
장하여, 과학적 사실이 사회적으로 구성되는 것처럼 기술적 인공
물도 사회적으로 구성된다고 주장한다. 특정한 기술과 관련된 사

회집단(relevant social groups)은 해석적 유연성(interpretative flexibility)을 가지고 있어서 자신의 이해관계에 따라 기술이 지니고 있는 의미와 문제점을 서로 다르게 파악한다. 이에 따라 각 사회집단은 문제점에 관한 해결책으로서 상이한 기술적 인공물을 제시하며 그것을 둘러싼 논의가 확산되는 과정에서 사회집단들 사이에는 문제점과 해결책에 관한 갈등이 발생한다. 이러한 갈등은 집단적이고 정치적인 성격을 가진 협상이 진행되는 매우 복잡한 과정을 거쳐 결국 어느 정도 합의에 도달한 기술적 인공물의 형태가 선택된다. 이처럼 논쟁이 종결되는 단계, 즉 안정화 단계에 이르면 관련된 사회집단들은 자신들이 설정한 문제점이 해결되었다고 인식하게 되며 이전과는 다른 차원의 새로운 문제를 제기하기 시작한다.

자전거의 변천과정에 대한 사례연구는 이러한 점을 잘 보여주고 있다. 자전거와 관련된 사회집단에는 자전거를 만든 기술자뿐만 아니라 남성 이용자, 여성 이용자, 심지어 자전거 반대론자까지 포함된다. 각 집단은 자전거의 의미를 자신의 이해관계나 선호도에 따라 다르게 해석했다. 앞바퀴가 높은 자전거(19세기에는 이런 자전거를 'ordinary bicycle'로 불렀다.)는 스포츠를 즐겼던 젊은 남성들에게는 속도가 빠른 인공물이었지만, 여성이나 노인에게는 안전성을 결여한 인공물에 지나지 않았다. 공기 타이어가 처음 등장했을 때 여성이나 노인은 진동을 줄이는 수단으로 간주했지만, 스포츠를 즐겼던 사람들에게는 쿠션을 제공하는 공기 타이어가 오히려 불필요한 것이었다. 자전거 반대론자들은 공기 타이어를 미적 측면에서 꼴불견인 액세서리로 치부했고, 일부 엔지니어들은 공기 타이어 때문에 진흙길에서 미끄러지기 쉬워 안전성이 더욱 떨어진다고 생각했다. 자전거와 관련된 사회집단들은 자전거의 문제점들에 대해 다양한 해결책을 내놓았다. 진동 문제의 해결책으로는 공기 타이어, 스프링 차체 등이 거론되었고, 안전성 문제를 해결하는 대안으로는 오늘날과 같은 안전자전거(safety bicycle) 이외에도 낮은 바퀴 자전거, 세발자전거 등이 제안되었다. 여성의 의상 문제에 대한 해결책으로 아래 그림과 같은 특수한 형태의 높은 앞바퀴 자전거가 설계되기도 했다. 19세기 말에 앞바퀴가 높은 자전거 대신에 안전자전거가 정착하는 데에는 자전거 경주가 중요한 역할을 담당했다. 사람들의 일반적인 예상을 깨고 공기 타이어를 장착한 안전자전거가 다른 자전거보다 빠르다는 것이 자전거 경주를 통해 입증되었던 것이다. 이를 통해 공

그림 13. 19세기 중엽까지 자전거의 지배적인 형태는 앞바퀴가 높은 자전거였다. 젊은 남성들이 이를 선호했지만 치마를 입은 여성들을 위해 변형된 모델이 만들어지기도 했다.

기 타이어의 의미는 진동을 억제하는 장치에서 속도 문제에 대한 해결책으로 다시 정의되었다.

휴즈는 전등 및 전력 시스템에 관한 역사적 연구를 통해 기술시스템 이론을 제창하고 있다. 기술시스템은 물리적 인공물, 조직, 과학기반, 법적 장치, 자연자원 등으로 구성되며, 각 요소는 다른 요소들과 상호작용하면서 시스템 전체의 목표에 기여하게 된다. 기술시스템에 포함되지 않은 요소들은 주변환경(surroundings)에 해당하는데, 기술시스템과 주변환경은 정태적으로 분리된 것이 아니라 기술시스템이 진화하면서 주변환경의 일부를 시스템의 구성요소로 포섭하기도 하며 반대로 시스템의 구성요소가 주변환경으로 해체되기도 한다. 휴즈는 이러한 이질적인 요소들을 시스템으로 통합하고 주변환경에 있는 요소들을 시스템으로 끌어들이는 핵심 주체를 '시스템 구축가(system builder)'로 규정하고 있다. 시스템 구축가들은 기술시스템의 성장이 지체되는 영역인 역돌출부(reverse salients)에 물적·인적 자원을 집중하여 결정적인 문제들을 풀이함으로써 난국을 타개하고 시스템의 성장에 기여한다. 기술시스템의 성장 과정에서 발생하는 문제가 내부적으로 해결될 경우에는 시스템이 더욱 공고화되지만 그렇지 않은 경우에는 기존 시스템과 새로운 시스템 사이의 경쟁이 발생한다. 기술시스템의 공고화는 보통 기업 간 합병이나 산업의 표준화를 수반하며, 성숙한 기술시스템은 모멘텀(momentum)을 가지게 되어 그것을 변경하는 것이 원칙적으로는 가능하지만 실제로는 매우 어렵게 된다.

휴즈에 따르면, 에디슨은 단순한 발명가가 아니라 시스템 구축가로 재해석된다. 전기의 본격적인 활용은 에디슨이 1879년에 백열등을 개발하면서 시작되었다. 그의 목적은 기존의 가스등 시스템과 경제적으로 경쟁할 수 있는 전등 시스템을 개발하는 데 있었다. 에디슨은 엄밀한 비용 분석을 통하여 값비싼 구리가 전등 시스템의 개발에서 걸림돌이 된다는 점을 밝혀낸 후, 전등에 필요한 에너지를 충분히 공급하면서도 전도체의 경제성을 보장하는 것을 핵심적인 문제로 규정했다. 그는 옴의 법칙과 줄의 법칙을 활용하여 전도체의 길이를 줄이고 횡단면적을 작게 하는 방법을 탐색했고, 결국 오늘날과 같은 1 A 100 Ω짜리 고저항 필라멘트라는 개념에 도달했다. 이처럼 에디슨은 체계적인 비용 분석을 통해 백열등을 발명하는 것은 물론 1 A 100 Ω과 같은 기술표준을 확립하는 성과를 거두었던 것이다.

에디슨의 발명은 전등에 국한되지 않았다. 그는 발전, 송전, 배전에 필요한 모든 것을 만들었다. 거기에는 전기 모터, 발전소, 전선, 소켓, 스위치, 퓨즈, 계량기 등이 포함되어 있었다. 에디슨이 발명한 것은 하나의 기술이 아니라 여러 가지 기술이 결합된 시스템이었던 것이다. 에디슨에 앞서 백열등을 발명한 사람은 제법 있지만, 에디슨을 진정한 발명가로 평가하는 이유도 여기에 있다. 또한 에디슨은 전등을 시스템적인 차원에서 개발했을 뿐만 아니라 전등의 상업화를 위한 경영 활동도 시스템적으로 전개했다. 즉 전등 개발을 담당하는 회사, 전력을 공급하는 회사, 발전기를 생산하는 회사, 전선을 생산하는 회사 등을 잇달아 설립하여 전기에 관한 한 모든 서비스를 제공해 줄 수 있는 '에디슨 제국'을 구성했던 것이다. 이러한 기업들은 1889년에 에디슨 제너럴 일렉트릭으로 통합되었고, 그것은 1892년에 톰슨-휴스턴 사와 합병되어 제너럴 일렉트릭으로 바뀌었다.

라투르, 칼롱, 로는 민속지적 접근을 활용하여 기술 프로젝트의 일생을 탐구함으로써 기술과 사회가 고정된 실체가 아니라 항상 변화를 경험하고 있다고 주장한다. 그들에 의하면, 기술과 사회가 만들어지는 과정에서는 사회가 기술 변화를 규정하는 측면과 기술이 사회 변화를 유발하는 측면이 동시에 나타나며, 이러한 과정에서 기술과 사회는 동시에 구성되고 진화하게 된다. 그들은 행위자-연결망이라는 개념을 통해 기술과 사회의 동시 진화를 설명하려고 시도한다. 행위자-연결망에는 엔지니어, 기업가, 정부관료, 사회운동가 등과 같은 인간적 행위자(human actors)뿐만 아니라 자연자원, 기술, 제도, 기업 등과 같은 비인간적 행위자(nonhuman actors)도 포함된다. 이처럼 매우 다양한 행위자를 동원하고 활용함으로써 행위자-연결망은 특정한 프로젝트를 도출하고 수행하게 된다. 여기서 프로젝트의 존폐 여부를 결정하는 연결망은 포괄적 연결망(global network)이고, 실무 차원에서 프로젝트를 집행하는 연결망은 국소적 연결망(local network)이며, 두 연결망 간의 거래가 통제되는 지점은 필수통과지점(obligatory point of passage, OPP)에 해당한다. 연결망을 형성하고 발전시키는 주요 행위자는 이질적 엔지니어(heterogeneous engineers) 혹은 엔지니어-사회학자(engineer-sociologists)로 개념화되고 있는데, 그들은 과학기술적인 요소에서 사회정치적인 요소에 이르는 매우 이질적인 자원을 결합하며, 특정한 기술뿐만 아니라 특정한 사회모델을 구현하려고 노력한다.

전기자동차 프로젝트에 대한 사례연구는 이러한 점을 잘 보여주고 있다. 그 프로젝트는 1970년대 초에 프랑스 전력공사(Electricité de France, EDF)에서 활동하고 있었던 엔지니어 집단이 제안했다. EDF의 엔지니어들은 전기자동차의 기술적 특성뿐만 아니라 그것이 작동할 사회의 모습도 규정했다. 기존의 자동차가 대기오염의 원인이자 사회적 지위를 표상하는 수단이라면, 전기자동차는 단순하고 유용한 물건이자 프랑스 사회를 산업시대에서 탈산업시대로 변화시킬 매개물이었다. EDF의 엔지니어들은 촉매, 전지, 사회운동, 소비자, 산업체, 정부부처 등과 같은 다양한 행위자들에게 특정한 역할을 부여하여 전기자동차 프로젝트에 가입시켰고, 1973년의 석유파동을 매개로 프랑스 사회의 담론을 지배하는 세력으로 부상했다. 그러나 촉매는 빨리 더러워져서 연료전지를 쓸모없게 만들었고, 전지는 너무 비싸서 가까운 장래에 생산될 가능성이 없었으며, 전기자동차에 대한 대중시장도 잘 형성되지 않았다. 이에 르노(Renault)의 엔지니어들은 EDF가 위태롭고 비현실적인 모험을 한다고 비판하면서 기술이 사회 변화에 줄 수 있는 최선의 대답은 과거를 백지상태로 만드는 것이 아니라 그것을 점진적으로 분화시키는 데 있다고 주장했다. 그들은 더러워지는 촉매와 결합하고 사회운동의 약화로부터 도움을 받음으로써 기존의 자동차를 복귀시키는 데 성공했다. 이처럼 전기자동차 프로젝트에 대한 논쟁은 서로 다른 엔지니어-사회학자들의 대결이었으며, 기술프로젝트의 성공 여부는 그 정체성과 상호관계가 불분명한 이질적 요소들을 결합하여 행위자-연결망을 구성하고 확장할 수 있는 능력에 의해 좌우되는 것이다.

그렇다면 이와 같은 사회구성주의의 논의를 어떻게 종합할 수 있을까? 여기서 유의할 사항은 기술의 사회적 구성론, 기술시스템 이론, 행위자-연결망 이론이 모두 기술 변화의 특정한 측면이나 국면에 주목하고 있다는 점이다. 기술이 처음에 설계되거나 출현하는 과정에서는 기술의 용도나 궤적에 상당한 해석적 유연성이 존재한다. 기술이 변화하는 방식이 미리 결정되어 있는 것이 아니라 기술 변화를 둘러싼 다양한 이해관계에 의해 영향을 받는 것이다. 이러한 개별적 기술이 시스템의 일부로 편입되고 기술시스템이 성장하는 과정에서는 시스템 구축가나 이질적 엔지니어의 역할이 중요하다. 그들은 일반적인 발명가와는 달리 전체 시스템이나 네트워크에 주목한다. 기술시스템이 안정화의 단계에 이르게 되면, 기술은 종종 그것을 처음 만들었던 사람의 의지대로 변하지 않는다. 성숙한 기술시스템은 엄청난 모멘텀을 가지게 되며, 어떤 경우에는 기술 자체가 독자적인 삶을 가진 것으로 보이기도 한다. 그러나 기술이 인간과 무관한 생명을 가진 존재는 아니며, 기술시스템의 진화 방향을 변경하는 것이 불가능하지는 않다.

실천적 · 정책적 함의

이상의 논의에서 보듯이, 기술의 사회구성주의는 기술을 보편적 합리성의 산물로 절대화하지 않고 사회적 관계의 산물임을 보여주기 위하여 기술이 만들어지는 과정을 해체해서 드러내 주고 있다. 그러나 사회적 관계를 중심으로 기술을 파악한다는 것이 모든 경우에 기술이 지배계급의 도구로 기능한다는 것을 의미하지는 않는다. 기술 변화의 과정에는 상이한 이해관계를 가진 다양한 집단들이 개입하게 되며, 각 집단의 목표가 다르기 때문에 세력이 우세한 쪽의 요구가 관철될 개연성이 높다. 따라서 기술이 형성되는 과정에 민주주의의 논리가 관철될 수 있다면, 그 속에서 인간을 소외시키는 기술과 삶의 질을 향상시키는 기술을 가려내는 능력도 배양될 것이고, 후자를 재구성할 수 있는 사회적 실천이 조직될 수 있다는 사실에 주목해야 한다.

이러한 가능성은 1970년대에 루카스 항공(Lucas Aerospace)이 제출한 협동계획에서 엿볼 수 있다. 1970년대에 영국 루카스 항공의 노동자들은 진보적 과학기술자, 사회단체 등과 연합하여 군사

부문에 집중되어 있는 기존의 생산방식을 폐기하고 자신들의 창조력을 충분히 발휘하면서도 사회적으로 유용한 생산(socially useful production, SUP)에 필요한 기술을 개발하는 작업을 전개했다. 그들은 우선 기존의 기술 변화가 가지고 있었던 문제점, 즉 긴요한 상품의 절대적인 부족, 설계 과정에서 생산자의 소외, 생산 과정에서 기계에 의한 노동의 무조건적 대체, 선택 및 사용 과정에서 소비자와 제3 세계의 주권 상실 등에 주목했다. 그들은 작업장 대표의 모임을 결성한 후 설문조사를 통해 자신의 목적에 부합하면서 회사가 보유한 물적·인적 자원으로 제작할 수 있는 제품을 기획했다. 그것에는 어린이를 위한 차량, 간이용 생명구조체계, 자가건축용 저에너지 주택, 다목적용 동력계, 가정용 투석기 등이 포함되어 있었다. 이러한 제품들을 설계하고 생산하면서 루카스의 노동자들은 생산 과정에서 효율성의 제고와 민주주의의 확산이 양립할 수 있다는 점을 깨달았다.

이러한 시도는 최근에 다시 관심이 부상하고 있는 적정기술(appropriate technology)에 대한 논의로 이어질 수 있다. 적정기술은 고액의 투자가 필요하지 않고, 에너지 사용이 적으며, 누구나 쉽게 배워서 쓸 수 있고, 현지에서 나는 재료를 사용하며, 소규모의 사람들이 모여서 생산이 가능한 기술에 해당한다. 적정기술은 1960년대에 서구 사회에서 전개되었던 대항문화운동의 일환으로 본격적으로 논의되었다가 1980년대에 급속히 퇴조한 역사를 가지고 있다. 그러나 최근에는 환경문제에 대한 관심 제고, 제3세계에 대한 기술원조 실시, 사회적 기업(social enterprises)의 성장 등을 배경으로 새로운 주목을 받고 있다. 적정기술은 기존 시스템에서 무시되거나 자원배분이 이루어지지 않았던 영역에서 새로운 사회

그림 14. 적정기술은 간단한 기술이지만 사회적으로 매우 유용하다. 어린이들이 라이프스트로(LifeStraw)를 통해 물을 정수해서 마시고 있는 모습.(출처: lifestraw.com)

적 요구를 발굴한 후 이미 존재하는 기술을 단순화하고 새롭게 결합하여 저가의 제품이나 서비스를 제공하는 형태를 띠고 있다. 이와 같은 적정기술에 대한 논의는 사회가 요구하는 기술이 무엇인지를 묻고 그것을 확보하기 위해 관련된 사회집단의 네트워크를 구성한다는 의미에서 사회구성주의와 상당한 친화성이 있다.

사회구성주의는 참여지향적 과학기술정책의 이론적 근거로도 활용될 수 있다. 이와 관련하여 선진국들은 기술 변화와 관련된 부정적 측면을 최소화하기 위하여 오래전부터 기술영향평가(technology assessment, TA) 활동을 시도해 왔다. 기술영향평가 활동의 흐름은 크게 전통적 TA와 구성적 TA의 두 유형으로 나누어 볼 수 있다. 전통적 TA는 사후적 성격을 띠고 있어서 기술 그 자체는 주어진 것으로 받아들이고 다만 그것이 야기할 수 있는 문제점들을 최소화하는 데 초점을 둔다. 또한 전통적 TA는 전문지식으로 무장된 과학기술자들이 기술의 발전과 기술의 사회적 영향을 가장 잘 분석할 수 있다는 엘리트주의적 관점에 입각하고 있다.

이에 반해 구성적 TA는 기술 변화의 속도와 방향이 근본적으로 사회적 행위자들의 목적의식적인 개입에 의해 변화될 수 있다는 인식에서 출발한다. 즉 기술 변화를 주어진 것으로 받아들이지 않고 그 과정에 적극적으로 개입하여 부정적인 효과를 미리 예방함으로써 기술 변화의 방향 자체를 조절하고자 하는 것이다. 이를 위하여 구성적 TA는 전문적인 과학기술자에게 기술개발을 전적으로 위임하지 않고 이해당사자들을 기술개발의 초기 단계에서부터 포괄적으로 참여시킴으로써 사회적으로 유용한 대안적 기술을 개발하려고 한다. 동시에 구성적 TA는 기술 변화의 선택 환경을 조절함으로써 사회적으로 바람직한 기술이 생존할 수 있도록 정책적으로 개입하고 기술의 사회적 영향들에 대한 정보들을 끊임없이 기술개발 과정에 피드백하여 기술의 부정적 영향을 사전에 최대한 방지하려고 한다. 이처럼 전통적 TA는 기술결정론의 관점에서 사후적 조치를 중시하는 반면, 구성적 TA는 기술의 사회구성주의에 입각하여 참여지향적인 과학기술정책을 추구하고 있는 것이다.

과학기술과 사회에 대한 전망

제 5 장

오늘날 과학기술은 눈부시게 발전하고 있으며 인간사회의 다양한 활동에 깊이 침투하고 있다. 몇 년 전에 최신식이었던 휴대전화가 이제는 구식이 되어 버리고 휴대전화로 인간이 할 수 있는 활동의 범위도 점차 확대되고 있다. 이러한 경향은 앞으로 더욱 강화될 것이다. 현대 사회를 '과학기술의 시대'라고 말하는 것도 과장이 아니다. 따라서 과학기술의 시대를 살아가는 사람으로서 과학기술의 현재와 미래를 조망해보는 것은 매우 의미 있는 일이다. 그 출발점은 오늘날 과학기술이 어떤 특징을 가지고 있으며 과학기술의 건전한 발전을 위해서는 무엇이 중요하게 고려되어야 하는지를 살펴보는 데 있다.

현대 과학기술의 특징

오늘날의 과학기술은 이전과는 다른 양상을 보이고 있다. 무엇보다도 과학기술이 양적으로 엄청나게 팽창하고 있다. 우선, 과학기술을 담당하는 사람들의 수가 빠른 속도로 확대되어 왔다. 1930년 미국물리학회(American Physical Society)의 연례 학술대회에 참석하는 과학자들의 수는 겨우 100명 정도에 불과했지만, 1970년대에 이르면서 참석한 모든 과학자들이 발표할 자리를 만들기가 사실상 어려워졌다. 오늘날에는 이공계 학회의 연례 학술대회가 대부분 여러 개의 세션들을 동시에 진행하고 있으며, 그러한 세션들 각각에 수백 명의 사람들이 참석하는 것을 흔히 볼 수 있다. 이와 관련하여 과학의 역사가 시작된 이후 과학자로 볼 수 있는 사람을 모두 모았다고 했을 때, 그중에서 현재 살아있는 사람의 비율이 적어도 80％가 된다는 지적도 있다.

연구논문의 수도 폭증하였다. 20세기에 들어와 연구논문의 수는 과학기술자 개개인이 도저히 따라잡을 수 없을 정도로 많아졌다. 이러한 현상은 20세기 중반을 지나면서 더욱 심화되었다. 1966년 미국의 어떤 공학 학술지에 실린 만평에는 쌓여만 가는 연구논문에 거의 빠져죽을 지경에 이른 과학기술자들의 위기의식을

그림 15. 1966년 미국의 공학 학술지에 실린 만평. 인구 증가율은 연간 3％인 데 반해 발표 논문의 증가율은 연간 9％에 이르고 있다.

단적으로 드러내고 있다. 학술지에 투고되는 논문의 수도 감당을 못할 정도로 많아지면서 학술지 편집자들이 수준 높은 논문을 골라낼 수 있을까 하는 의문이 줄곧 제기되었고, 일부 학술지들은 많은 논문들을 소화하기 위해 기존의 학술지를 세부 분야별로 쪼개어 여러 개의 학술지를 발간하는 체제로 전환하였다.

과학기술은 양적 팽창과 함께 전문화와 세분화의 길을 걸어왔다. 19세기 중엽까지만 해도 한 명의 과학기술자가 여러 분야의 연구를 동시에 하는 경우가 많았고 인문학이나 사회과학에도 관심을 보이곤 했다. 그러나 지금은 과학기술이 매우 세분화되어 자기 분야 외의 것을 아는 것은 매우 어려운 일이 되었다. 사실상 자신의 분야 자체도 급속도로 변하고 있기 때문에 이를 따라잡는 것도 쉽지 않다. 이에 따라 과학기술자는 자신의 좁은 분야에서 주어진 문제를 풀이하는 데 열중하게 되었고 과학기술과 관련된 여러 문제들을 전체적으로 조망할 수 있는 시각을 가지기 어렵게 되었다. 이와는 반대로 물리화학, 생화학, 메카트로닉스(mechatronics), 생물정보학(bioinformatics) 등과 같이 기존의 분야가 융합되는 경향도 나타나고 있다. 그러나 그것은 이미 세분화가 진행된 후 몇몇 분야가 결합되는 현상으로 풀이할 수 있으며 동시에 새로운 분야 자체도 전문화의 길을 밟고 있다.

과학연구가 수행되는 형태도 점차 조직화되어 왔다. 19세기만 하더라도 대부분의 과학자는 혼자서 연구를 하거나 한두 명의 조수를 데리고 있었다. 그러나 20세기 이후에는 과학연구가 다양한 구성원들 간의 팀 작업으로 변모되었다. 특히 제2차 세계대전 당시 원자탄 개발을 위해 추진되었던 맨해튼 계획(Manhattan Project)은 '거대과학(big science)'의 출현을 상징하였다. 그 프로젝트에는 대학,

연구소, 산업체, 군대 등에 소속된 12만~13만 명의 인원이 동원되었다. 오늘날에도 소규모로 진행되는 연구가 없는 것은 아니지만 그 역시 조직적으로 이루어지고 있다. 작은 분자 하나를 만드는 경우에도 기구의 준비에서 분자구조의 결정에 이르는 모든 과정에 연구팀이 조직적으로 대응하지 않으면 곤란하다. 이처럼 과학연구가 점차 조직화됨에 따라 그것을 적절히 관리하는 것도 중요한 문제로 부상하였다.

과학기술 활동의 규모나 형태에만 변화가 있었던 것은 아니었다. 과학기술 활동과 관련된 주체들도 다변화되어 왔다. 19세기만 해도 과학 활동은 대학을 중심으로 전개되었고 기술은 산업현장의 전유물에 가까웠다. 그러나 20세기에 들어서면서 기업이 사내 연구소를 설립하면서 과학연구를 제도화하기 시작했으며 정부도 과학기술 활동을 간접적으로 지원하는 것을 넘어 중요한 연구개발사업을 적극적으로 추진하기 시작하였다. 대학에 이어 기업과 정부가 과학기술 활동의 핵심적인 주체로 부상하였고 이상의 주체들은 앞서 살펴본 과학기술 활동의 규모와 형태를 변화시키는 데 중요한 역할을 담당하였다.

과학기술의 활용은 기업의 생존에 필수적인 요소로 자리 잡고 있다. 오늘날 과학기술자의 상당수는 기업의 피고용인 혹은 관계자로 활동하고 있다. 혁신적 기술을 도입하든지, 특정 기술을 점진적으로 개선하든지, 혹은 새로운 과학기술을 창출하든지 과학기술은 기업이 경쟁 우위를 유지하기 위한 관건으로 작용하고 있다. 1900년 제너럴 일렉트릭에서 사내 연구소를 설립한 이후에 많은 대기업들이 사내 연구소를 통해 발명하거나 개발한 제품을 상업화함으로써 성장해 왔다. 지금은 중소기업도 연구개발 활동에 적극적으로 투자하고 있으며 연구개발을 전담하는 형태의 기업도 있다.

정부도 과학기술을 점점 중요시하면서 지원을 강화하고 있다. 과학기술에 대한 정부의 지원은 이전에도 존재했지만 20세기에 두 차례의 세계대전을 겪으면서 더욱 강화되었고, 특히 맨해튼 계획을 계기로 정부가 주도적으로 연구개발 활동을 기획하고 추진하며 보다 직접적인 형태로 탈바꿈했다. 이제 국가의 경제성장, 복지증진, 국토방위 등은 과학기술의 발전 없이는 불가능한 것으로 인식되고 있다. 물론 과학기술에 대해 채택하고 있는 전략이나 우선 순위에는 차이가 있지만 모든 국가에서는 과학기술 활동을 적극적으로 지원하고 있다. 과학기술의 진흥을 위하여 자금을 투입하고 인력을 양성하고 다양한 제도를 구성하는 것이 정부가 담당하는 필수적인 역할로 간주되고 있다.

이와 같은 특징은 우연인지 필연인지는 모르지만 20세기에 접어들어서 나타나기 시작하여 시간이 흐를수록 더욱 강화되고 있다. 이러한 변화가 가져온 전반적인 경향은 과학기술이 사회와 무관한 중립적인 존재라는 견해가 더 이상 지지될 수 없다는 점에서 찾을 수 있다. 과학기술과 사회의 연결은 어떤 의미에서는 과학기술을 강력하게 만들고 있지만 동시에 과학기술이 사회적으로 정당화되고 이에 대한 책임성을 제고해야 하는 문제를 제기하고 있다.

과학기술과 사회를 잇는 시나리오

미래 사회의 가장 핵심적인 이슈는 과학기술 능력과 사회조절 능력 사이에 조화를 달성하는 일이다. 그것은 과학기술이 인간생활의 구석구석에 영향을 미침에 따라 과학기술의 긍정적인 작용과 함께 부정적인 기능도 광범위하게 노출되기 시작했다는 점에서 그 필요성이 더욱 절실해지고 있다. 우리나라의 경우만 보더라도 각종 대형사고와 환경문제가 줄곧 신문지상을 화려하게 장식해 왔으며, 최근에는 생명 복제 실험을 매개로 생명윤리에 관한 논점이 집중적으로 제기되고 있다. 아마도 21세기에는 과학기술이 인간의 삶에 더욱 넓고 깊은 영향을 미치면서 과학기술과 관련된 사회적 문제도 더욱 표면화될 것임에 틀림없다.

이와 관련하여 과학기술에 대한 일반인의 반응이 변천해 온 모습을 살펴보면 매우 흥미로운 흐름을 발견할 수 있다. 1920년대에는 과학기술이 풍요의 원천이자 진보의 상징으로 찬양되었지만, 1960년대에 이르면 전쟁무기와 환경오염을 매개로 과학기술의 역기능이 본격적으로 비판되기에 이르렀다. 또한, 과학기술의 역기능에 대한 인식도 변했는데 1960년대에는 주로 사후적인 것에 불과했지만, 최근에는 정보기술이나 생명공학기술을 둘러싼 논쟁이 과학기술의 경로가 가시화되기 전부터 이에 관한 문제점이 제기되는 양상을 보이고 있다. 이에 따라 과학기술 능력과 사회조절 능력의 조화를 달성하는 것이 인류의 장래를 가늠하는 데 필수적인 과제로 부상하고 있다.

이러한 점은 과학기술의 미래를 그려보는 방식의 변화에도 잘 반영되어 있다. 15년 전만 하더라도 미래의 과학기술에 대한 예측(forecasting)은 과학기술의 발전을 당연한 것으로 받아들이고 그것의 속도를 저울질하는 것이 주종을 이루었다. 그러나 최근의 과학기술에 대한 전망(foresight)은 과학기술 능력과 사회조절 능력을 포괄하는 가운데 낙관적 가능성과 비관적 가능성을 함께 고려하면서 다양한 시나리오를 작성하는 것으로 변모하고 있다. 더 나아가 20세기에는 과학기술이 사회 발전의 핵심 동력이라는 점을 강조하는 시각이 지배적이었다면, 최근에는 과학기술을 사회적으로 어떻게 통제할 것인가에 대한 관심도 점차적으로 증가하고 있다.

이와 관련하여 과학기술의 발전이 가속될 것인지 아니면 감속될 것인지를 하나의 판단 기준으로 삼고, 사회의 조절 능력이 성숙될 것인지 아니면 그렇지 않을 것인지를 다른 판단 기준으로 삼는다면 다음과 같은 4가지 시나리오가 가능하다. 과학기술 능

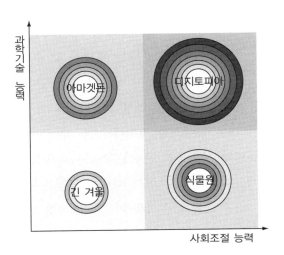

그림 16. 21세기에 대한 4가지 시나리오

력과 사회조절 능력이 동시에 고도화되는 '디지토피아' 시나리오, 사회조절 능력이 과학기술의 발전 속도를 따라가지 못하는 '아마겟돈' 시나리오, 과학기술의 발전을 조절하면서 기존의 과학기술로 안정적 세계를 유지하는 '식물원' 시나리오, 과학기술의 발전이 정체되고 분쟁과 갈등이 심화되는 '긴 겨울' 시나리오가 그것이다.

이러한 4가지 시나리오 중에서 어떤 하나가 모든 시기와 지역에서 지속적으로 우세를 점할 것이라는 전망은 실현되기 어렵다. 오히려 4가지 시나리오가 단계적으로 실현되거나 지역별로 차이가 존재할 것이라는 전망이 더욱 현실적일 것이다. 예를 들어, 아마겟돈이나 식물원의 단계를 거쳐 디지토피아로 갈 수도 있고, 선진국의 중심부에서는 디지토피아가 구현되지만 제3세계의 저개발 지역은 긴 겨울에 머물 수도 있다. 세계적 경쟁 추세 속에서 과학기술의 발전 속도를 완전히 제어하기는 어렵다는 점을 인정한다면, 사회조절 능력의 성숙을 통해 점진적으로 디지토피아를 구현하는 것이 우리가 당면하고 있는 과제라 할 수 있다. 그러나 과학기술 능력과 사회조절 능력이 서로 상충될 경우에는 아마겟돈보다는 식물원에 일단 만족하면서 점차적으로 디지토피아를 도모하는 방법이 더욱 바람직할 것이다.

과학기술 능력과 사회조절 능력을 조화시키기 위한 핵심적인 과제는 과학기술자와 일반 시민의 자세에서 찾을 수 있다. 과학기술자는 연구개발 활동에 총력을 기울이는 것을 넘어서서 과학기술과 관련된 사회적·윤리적 차원의 문제에 적극적으로 대처해야 하며, 일반 시민은 과학기술에 대한 맹목적인 찬양이나 반대와 같은 극단적인 태도를 지양하고 자신의 삶에 엄청난 영향을 미치고 있는 과학기술에 대한 세련된 입장을 가져야 한다. 이러한 과정을 통해 인간이 만들어 가는 것이 미래의 과학기술 문명이라고 할 수 있다. 미래의 과학기술 문명이 어떤 모습으로 자리를 잡을 것인가 하는 문제는 과학기술과 관련된 이슈를 투명하게 제시하고 그것을 현실적으로 풀어갈 수 있는 인간의 태도와 능력에 달려 있다.

탈정상 시대를 위한 과학

현대 사회는 '위험 사회(risk society)'라고도 하며, 위험의 근저에는 과학기술이 놓여 있다. 사실상 절대적으로 안전한 과학기술은 존재하지 않으며 모든 과학기술은 위험을 내포하고 있다. 특히, 과학기술은 혁신적인 일과 관련되어 있기 때문에 위험 요소가 크게 증가한다. 예를 들어, 새로운 설계나 재료를 바탕으로 다리나 건물을 만들 경우에는 이전에 고려되지 않았던 위험 요소가 발생하게 된다. 또한, 과학기술자가 새로운 영역을 개척하지 않고 해마다 같은 식으로 업무를 수행한다 하더라도, 위험 요소가 통제되지 않아 재해를 일으킬 가능성은 여전히 존재한다. 한때 안전하다고 생각했던 물질, 제품, 공정 등에서도 새로운 위험이 발견될 수 있다. DDT와 석면은 그 대표적인 예다.

위험에 관한 기존의 논의는 대체로 위험을 지각할 수 있고 해결 가능한 것으로 간주한다는 공통점을 가지고 있다. 다시 말해서 위험을 개인이나 사회가 인식할 수 있고, 사회적인 원인과 그 증폭과정을 설명할 수 있다는 가정을 기반으로 삼고 있다. 그것은 위험을 우리 사회의 기능의 하나로 포괄시킬 수 있다는 입장으로도 볼 수 있으며, 이러한 관점에서 과학적 방법은 여전히 신뢰할수 있는 접근방식이다.

그러나 위험에 관한 최근의 논의는 불확실성(uncertainty)의 문제를 좀 더 적극적으로 제기하고 있다. 이와 관련하여 펀토위츠(Silvio O. Funtowicz)와 라베츠(Jerome R. Ravetz)는 20세기 후반에 '탈(脫)정상과학(post-normal science)'의 시대로 접어들었다고 주장하고있다. 지구 온난화, 인간 광우병, 유전자 변형 식품, 방사성 폐기물 처분장 등에 대한 논쟁에서 볼 수 있듯이, 과학은 오늘날의 많은 사회적 쟁점에 대해 빠르고 확실한 대답을 제공해주지 못하고있다. 확실성을 제공해주던 정상과학의 낡은 패러다임은 더 이상유효하지 않게 된 것이다. 이제 과학은 탈정상 국면으로 이행하고 있는데, '사실은 불확실하고, 가치는 논쟁에 휩싸여 있으며, 위

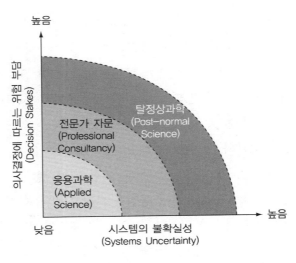

그림 17. 위험에 관한 3가지 문제해결방식

험 부담은 크고, 결정은 시급한' 국면이다.

펀토위츠와 라베츠는 시스템의 불확실성과 의사결정에 따르는 위험 부담을 기준으로 다음과 같은 3가지 유형의 문제해결방식을 구분하고 있다. 시스템의 불확실성도 낮고 의사결정에 따르는 위험 부담도 낮은 영역에 해당하는 응용과학(applied science), 중간 정도의 영역에 해당하는 전문가 자문(professional consultancy), 불확실성도 높고 위험 부담도 큰 탈정상과학이 그것이다. 이러한 3가지 문제해결방식은 서로 다른 과학활동의 양식을 나타내며, 각각 상당한 질적 차이를 가지고 있다. 즉, 탈정상과학의 영역에서는 퍼즐을 풀이하는 식으로 과학을 응용하거나 관련 전문가에게 자문을 구해서 해결책을 마련하는 방식이 더 이상 효력을 발휘할 수 없는 것이다.

탈정상 시대를 위한 과학의 가장 중요한 특징은 과학의 주체가 과학자 공동체에서 시민과 이해 집단을 포함하는 '확장된 동료 공동체(extended peer community)'로 바뀐다는 데 있다. 왜냐하면 극심한 불확실성과 위험 앞에서는 과학자들 역시 아마추어이기 때문이다. 과학적 사실의 경우에도 실험 결과뿐만 아니라 관련 당사자의 경험, 지식, 역사 등을 포함하는 '확장된 사실(extended facts)'이 중시된다. 문제를 해결하는 과학자들의 활동도 단지 실험실에 국한되지 않고 정치적 타협, 대화, 설득 등을 포함하는 것으로 확장된다. 이러한 변화는 과학기술을 실험실 밖으로 끌어내어 모두가 참여하는 가운데 과학기술의 사회적, 문화적, 정치적 측면에 대해 논의하는 공공 논쟁의 필요성을 부각시키고 있다.

Read the World of Science and Technology

제 2 부   정보기술이 만드는 세상

정보기술의 기원과 변천

제6장

오늘날 사회변동의 주요 원인으로 정보기술(Information Technology, IT) 혹은 정보통신기술(Information and Communication Technology, ICT)이 거론되고 있다. 정보기술은 통신기술과 컴퓨터기술이 융합된 것이다. 통신기술은 19세기 중반부터 전신, 전화, 라디오, 텔레비전 등을 거치며 발전해 왔고, 20세기 중반에 출현한 컴퓨터기술은 1980년대 이후부터 대중화의 국면에 진입했다. 이처럼 통신기술과 컴퓨터기술은 독립적으로 발전해 왔으나, 인터넷을 매개로 컴퓨터에 입각한 통신이 본격화됨으로써 정보기술의 시대를 맞이하게 된 것이다.

컴퓨터의 출현과 확산

컴퓨터는 제2차 세계대전의 산물이었다. 당시의 탄도 계산에 필요한 대규모의 데이터는 수백 명의 인력이 계산기로 처리할 수 있는 범위를 넘어섰던 것이다. 세계 최초의 범용 전자식 컴퓨터로 알려진 ENIAC(Electronic Numerical Integrator and Calculator)은 탄도표를 계산할 목적으로 1945년 11월에 에커트(J. Presper Eckert)와 모클리(John W. Mauchly)가 개발했다. 비슷한 시기에 노이만(John von Neumann)은 최초의 프로그램 내장형 컴퓨터인 EDVAC(Electronic Discrete Variable Automatic Computer)을 개념화했는데, 그것은 입력, 출력, 제어, 연산, 기억장치의 5개 부분으로 구성되어 있었다. 노이만의 개념을 적용한 최초의 상업적 컴퓨터는 1951년에 개발된 UNIVAC(Universal Automatic Computer)으로서 1952년 미국의 대통령 선거 때 아이젠하워의 승리를 예측하여 컴퓨터에 대한 일반인의 관심을 증폭시키기도 했다.

초기의 컴퓨터는 수십만 달러 이상 나가는 대형 컴퓨터(mainframe)였고, 이를 구비했던 기관은 정부, 군대, 대기업, 그리고 몇몇 대학에 국한되어 있었다. 이러한 경향은 1960년대 이후에 다양한 형태의 소형 컴퓨터가 출현함으로써 서서히 변화하기 시작하였다. 대표적인 미니컴퓨터(minicomputer)인 PDP-8은 1965년에 DEC(Digital Equipment Corporation)사가 출시한 것으로, 집적회로(integrated circuits, IC) 기술을 수용하여 크기를 크게 축소시켰으나 개인이 구입하기에는 여전히 비쌌다. 이어 1971년과 1974년에는 인텔(Intel)사가 제어, 연산, 기억장치를 하나의 칩 속에 구현한 마이크로프로세서(microprocessor)인 4004칩과 8080칩을 개발했으며, 그것은 적절한 입출력 장치만 달면 간단한 컴퓨터의 기능을 할 수 있는 잠재력을 가지고 있었다.

마이크로프로세서에 기반한 최초의 컴퓨터인 마이크로컴퓨터(microcomputer)가 등장한 것은 1975년의 일이었다. 그해 초에 MITS(Micro Instrumentation and Telemetry Systems)사가 인텔 8080칩에 기반하여 알테어(Altair) 8800을 출시했던 것이다. 초기의 알테어는 마이크로프로세서를 내장하고 전면에 온-오프 스위치와 네온 점등

그림 18. 1975년 1월 「파퓰러 일렉트로닉스」에 실린 알테어 광고

관을 갖춘 본체만 있었을 뿐 모니터와 키보드도 없었다. 이처럼 조악한 알테어가 높은 인기를 누린 것은 컴퓨터 애호가(computer hobbist)들 덕분이었다. 그들은 전자산업과 관련된 분야에서 일하는 젊은 남성들로서 알테어가 출시되자 다양한 부가장치와 소프트웨어를 직접 만들었다. 1975년에는 컴퓨터 애호가들의 모임인 홈브루 컴퓨터 클럽(Homebrew Computer Club)이 만들어져 1977년까지 정례적인 모임을 가졌다.

컴퓨터 애호가들의 취미용 기계에 불과했던 마이크로컴퓨터가 오늘날과 같은 대중적 제품으로 탈바꿈하게 된 데는 잡스(Steven P. Jobs)와 워즈니악(Stephen Wozniak)이 1976년에 창립한 애플 컴퓨터(Apple Computer)의 공헌이 지대하다. 홈브루 컴퓨터 클럽의 회원이었던 두 사람은 1976년과 1977년에 각각 애플 I 컴퓨터와 애플 II 컴퓨터를 개발하였다. 특히, 애플 II 컴퓨터는 모니터, 키보드, 본체, 플로피디스크 드라이브 등을 포함하고 있어서 일반 대중들이 편리하게 사용할 수 있었다. 애플 II 컴퓨터는 1977년 4월 시장에 나오자마자 커다란 성공을 거두었고, 1980년까지 12만 대가 팔려 마이크로컴퓨터의 대중화에 결정적으로 기여하였다.

애플 컴퓨터에 이어 마이크로컴퓨터 시장에 진입한 기업은 IBM (International Business Machines)이었다. IBM은 1981년에 인텔의 16비트 마이크로프로세서와 마이크로소프트(Microsoft)의 MS-DOS를 장착한 모델을 출시하였다. 당시에 IBM은 자사의 마이크로컴퓨터에 '퍼스널 컴퓨터(Personal Computer, PC)'라는 이름을 붙였는데, 그것은 이후에 개인이 사용하는 마이크로컴퓨터를 가리키는 일반 명사가 되었다. 특히, IBM은 자사의 컴퓨터가 채택한 설계 및 운영체제를 공개하는 전략을 구사하였고, 이에 따라 IBM 호환용 PC는 '사실상의 표준(de facto standards)'으로 자리 잡았다. 당시에 MS-DOS라는 운영체계를 제공했던 마이크로소프트는 1987년에 윈도를 출시한 후 1990년대 중반부터 소프트웨어 분야에서 세계적인 기업으로 성장하였다.

인터넷의 냉전적 기원, 아르파넷

컴퓨터와 통신이 결합되면서 처음으로 나타난 것은 모뎀(Modem, Modulation and Demodulation)이었다. 모뎀은 컴퓨터에서 사용하는 디지털 데이터를 전화선이 활용할 수 있는 아날로그 신호로 바꿈으로써 이미 광범위하게 설치되어 있는 전화선을 통해 컴퓨터 통신을 가능하게 하는 장치다. 모뎀은 미국 국방부가 방공망 시스템을 구축하기 위하여 1950년부터 MIT의 링컨연구소와 함께 추진한

SAGE(Semi-Automatic Ground Environment) 계획을 통해 개발되었다. 1958년에는 미국 연방통신위원회(Federal Communications Commission, FCC)에서 컴퓨터 사용자들이 공공전화선을 통해 데이터를 전송하는 것을 허용하였다. 이에 따라 모뎀을 사용하는 소비자 네트워크(consumer network)가 발전하기 시작했는데, 우리나라에서는 PC 통신이란 표현이 널리 사용된 바 있다.

그러나 모뎀을 컴퓨터 통신망의 주요 장치로 활용하기에는 많은 문제점이 있었다. 우선 장거리 전화요금이 너무 비싸다는 것이 문제였다. 장거리 전화시스템을 이용해서 컴퓨터 통신망을 구성하는 데 비용이 많이 드는 주된 이유는 전화가 데이터의 전송보다는 음성을 전달하는 데 최적화되어 있기 때문이었다. 이 외에도 모뎀은 중앙집중적 연결방식을 취하고 있어서 한 전화국이 파괴되면 그 전화국이 연결해주는 모든 통신이 두절되는 특성을 가지고 있었고, 그것은 전시상황에서는 매우 큰 문제가 될 수 있었다. 이러한 문제점을 극복하기 위해 미국 국방부의 지원으로 국방에 활용할 통신시스템을 연구해 오던 과학기술자들은 모뎀방식이 아닌 새로운 통신기술을 모색하게 되었다.

컴퓨터 통신망의 새로운 지평을 열어준 것은 인터넷(internet)이었다. 인터넷은 1960년대 미국 국방부의 첨단연구계획청(Advanced Research Projects Agency, ARPA)에서 연구하기 시작한 아르파넷(ARPAnet)에서 유래되었다. ARPA는 1958년에 스푸트니크 충격의 여파로 국방에 관한 첨단연구를 보다 체계적으로 수행하기 위하여 설립되었다. 아르파넷에 대한 아이디어를 제안한 사람은 1962년에 설치된 ARPA 정보처리기술실(Information Processing Techniques Office, IPTO)을 책임지고 있었던 릭라이더(Joseph Licklider)였다. 처음에 아르파넷을 만들기로 한 동기는 주로 경제적인 것이었다. ARPA가 보유하고 있는 컴퓨터들을 서로 연결하여 값비싼 대형 컴퓨터를 좀 더 효율적으로 사용하고자 했던 것이다.

한편, 1964년에 랜드(Rand Corporation) 연구소의 바란(Paul Baran)은 『분산적 통신에 대하여(On Distributed Communications)』라는 책을 통해 기존의 전화나 모뎀이 채택했던 방식과는 전혀 다른 새로운 통신방법을 제안하였다. 그는 분배 네트워크 토폴로지와 패킷 스위칭 기술이라는 2가지 새로운 개념에 입각하여 새로운 통신시스템을 설계하였다. 전자(前者)는 하나의 컴퓨터가 다른 컴퓨터와 적어도 2가지 이상의 경로를 통해 접속될 수 있다는 것을 의미하며, 후자(後者)는 한 메시지를 여러 개의 조각, 즉 패킷으로 분할할 수 있다는 것을 뜻한다. 바란의 연구는 소련의 핵 공격에도 생존할 수 있는 통신시스템을 설계해 달라는 미 공군의 요청에 대한 대답이었다. 분배 네트워크를 사용하면 특정한 데이터를 전송하는 한 경로가 적의 공격에 의해 파괴된다 할지라도 여분의 경로를 통하여 전달될 수 있다. 그리고 패킷 스위칭을 사용하면 데이터가 패킷으로 분할되어 전송되기 때문에 적의 공격에 의해 데이터가 손상된 경우에도 전체 데이터가 아닌 해당 부분만 보내면 되는 것이다.

1965년에 ARPA에 채용된 로버츠(Lawrence Roberts)는 아르파넷에 바란의 개념을 적용할 것을 제안하였다. 1966년에 ARPA는 자신과 계약을 맺은 연구소들을 연결하는 새로운 네트워크를 만들 계획을 수립하였고 그 계획에 따라 1969년에는 아르파 컴퓨터 네트워크(ARPA Computer Network), 즉 아르파넷이 구축되었다. 아르파넷은 시험 가동을 거친 후에 1972년 10월에 워싱턴에서 개최

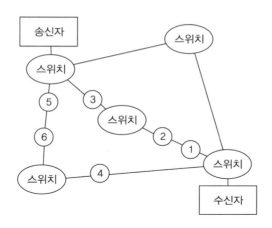

그림 19. 아르파넷의 개념도

되었던 제1회 국제컴퓨터통신학술회의에서 시연 행사를 열었다. 이를 계기로 아르파넷에 대한 관심이 더욱 커지면서 많은 대학과 연구소들이 아르파넷에 편입하기 시작하였다. 그러나 1976년만 해도 아르파넷에 가입된 컴퓨터 수는 111대에 불과하였다.

인터넷의 발전에서 중요한 계기가 되었던 것은 전자우편(e-mail)이었다. 1971년 7월에 실험적인 전자우편 시스템이 등장한 후 전자우편은 엄청난 인기를 누렸고, 이에 따라 전자우편을 사용하기 위해 새로운 네트워크를 구축하는 일이 발생하였다. 유즈넷(Usenet), 텔넷(Telnet), 엔에스에프넷(NSFnet), 에듀넷(Edunet) 등은 그 대표적인 예다. 이와 같은 다양한 네트워크들이 등장하면서 그것들을 서로 연결하는 것이 중요한 과제로 부각되었다. 1983년에 아르파넷은 TCP / IP(Transmission Control Protocol / Internet Protocol)라는 새로운 표준 프로토콜을 채택하면서 다른 네트워크도 동일한 프로토콜을 사용할 것을 주장하였고, 그것이 점차 수용되면서 인터넷은 TCP / IP를 통해 서로 연결된 네트워크를 의미하게 되었다.

또한, 1989년에는 유럽입자물리연구소(European Organization for Nuclear Research, CERN)의 버너스-리(Tim Berners-Lee)가 인터넷에서 데이터를 공유하는 HTTP(Hypertext Transfer Protocol)라는 프로토콜과 HTML (Hypertext Markup Language)이라는 컴퓨터 언어를 만들었으며, 그것은 우리가 요즘에 사용하는 방식인 월드 와이드 웹(World Wide Web)으로 이어졌다.

인터넷의 기회와 위협

연구자들의 정보교환용으로 국한되어 있던 인터넷이 일반 사람들의 필수품으로 정착하기 시작한 것은 1994년 전후에 발생한 일이었다. 1993년에 일리노이 대학교의 학생이었던 안드리센(Marc Andressen)은 HTML 문서를 쉽게 볼 수 있는 모자익(Mosaic)이란 프로그램을 제작하였고, 그것이 1994년에 넷스케이프(Netscape)로 탈바꿈하면서 수많은 사람들을 인터넷으로 유인하게 되었다. 넷스케이프를 사용하면 누구나 손쉽게 몇 번의 클릭만으로 전 세계의 웹사이트를 돌아다닐 수 있었다. "정보의 바다를 항해한다."라는 말을 쓰게 된 것은 바로 넷스케이프의 로고가 항해사의 키였기 때문이었다. 이 무렵에 미국 백악관은 홈페이지를 만들었고, 빌 게이츠(Bill Gates)는 마이크로소프트를 인터넷 중심으로 변모시킨다고 공언하였다. 그 후 인터넷은 빠른 속도로 확산되었고 인터넷에서 얻을 수 있는 정보의 양도 급속히 증가하였다. 인터넷에 연결된 컴퓨터의 수는 1990년에 약 30만 대에 불과했던 것이 2000년에는 1억 대를 넘어섰다.

인터넷이 폭발적으로 성장하면서 월드 와이드 웹을 항해하는 데 필요한 웹브라우저를 놓고 치열한 경쟁이 전개되었다. 1995년만 해도 넷스케이프가 웹브라우저 시장의 70 % 이상을 점유하는 등 절대적인

그림 20. 브라우저 전쟁을 상징화한 그림

우위를 지키고 있었다. 그러나 마이크로소프트의 추격도 만만치 않았다. 마이크로소프트는 매년 1억 달러 정도의 연구비를 쏟아 부었으며, 인터넷 익스플로러(Internet Explorer) 4.0이 나온 1998년에는 넷스케이프와 기술적으로 동등한 수준에 도달했다. 익스플로러는 같은 해에 출시된 윈도 98에서 컴퓨터 운영체제의 일부로 포함되어 제공되었기 때문에 사용자들의 접근성도 훨씬 높았다. 넷스케이프와 익스플로러 사이의 '브라우저 전쟁'은 마이크로소프트가 운영체제의 독점력을 남용했는지의 여부를 놓고 미국 법무부와 마이크로소프트 사이의 법정 소송으로 비화되기도 했다.

인터넷은 새로운 사업에 대한 기회를 제공하기도 했다. 인터넷이 각종 상품과 서비스를 거래할 수 있는 새로운 공간으로 자리잡게 된 것이다. 야후!(Yahoo!)는 스탠퍼드 대학의 대학원생이던 파일로(David Filo)와 양(Jerry Yang)이 만든 목록 서비스로 시작된 후 얼마 지나지 않아 세계적인 포털 사이트로 성장했다. 온라인 서점인 아마존닷컴(Amazon.com)은 단지 책을 사고파는 공간을 넘어 책에 대한 다양한 정보와 다른 사람의 서평을 접할 수 있는 가상 공동체로 발전했다. 이베이(eBay) 경매 사이트는 인터넷이라는 쌍방향 매체의 특징을 반영한 전자상거래의 모델을 제시하여 엄청

난 인기를 누렸다. 스탠퍼드 대학의 학부생이던 페이지(Larry Page)와 브린(Sergey Brin)이 개발한 구글(google)은 원래의 페이지 링크뿐만 아니라 링크에 연결된 링크까지 계산하는 검색 엔진으로 "구글 신은 모든 것을 알고 있다."와 같은 유행어를 낳았다.

인터넷의 확산을 매개로 새로운 유형의 사회적 문제도 전면적으로 부상하고 있다. 스팸 메일로 다른 사람을 괴롭히는 것은 물론 컴퓨터 바이러스로 인해 인터넷 대란도 발생하고 있다. 쿠키 파일로 다른 사람의 정보를 수집하고 이를 악용함으로써 프라이버시를 침해하는 것도 빈번한 일이 되었다. 음악 파일의 공유를 둘러싼 냅스터(Napster) 사건에서 잘 드러났듯이, 인터넷상의 지적 재산권 분쟁도 뜨겁게 전개되고 있다. 인터넷을 지나치게 사용하여 중독의 증세를 보이는 사람도 있고, 현실세계와 사이버세계 사이에서 자기정체성에 혼란을 겪는 사람도 있다. 인터넷 공간에 음란물이 얼마나 많은지 인터넷의 수요가 '군사에서 섹스로(from military to sex)' 바뀌었다는 지적도 있다. 더 나아가 정보에 접근하는 기회에 격차가 발생하고 정보기술을 감시의 도구로 활용하는 것은 민주주의를 위협하는 요소로 작용하고 있다. 이러한 문제들은 우리 사회가 지혜를 모아 두고두고 풀어야 할 숙제임에 틀림없다.

직업과 노동의 변화

제7장

S과장은 컴퓨터에서 울려 퍼지는 음악 소리를 듣고 잠에서 깼다. 그의 잠을 깨게 한 것은 베토벤의 운명 교향곡이었다. 운명 교향곡은 회사에서 긴급하게 호출할 때 울린다. 그는 눈을 비비며 컴퓨터 앞에 앉았다. 전자메일이 와 있었다.

"회사에서 추진 중인 A프로젝트에 이상이 생겼음. 오전 9시까지 대처방안을 제시하기 바람."

S과장은 회사의 메인 컴퓨터에 접속하여 A프로젝트의 회로도를 찾았다. 그 프로젝트는 새로운 모델의 컴퓨터를 개발하기 위한 계획이다. 하드디스크가 문제였다. 그는 곧바로 전자메일을 보냈다.

"하드디스크의 청결도가 나쁘니 공장에 대처방안을 지시하시오."

오전 9시가 되었다. 그렇지만 S과장은 출근할 기색이 전혀 없다. 그는 주중에 이틀은 출근하지 않는다. 재택근무를 하는 것이다. 그가 일하는 기술 파트엔 이런 직원이 많다. 그는 제품이 나오기 전에 이를 사전에 점검하고 문제점을 찾아내 고치는 역할을 담당한다. 이날 새벽에 벌어진 일도 그에게는 일상적으로 발생한다.

S과장은 오후에 아르바이트로 컴퓨터 바이러스를 치료하는

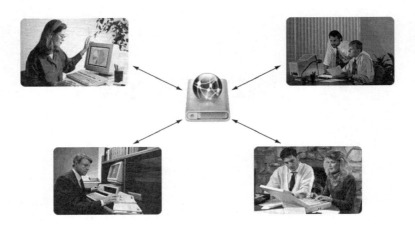

그림 21. 정보화가 촉진되면서 새로운 형태의 고용과 근무가 가능해지고 있다.

모임에 나간다. 물론 사이버 외출이다. 집에서 근무하는 날 밤에
는 사이버 대학원에도 간다. 그는 영화를 공부하고 있다. 컴퓨터
전문가인 그에게 영화는 제2의 전공 분야로 자리 잡았다. 3차원
가상현실을 이용한 영화를 만들어 세계 인구의 0.1 %를 관객으로
끌어들이는 것이 그의 목표다.

　이러한 S과장의 하루는 미래 사회에 등장할 새로운 유형의 노
동자의 모습을 그리고 있다. 과연 어느 정도가 실현될 수 있을까?

직업의 다양화

　유명한 미래학자이자 경제평론가인 나이스빗(John Naisbitt)은 1990
년에 발간된 『메가트렌드 2000』에서 과학기술의 발전으로 사회
의 전 부분에 대변혁이 진행되고 있음을 지적하면서 미래 사회의
특징으로 다음의 10가지 변화를 거론한 바 있다.

① 산업사회에서 정보사회로: 인류사회는 전통적인 산업사회에서 정보의 가치가 자본이나 노동의 가치만큼이나 중요한 역할을 담당하는 정보사회로 이행하고 있다.

② 인위적 기술사회에서 고도 기술사회로: 인간의 일상생활과 무관한 기술에서 인간의 반응을 반영하는 새로운 기술, 즉 하이테크와 하이터치를 장려하는 방향으로 사회가 변하고 있다.

③ 국가 경제체제에서 세계 경제체제로: 이제까지 고립적이고 자족적이었던 국가 경제체제가 세계 경제체제의 일환으로 포섭되고 있다.

④ 단기 정책에서 장기 정책으로: 단기적 처방으로는 어떠한 사회적 문제도 해결할 수 없기 때문에 장기적 전망에서 해결책을 모색해야 하는 상황을 맞이하고 있다.

⑤ 중앙집권제에서 지방분권제로: 소규모 기구나 하부 기구가 능동적으로 활동하고 훌륭한 성과를 산출하는 상향식 사회로 진입하고 있다. 사회가 보다 다원화되고 복잡화되어 단순한 중앙집권체제는 더 이상 효력을 발휘할 수 없는 것이다.

⑥ 제도적 복지사회에서 자조(自助)사회로: 우리 생활의 모든 분야가 제도적 보호대상에서 자조 및 자력의 방향으로 진전되고 있다. 즉, 생활에 필요한 각종 조치를 스스로 선택하여 실행하는 방향으로 사회복지의 개념이 바뀌고 있다.

⑦ 대의민주주의에서 참여민주주의로: 오늘날 대의민주주의체제는 이미 낡은 제도가 되었다. 과학기술의 발달로 전 국민이 정보를 동시에 공유하고 참여하는 참여민주주의의 시대로 돌입하고 있다.

⑧ **위계 체제에서 네트워크 체제로:** 사회조직이 수직적이고 공식적인 위계 체제에서 벗어나 수평적이고 비공식적인 네트워크 체제로 변모하고 있다. 종래의 획일적인 조직으로는 다원화된 사회에 대처할 수 없다.

⑨ **북의 시대에서 남의 시대로:** 기존의 도시 인구들이 점차 교외나 시골로 생활 근거지를 옮기고 있다. 도시에 살지 않아도 정보를 취득하고 생활하는 데 지장이 없는 시대가 도래하고 있는 것이다.

⑩ **양자택일사회에서 다원선택사회로:** 개인의 선택 범위가 한정되어 있던 양자택일사회에서 자유로운 다원적 선택이 가능한 사회로 변하고 있다.

이와 같은 나이스빗의 진단에 찬성하든 반대하든 정보사회의 도래 자체를 무시하기는 어렵다. 산업사회에서는 2차 산업이 중심을 이루었지만 정보사회에서는 3차 산업 혹은 서비스 산업이 확장된다. 미국, 영국 등의 선진국에서는 이미 1990년에 서비스 부문의 취업자가 차지하는 비중이 2/3를 넘어섰고 우리나라도 1997년에 이를 뒤따랐다. 서비스업 취업자가 증대되는 이유는 재화에 대한 수요보다 서비스에 대한 수요가 빠른 속도로 증가하기 때문이다. 소득 수준이 높아지더라도 밥은 세 끼만 먹고 냉장고는 한 집에 한두 대면 그만이지만, 교육이나 오락 등에 대한 서비스는 더 빨리 증가하는 것이다. 또한 2차 산업 부문에 포함되었던 각종 서비스 활동이 서비스업으로 독립하는 것도 중요한 이유다. 예를 들어, 과거에는 제조업체가 직접 담당했던 홍보활동이 이제는 별도의 광고업체로 독립하게 되는 것이다.

서비스 부문을 자세히 살펴보면 생산 서비스업이나 사회 서비스업과 같은 근대적 서비스업은 증가세를 보이고 있는 반면, 유통 서비스업이나 개인 서비스업과 같은 전통적인 서비스업은 큰 변동을 보이지 않고 있다. 여기서 주목할 점은 사회 서비스업의 성장이다. 탁아센터, 문맹 치유, 중독자 갱생 종사자, 청소년 보호 전문가, 여성 상담가, 노동 상담가, 여행 컨설턴트, 자원봉사자, 시민단체 활동가 등은 그 대표적인 예다. 이러한 직업은 정부와 기업 사이에서 공공의 이익을 위해 봉사하는 '제3부문(the third sector)'에 해당한다. 제3부문의 성장은 인간 사이의 신뢰와 같은 사회적 자본을 발달시키는 데 도움을 주고 사회의 파편화를 방지하는 기능을 담당한다.

이보다 더 중요한 논점은 정보기술이 파급됨에 따라 단순 직종보다 전문직의 비중이 증가한다는 데 있다. 정보화의 진전에 따라 새롭게 등장하는 산업은 대체로 전통적인 산업보다 높은 지식과 기술을 요구하는 경향이 있다. 예를 들어, 컴퓨터나 반도체와 같은 산업에서는 단순한 생산 이외에 연구개발의 중요성이 커지며 여기에 종사하는 인력이 증가한다. 전통적인 산업의 직업별 구성도 변화하고 있다. 가령 섬유산업에서 자동화가 진전되면 생산노동자의 수가 감소하는 대신 자동화장비를 도입하거나 운용하는 엔지니어의 수가 상대적으로 증가한다.

정보기술의 발전에 따라 전문직이 과연 얼마나 증가할 것인가에 대해서는 회의적인 견해도 있다. 전문직이 증가하긴 하지만 전체적인 비중은 그리 크지 않다는 것이다. 일본의 경우에는 겨우 10%를 넘었을 뿐이며 미국에서도 아직 20%에 미치지 못한다. 또한, 단순노동자뿐만 아니라 숙련노동자나 중간관리자의 직무도 자동화의 대상이 된다. 그들 중 일부만이 재훈련을 통해 전문직이 될 수 있을 뿐 나머지는 단순노동자가 될 가능성이 더 많다. 이런 면을 볼 때 정보사회에서 전문직이 획기적으로 증가한다고 말할 수는 없다. 오히려 뚜렷하게 관찰되는 현상은 직업이 매우 다양해진다는 점에서 찾을 수 있다.

평생직장의 쇠퇴

정보사회가 정착되면서 고용구조도 변화하고 있다. 산업사회에서는 근로자가 한 기업을 '평생직장'으로 생각하면서 경력을 쌓아 간다. 반면 정보사회에서는 자신의 전문성을 바탕으로 다양한 직장에서 근무하는 '평생직업'의 개념이 중시된다.

정보기술의 확산에 따라 경험적 숙련보다는 지적 숙련의 중요성이 상대적으로 증가한다. 한 분야에서 오랫동안 근무한 고참 노동자보다 새로운 지식과 기술로 무장한 신참 노동자가 훨씬 업무를 잘 처리하는 현상이 수시로 발생한다. 게다가 기술혁신의 속도가 빨라지면서 기존의 숙련은 금방 쓸모가 없어진다. 이런 상황에서 기업들은 근로자들을 장기적으로 고용하면서 기업 내에서 숙련자를 양성하기보다는 외부의 노동시장에서 그때그때 필요한 인력을 조달하는 방식을 선호하게 된다.

정보화로 인한 기업조직의 변화도 내부 노동시장을 약화시키는 요인으로 작용한다. 정보사회에서는 조직의 규모 자체가 작아지는 경향이 있으며 한 조직이 모든 일을 하는 것이 아니라 다른 조직과의 연결이 중시된다. 또한 조직의 형태도 수직적 조직에서 수평적 조직으로 바뀌고 있다. 이에 따라 특정한 조직이 확보할 인력의 전체적인 규모가 작아지며 사무직이나 관리직에 대한 수요가 상대적으로 감소한다. 이런 조건들이 결합되어 근로자가 한 직장에서 평생 일하기는 점점 어려워진다. 소위 '조직인의 죽음'이 현실로 다가오고 있는 것이다. 이제 근로자들은 여러 직장을 옮겨 다녀야 하며 필요한 능력을 스스로 개발해야 한다.

정보사회를 상징하는 고용 형태로 제시되는 것이 재택근무다. 재택근무자는 주로 자택에서 일을 하고 일주일에 몇 번만 회사에 출근한다. 회사는 매일 출근하는 일터가 아니라 동료들을 만나 의견을 나누는 회의공간으로 바뀐다. 재택근무는 직장에서 받던 스트레스를 줄이고 시간을 더욱 생산적으로 활용할 수 있는 가능성을 부여한다. 그러나 실제로 재택근무가 얼마나 증가하고 있는가에 대해서는 회의적인 견해도 많다. 집에서 일하기에는 환경이 적합하지 않으며, 회사에 모여 집중적으로 일을 하는 것이 효과적이고, 재택근무가 새로운 심리적 문제들을 유발한다는 것이다. 이처럼 재택근무가 현실화되기 위해서는 아직도 해결되어야 할 과제가 많다.

임시직과 파트타임 등과 같은 비정규직 노동자의 고용이 증대되는 것도 오늘날 고용 구조의 중요한 특징이다. 정보기술이 집약적으로 사용되는 첨단산업에서는 기술과 시장이 매우 빠른 속도로 변화한다. 기업으로서는 핵심 인력 이외에는 비정규직을 고용하여 이러한 변화에 유연하게 대처하려고 한다. 간단한 업무를 하는 단순인력은 물론이고 연구개발을 담당하는 기술인력이 비정규직으로 채용되는 경우도 많다. 세계 정보통신산업의 메카로 불리는 실리콘밸리의 경우에도 25~40%의 인력이 비정규직이다.

비정규직 노동자는 상당한 불이익을 감수하고 있다. 그것은 마이크로소프트와 같은 세계적인 기업의 경우에도 마찬가지다. 2008년을 기준으로 마이크로소프트는 약 5,000명의 비정규직을 고용하고 있었는데 그들 중에는 정규직 사원만큼이나 오랫동안 일한 사람도 많았다. 정부가 비정규직에게도 정규직과 동일한 대우를 해주어야 한다고 종용하자 마이크로소프트는 비정규직을 자기 회사가 아닌 외부의 인력회사에 고용된 형태로 바꾸었다. 게다가 1년 계약이 끝나면 한 달간 휴가기간을 거친 다음 다시 재계약에 들어가도록 규정을 바꾸었다. 비정규직 노동자들은 자본에 의한 탄압과 정규직 노동자들로 구성된 노동조합에 의한 차별의 이중적 모순에 놓여 있다.

많은 사람들은 정보사회에서 노동 계층 내부의 불평등이 심화될 가능성이 크다는 데 주목한다. 고급 정신노동에 종사하는 사람들은 정보통신 네트워크를 잘 활용하여 자신의 가치를 높이는 반면, 단순한 육체노동에 종사하는 사람들의 일과 직장은 정보기술의 발전에 따라 자꾸 없어진다. 1년에 수억 원을 버는 귀족노동자가 등장하는가 하면 수백만 원밖에 벌지 못하는 빈민노동자도 많아진다. 더구나 귀족노동자는 자신의 전문성을 바탕으로 좋은 일자리를 찾아다닐 수 있지만, 빈민노동자는 경기가 나빠지면 해고되기 쉽고 다른 일자리를 구하기도 어렵다. 이와 관련하여 정보화가 진전될수록 정보 부자(information rich)와 정보 빈자(information poor) 사이의 정보 격차(digital divide)가 더욱 커져 새로운 계층 구조가 탄생한다는 지적도 있다.

빈부 격차를 완전히 피할 수는 없지만 그것이 계속해서 심화되는 것은 심각한 문제다. 같은 회사에서 같은 시간에 일하는 두 사람의 임금이 100배 이상 차이가 난다는 것은 아무리 자본주의 사회라 해도 수용되기 어렵다. 또한, 빈부 격차가 심해지고 노동자들이 빚으로 생계를 유지하는 것이 보편화된다면 소비를 기반으로 한 자본주의 경제 자체가 유지되기 어렵다. 빈부 격차의 심화와 실업의 증가는 범죄의 증가로 이어질 가능성이 많다. 실업률이 1% 상승하면 절도는 6.7%, 폭력은 3.4%, 살인은 2.4% 증가한다는 연구결과도 있다.

변화하는 노동의 질

정보사회는 같은 부류의 노동자가 하는 일의 성격에도 상당한 변화를 초래한다. 정보기술은 인간의 노동을 대체하고 숙련을 감소시키기도 하지만 동시에 새로운 일을 창출하면서 노동의 질을 향상시키기도 한다.

정보기술은 인간이 수행했던 노동의 일부를 대체하는 역할을 담당해 왔다. 이를 통해 업무를 더욱 신속하고 효과적으로 처리할 수 있게 되었다. 1950년대부터 컴퓨터를 작업장의 기계와 결합해 미리 정해진 프로그램에 따라 기계를 작동하게 하는 방법이 채택되었다. 1960년대 이후에는 사무실에 컴퓨터가 도입되어 사람이 하던 회계와 데이터 처리를 대체했다. 이와 같은 공장과 사무실의 자동화는 노동자의 탈숙련화와 실업을 유발하는 중요한 원인으로 작용한다.

그러나 이것이 정보기술의 전부는 아니다. 정보기술은 새로운 일거리를 만들어 내는 특성도 동시에 가지고 있다. 컴퓨터를 사용하다 보면 새로운 일들이 계속 생긴다. 문서작성과 같은 간단한 작업의 경우에도 표와 그림을 그려야 하고 편집에 훨씬 많은 노력을 기울여야 한다. 예전 같으면 하지 않았을 일들이 많이 늘어난 것이다. 더 나아가 계속해서 컴퓨터를 업그레이드해야 하고 새로운 프로그램을 배워야 한다. 이러한 일들을 전문적으로 담당하는 사람도 점차 많아지고 있다.

작업장의 생산직 노동자의 숙련이 고도화되는 측면도 적지 않다. 이전에 단순반복적인 노동만을 하던 생산직 노동자가 다양한 일에 관여하는 경우가 종종 발생한다. 새로운 유형의 생산직 노동자는 '시스템 컨트롤러(system controller)'로 불린다. 그들은 기계를 조작하는 것뿐만 아니라 기계를 관리하고 수선하며 프로그램을 만들기도 한다. 그들은 자신을 준(準)전문가로 생각하고 있으며 자신이 하는 일에 대한 흥미도 높다.

판매노동자의 경우에도 비슷한 현상이 나타난다. 예를 들어, 편의점에서 일하는 노동자는 계속 판매노동자로 분류되겠지만 실제로 하는 일은 정보화의 진전에 따라 크게 달라질 수 있다. 그의 역할은 계산을 해서 돈을 받고 거스름돈을 건네주는 것으로 끝나지 않는다. 컴퓨터에 올라오는 정보를 이용하여 재고를 적정하게 유지하고 소비자에 대한 정보를 본사에 보내는 일도 담당하게 되는 것이다.

이처럼 정보사회에서 노동의 질은 단일한 방향으로 변화하는 것이 아니다. 숙련화와 탈숙련화 중에서 어느 것이 현실화될 것인지는 다양한 조건에 의해 제약을 받게 된다. 기업이 경쟁 우위의 기반을 어디서 찾느냐 하는 것은 매우 중요한 조건이다. 우수한 품질을 중시할 경우에는 숙련화 경로를, 저렴한 가격을 선호

할 경우에는 탈숙련화 경로를 선택할 가능성이 많다. 또한, 노동자들이 생산방식의 결정에 참여할 기회가 많은 경우에는 숙련화 경로가, 그렇지 않을 경우에는 탈숙련화 경로가 채택될 가능성이 크다. 그밖에 숙련노동자를 공급할 수 있는 교육체계가 구비되어 있는가 하는 점도 중요한 조건으로 작용한다.

그림 22. 기술은 긍정적 측면과 부정적 측면을 모두 가지고 있어서 야누스의 얼굴에 비유되고 있다.

이와 관련하여 1980년대에 컴퓨터 수치제어(Computer Numerical Control, CNC) 공작기계가 작업조직에 미친 영향을 분석한 연구결과에 따르면, 영국에서는 CNC 도입이 노동자의 탈숙련화와 통제권의 약화로 이어졌던 반면 서독에서는 CNC의 도입으로 오히려 노동자의 숙련이 향상되고 통제권이 강화되었다.

정보기술은 다양한 방식으로 인간사회의 변화를 매개한다. 그 중에서 직업과 노동의 변화는 서서히 진행되고 있지만 매우 중요한 현상이다. 직업과 노동은 인간이 살아가는 데 필요한 가장 기초적인 활동이기 때문이다. 직업과 노동의 변화에 대응하여 다양한 직업에 대한 정보를 제공하고 일자리의 안정성을 보장하며 재교육을 제도화하는 것이 중요한 과제로 등장하고 있다. 특히 경기가 나쁠 때는 고용 감소에 대비하여 새로운 일자리를 창출해야 한다. 1993년에 독일 폭스바겐사의 노동자들은 노동시간을 단축하고 임금 삭감을 감수하는 방법을 통해 일자리를 나누어 가짐으로써 대량 해고를 방지할 수 있었다. 평생직장이 신기루와 같은 상황에서는 정부와 기업이 노동자들에게 재교육의 기회를 충분히 제공하는 것이 절실하다. 우리나라의 경우에는 재교육의 비중이 프랑스, 미국, 일본 등의 선진국에 비해 현저히 낮으므로 이러한 문제에 본격적인 주의를 기울여야 한다.

최근에 거론되고 있는 제4차 산업혁명에 관한 논의에서도 직업과 노동은 매우 중요한 위치를 차지하고 있다. 제4차 산업혁명이 아직 학술적으로 정착된 용어는 아니지만, 이에 대한 논의를 이끌고 있는 세계경제포럼(World Economic Forum, WEF)은 2020년까지 200만 개의 일자리가 생기는 반면 710만 개의 일자리가 사라진다고 공언한 바 있다. 이와 함께 세계경제포럼은 2020년에 필요한 10가지 능력으로 복잡한 문제 풀이, 비판적 사고, 창의성, 인간 경영, 타인과의 조정, 감성적 지능, 판단과 의사결정, 서비스 지향성, 협상, 인지적 유연성 등을 들고 있다.

제8장 사이버 중독의 위협

인터넷의 확산은 정보사회로 들어가는 문을 열어주며 무한한 가능성과 장점을 보여주었다. 거대한 권력이나 집단에 대한 개인의 고발이 익명성 아래 보호될 수 있었으며, 누구에게도 쉽게 말하지 못한 비밀을 털어놓을 수 있는 공간을 마련해주었다. 이렇듯 인터넷은 우리에게 변화무쌍하면서도 유익한 새로운 사회로 안내해주는 듯 보였다. 그러나 인터넷의 편리와 효율성이라는 빛에는 보편화와 함께 어두운 그림자가 따를 수밖에 없었다. 약자를 보호하던 익명성의 빛은 무고한 사람에게 악성 댓글을 남겼고 보편성이 가져온 편리함은 이에 대한 심각한 중독을 유발했다.

인터넷의 가장 어두운 그림자 중 하나인 인터넷 중독은 이미 단순한 사건을 넘어 사망과 살인에 이를 만큼 치명적인 것이 되었다. 장시간의 온라인 게임 중 사망, 게임에서 강제 퇴출된 후 자살, 아기를 집에 두고 PC방에서 게임을 즐기던 부부의 아기가 질식사한 사건, 인터넷 게임을 흉내 내어 동생을 살해한 중학생, 온라인 폭력 게임에 빠져 있던 중학생이 자신을 꾸짖는 할머니를 때려 숨지게 한 사건 등 이제 인터넷 중독은 그 위험 수위를 넘어 심각한 사회 문제가 되었다.

1990년대 후반 우리나라에 불어 닥친 인터넷 열풍은 PC방 붐을 일으켰고 언제 어디서나 인터넷 접속이 가능하게 만들었다. 1997년 상영된 영화 <접속>은 그 당시의 사회상을 적극 반영하며 선풍적인 인기를 얻었다. 두 주인공의 생활에서 인터넷은 너무나 당연한 일상이었고, 어떤 면에서 보면 두 주인공은 인터넷 중독이라고 볼 수 있을 만큼 인터넷을 통한 의사소통에 익숙해져 있었다. 이후 10년이 지나고 현재 우리의 생활은 그 당시보다도 더욱 많은 작업과 시간을 인터넷에 의존하고 있으며, 초창기에 인터넷 중독을 발생시키던 환경적 요인만으로는 지금의 상황을 규정하기가 어렵게 되었다.

지난 10여 년간 인터넷 중독을 정의하고자 노력한 많은 학자들은 인터넷의 강박적 사용과 집착, 금단과 내성, 조절 불능, 이로 인해 일상생활의 장애가 유발되는 것이 인터넷 중독의 기본적 증상이라는 데 동의하고 있다. 이는 단순히 인터넷을 사용하는 시간과 몰입하는 정도만을 의미하는 것이 아니다. 인터넷에 대한 내성은 동일한 만족감을 얻기 위해 더 많은 시간을 투자하도록 만들기 때문에 접속 시간이 점차 길어지고 접속을 끊기가 어려워진다. 접속을 중단하거나 사용 시간이 감소하면 불안하고 초조해지며, 심하게는 환상까지 동반되는 금단현상이 일어난다. 접속 시간을 줄이거나 조절하고자 하지만 실패하는 경우가 많고 이로 인해 가정생활 또는 사회활동에 심각한 지장을 초래할 수 있다.

인터넷 중독의 양상

인터넷의 활용 범위가 다양한 만큼 중독의 양상도 다양하게 나타나는데, 그중 다수에게 나타나거나 피해가 큰 것이 채팅 중독, 커뮤니티 중독, 정보검색 중독, 사이버 거래 중독, 게임 중독, 음란물 중독 등이다. 이들 중독은 인터넷이 지닌 강력한 전파력과 더불어 우리 생활 깊숙이 파고들고 있다.

채팅 중독은 온라인상의 대화 상대와 채팅을 주고받는 것에 몰입하여 시간이 흘러가는 것을 제대로 인식하지 못하는 시간의 왜곡을 야기한다. 인터넷이 보급되면서 가장 먼저 나타난 유형이 채팅 중독이며 따라서 가장 오래된 중독이기도 하다. 초창기 새로운 커뮤니케이션 매체로 등장한 온라인 채팅은 성별이나 나이를 드러내지 않고도 상대방과 이야기를 주고받는 것을 가능하게 만들었다. 사람들은 온라인 채팅을 통해 평소의 자신과는 다른 새로운 성격을 만들어 내고 이상적인 자아상을 통해 심리적 욕구를 충족시킴으로써 보다 쉽게 인터넷에 빠져들게 되었다. 온라인 채팅은 인종, 사회적 지위, 성별, 외모에 따르는 편견을 감소시키고 내적인 감정을 드러내게 하면서 스스로 자아를 탐색할 수 있는 기회를 제공하며 사회성을 학습할 수 있다는 장점이 있다. 하지만 자칫 이상적인 자아에 심취하여 현실의 자아와 괴리되면서 자신의 정체성을 상실하게 만들 수도 있다. 또한, 얼굴을 마주하고 나누는 직접적인 대화에 비해 상대방에 대한 무례와 욕설 등을 쉽게 표출할 수 있기 때문에 감정조절 능력이 감소되고 이로 인해 정작 자신이 살아가야 할 현실세계와는 더욱 고립되는 결과를 야기할 수 있다.

커뮤니티 중독은 미니홈피, 블로그, 카페 등의 특정 커뮤니티 활동에 몰입하여 일상생활에 장애를 유발하는 경우를 말한다. 자신의 미니홈피나 블로그를 꾸미고 끊임없이 게시물을 올리며, 새로 고침(F5) 버튼을 이용하여 실시간으로 변화되는 조회 수나 방문자 수를 확인한다. 다른 사람의 자료실에 올라온 좋은 자료 혹은 사람들을 더욱 모을 수 있는 자극적인 자료를 수시로 퍼 나르며 가상현실에 안주하게 만든다. 커뮤니티 활동은 다른 네티즌들이 보이는 반응에 따라 심리적 지지를 얻기도 하고 같은 취미나 생각을 함께 하는 동호회 활동을 통해 소속감을 얻게 하는 긍정적인 측면이 있다. 그러나 악의적이거나 선동적인 게시물을 계속 올림으로써 부정적인 관심이라도 계속 받고자 하는 경우도 있다. 이는 마치 애정결핍이 있는 아동이 부모나 주변의 관심을 받기 위해 무의식중에 사고나 야단맞을 행동을 반복하는 것과도 같아서 근본적인 문제가 해결되지 않고서는 그러한 행동을 멈추기 어렵게 된다.

정보검색 중독은 사회적·직업적 활동과도 많은 부분이 연관되어 있기 때문에 또 다른 양상을 지닌다. 실제 정보검색 중독에 걸린 사람은 자신의 중독을 인정하지 않는 경향이 다른 중독에 비해 강하게 나타난다. 현대사회에서 정보검색 능력은 기본적인 소양에 해당하며 작업의 능률과도 비례한다. 과거에는 필요한 정보를 찾기 위해 도서관이나 자료실을 직접 방문해야 했지만 현재는 인터넷에서 제공되는 데이터베이스나 검색 엔진을 통해 대부분의 필요한 정보를 얻을 수 있게 되었다. 그래서 특별한 목적도 없이 비생산적으로 여러 사이트를 떠돌며 웹서핑을 끝내기 어려운 경우나, 지금 당장 필요하지 않은 자료를 습관적으로 다운을 받고 실제로는 사용하지 않는 경우가 많다. 이로 인해 현실의 생활이 지장을 받는다면 인정하고 싶지 않겠지만 정보검색 중독을 의심해보아야 할 것이다.

사이버 거래 중독은 인터넷을 통한 도박, 주식 거래, 쇼핑 등 금전 거래에 집착하는 경우를 말하며 일상생활의 장애뿐 아니라 금전적 피해를 동반하는 경우가 많다. 현실세계에서 쇼핑을 하고자 한다면 매장으로 이동해서 물건을 고르기 위해 걸어 다니며 많은 시간을 소모해야 하겠지만, 인터넷 쇼핑을 통하면 실제로 매장을 방문하지 않고도 다양한 물건을 골라볼 수 있다. 그러나 이것이 중독되는 경우 오히려 더 많은 시간을 소비하게 되거나 충동적이고 과도한 거래로 금전적인 손실을 유발할 수 있다. 인터넷 도박의 경우, 금전적 손해를 만회하기 위해 더 많은 돈을 쏟아 부어 이차적인 손실을 유발하는 경우가 대부분이다. 이로 인해 엄청난 부채를 떠안고 대인관계에 지장을 초래하는 것은 물론 가정파탄, 심지어는 범죄로까지 이어지기도 한다.

게임 중독은 온라인 게임을 즐기는 사용자에게 광범위하게 발생하면서도 심각한 청소년 문제로 대두되고 있는 대표적인 인터넷 중독이다. 2006년 독일의 시사주간지 「슈피겔」은 "한국 청소년 75만 명이 게임 중독에 빠져 있는 등 한국의 온라인 게임 열풍의 폐해가 심각하다."라고 보도하였다. 실제로 2006년 한국정보화진흥원 인터넷 중독 예방상담센터를 내방하여 상담을 받은 전체 5만여 명의 내담자 중 약 80%가 게임 중독으로 상담을 받았다고 한다. 2008년 전국 만 9세에서 39세 인구 중 최근 1개월 이내 1회 이상 인터넷을 이용한 5,500명 중 중독자 비율은 8.8%였으며, 이 중 절반 이상이 만 9세에서 만 19세의 청소년 중독자였다. 인터넷 게임은 컴퓨터가 아닌 실제 사람과 할 수 있으며 이들과 가상공동체를 형성하기도 하고, 자신의 아바타를 키울 수 있다는 게임 자체가 가진 특성이 있다. 여기에 게임을 통해 인정을 받음으로써 현실에서 체험할 수 없는 일에 대한 대리만족과 성취감을 얻을 수 있다는 게이머의 심리적 특성이 맞물려 게임에 몰입하게 만든다. 그러나 이러한 게임이 여가와 오락의 수준을 넘어 승부에 대한 과도한 집착을 부르면 오히려 강한 스트레스로 작용하게 되고, 게임에 내재된 폭력성이 현실의 공격적 행동으로 표출되어 범죄로까지 이어질 수 있다.

여러 형태의 인터넷 중독 중에서 그 자체에 불법적인 요소를 가장 많이 포함하고 있는 것은 음란물 중독이다. 지속적으로 성인 인터넷 방송을 시청하거나 음란물을 다운로드 받아보는 경우 등이 음란물 중독에 해당한다. 인터넷 음란물에 중독되는 이유는 비교적 안전하고 편리하게 접근이 가능하며 새로운 성적 자극을 통해 대리만족을 느낌으로써 심리적 긴장과 스트레스에서 벗어난다고 느끼기 때문이다. 그러나 이러한 음란물은 주로 늦은 밤에 시청하는 경우가 많기 때문에 낮 동안 졸음에 시달리고 음란물에 대한 연상 작용으로 사회적 활동에 지장을 초래할 수 있으며, 죄의식으로 인해 결벽증이나 신경쇠약증세를 보이는 경우도 있다. 그리고 그 내용이 비정상적인 경우가 대부분이기 때문에 성에 대한 왜곡된 인식을 심어주게 된다. 강간을 포함한 성폭행을 미화시켜 심각한 범죄로 인식하지 못하게 함으로써 성범죄를 유발할 수 있으며 현실에서의 건강한 이성 관계를 유지하기 어렵게 만든다.

끊을 수 없는 유혹

인터넷의 어떤 특성이 중독을 야기하고, 어떤 사람들이 어떠한 과정으로 중독에 이르게 되는 것일까? 이러한 질문은 인터넷 중독에 대한 실태 파악과 더불어 중요한 연구문제가 되고 있다. 현재까지도 인터넷 중독에 대한 정의와 원인에 대한 논란이 있기는 하지만, 어느 정도 정리된 바로는 인터넷 중독을 유발하는 측면은 인터넷 사용환경 그 자체가 가지고 있는 특성과 사용자의 심리적 특성, 그리고 주변 사람과의 관계 등과 직결되어 있다.

인터넷 중독에 대한 척도를 개발한 영(Kimberly Young)에 의하면, 인터넷 사용환경의 특성은 접근 용이성(accessibility), 통제감(control), 흥미감(excitement)으로 요약할 수 있다.

인터넷의 접근 용이성은 초고속 통신망의 발달과 함께 성장한 인터넷이 지닌 강력한 힘으로 컴퓨터 앞에 앉아서 시간과 공간의 제약을 벗어나 접속할 수 있다는 것이다. 최근 확장되고 있는 무선 인터넷 서비스는 이동하는 공간에서의 액세스도 가능하게 만들면서 사용자는 그야말로 언제 어디서나 즉각적인 만족을 추구할 수 있게 되었다. 과거에는 필요한 정보를 주변 사람이나 전문가로부터 얻어야 하는 의존성이 있었다면, 현대에는 필요한 정보를 인터넷을 통해 얻을 수 있으며 사용자 자신이 상황을 조절하고 영향력을 행사할 수 있게 되었다.

이러한 요인이 제공하는 개인적 통제감은 인터넷 매매에서 주로 나타나는데 인터넷 쇼핑에서부터 부동산 매매, 증권 거래에 이르기까지 다양해졌다. 현실 상황은 자신이 마음대로 할 수 없지만 사이버 세상은 마우스를 클릭하여 자신이 통제할 수 있기 때문에 사용자는 이러한 통제감을 더욱 크게 느끼고 더욱 인터넷에 몰입하게 된다. 여기에 변화무쌍한 인터넷이 제공하는 화려한 자극과 상상을 뛰어넘는 다양성은 사용자에게 끊임없이 무한한 흥미를 제공한다. 인터넷을 통해 영화를 보고 음악을 들으며 오락을 즐길 수 있으며 인종, 나이, 성별, 외모와 상관없이 다양한 사람을 만나고 그 안에서 소속감을 느낄 수 있다. 이제 인터넷 접속은 무언가를 하는 데 필요한 수단을 넘어 그 자체가 하나의 유희가 됨으로써 사용자들이 인터넷에 중독될 가능성을 더욱 증폭시키고 있다.

그러나 이러한 환경은 모든 사람에게 보편적으로 적용되는 것인데 왜 특정 사람에게만 유독 중독의 양상이 나타나는 것일까? 이러한 물음에 대한 해답은 인터넷 사용자의 심리적 특성에서 찾을 수 있다. 충동성이 높은 사람일수록 자신의 생각이나 욕구를 조절하기 어렵고 자신의 생활에 대한 구체적인 계획을 세우지 못한다. 이에 따라 인터넷 사용으로 인해 문제가 발생하더라도 민감하게 반응하지 못하며, 인터넷 사용시간을 조절하지도 못해 결국 인터넷에 빠지게 된다고 전문가들은 평가한다. 공격성이 낮거나 내면에 공격성을 억압하고 있는 경우에도 인터넷 중독에 빠지기 쉽다고 주장하는 학자도 있다. 인터넷상에서는 채팅방이나 게시판의 익명성을 통해 혹은 온라인 게임을 통해 평소에 표출할 수 없었던 공격성을 자유롭게 분출하고 배설할 수 있으며 이를 통해 대리만족을 느끼기 때문이라는 것이다. 그러나 인터넷의 사용은 일시적인 심리적 안정을 제공할 뿐 현실의 문제를 해결해주지는 못하기 때문에 사이버 공간과 현실 공간 사이의 괴리감은 사용자를 더욱 인터넷에 빠져들게 하는 요소로 작용할 수밖에 없다.

인터넷 중독의 또 다른 원인으로 작용하는 대인관계는 사용자가 자신의 가족, 친구 동료들에게서 얼마만큼의 사회적, 정서적 지지를 받는가 하는 것이다. 현실에서 타인의 관심과 배려, 애정, 존중, 인정 등의 지지를 덜 받는 사람일수록 가상 공간에서의 지지를 추구하며 인터넷에 쉽게 빠져드는 경향이 있다고 한다. 특히 부모의 지지가 낮은 청소년의 경우 인터넷 중독의 성향이 높으며, 부모로부터의 심리적 거부나 무관심으로 인한 좌절, 부당한 압력으로 상처를 받은 청소년일수록 더욱 인터넷에 몰입한다는 연구결과가 있다. 관련된 여러 연구에서도 역시 부모와의 관계가 원만하지 못한 경우, 부모가 권위적인 양육 태도를 가진 경우, 부모와의 의사소통이 역기능적일수록 인터넷 중독의 위험이 증가함을 보였다. 부모와의 관계는 인터넷 중독에 직접적으로 영향을 미치기도 하지만 청소년의 자아존중감에 대한 영향을 통해 간접적인 영향을 미치기도 한다.

나는 인터넷 중독인가

인터넷 중독을 진단하는 척도로는 골드버그(Ivan Goldberg)의 진단기준과 영(Kimberly Young)의 진단기준이 잘 알려져 있다. 우리나라에서는 2002년 한국형 인터넷 중독 진단 척도인 K-척도를 사용하고 있다. 청소년용 문항과 성인용 문항이 있으며 자기진단 및 관찰자진단을 제공한다.

표 1은 K-척도 성인 자기진단 20문항이다. 각 문항에 대해 '전혀 그렇지 않다(1점)', '그렇지 않다(2점)', '그렇다(3점)', '매우 그렇

표 1. K-척도 성인 자기진단 문항(한국정보화진흥원)

No.	문 항	1	2	3	4
1	인터넷이 없다면 내 인생에 재미있는 일이 하나도 없을 것 같다.				
2	실제 생활에서도 인터넷에서 하는 것처럼 해보고 싶다.				
3	인터넷을 하지 못하면 무슨 일이 있어났는지 궁금해서 다른 일을 할 수가 없다.				
4	사이버 세상과 현실이 혼동될 때가 있다.				
5	인터넷을 할 때 마음대로 되지 않으면 짜증이 난다.				
6	인터넷을 하지 못하면 안절부절못하고 초조해진다.				
7	인터넷을 하는 동안 더욱 자신감이 생긴다.				
8	일상에서 골치 아픈 생각을 잊기 위해 인터넷을 하게 된다.				
9	인터넷을 하면 기분이 좋아지고 쉽게 흥분한다.				
10	인터넷을 하면 스트레스가 해소되는 것 같다.				
11	"그만 해야지." 하면서도 번번이 인터넷을 계속하게 된다.				
12	일상 대화도 인터넷과 관련되어 있다.				
13	해야 할 일을 시작하기 전에 인터넷부터 하게 된다.				
14	일단 인터넷을 시작하면 처음에 마음먹었던 것보다 오랜 시간 인터넷을 하게 된다.				
15	인터넷 속도가 느려지면 금방 답답하고 못 견딜 것 같은 기분이 든다.				
16	인터넷을 하느라 다른 활동이나 TV에 대한 흥미가 감소했다.				
17	인터넷을 하면서 죄책감을 느낄 때가 있다.				
18	지나치게 인터넷에 몰두해 있는 나 자신이 한심하게 느껴질 때가 있다.				
19	인터넷 사용을 줄여야 한다는 생각을 끊임없이 한다.				
20	내가 생각해도 나는 인터넷에 중독된 것 같다.				

다(4점)'로 응답한 점수를 합산하는 방식이다. 성인 인터넷 중독은 '고위험사용자군(67점 이상)', '잠재적 위험사용자 A군(54~66점)', '잠재적 위험사용자 B군(43~53점)'의 3가지 유형으로 구분되며, 42점 이하는 일반 사용자에 해당한다.

'고위험사용자군'은 인터넷의 사용 시간을 자신의 의도대로 조절할 수 없는 상태이기 때문에 대부분의 시간에 인터넷을 하면서 보낸다. 현실보다 인터넷이 생활의 중심이 되어 가족이나 주변 사람을 고려하지 않으며 사회적 역할을 수행하지 못하는 상태로서 전문치료기관에서 병적인 인터넷 사용에 대한 집중 치료가 요망된다.

'잠재적 위험사용자군'은 맹목적으로 인터넷을 사용하는 경향을 공통적으로 보이며, 이로 인한 일상생활의 피해가 가시적으로 나타난다. 이 집단은 주변 사람들이 문제를 인지하는 단계에 도달하였는지의 여부에 따라 '잠재적 위험사용자 A군'과 '잠재적 위험사용자 B군'으로 분류된다. A군의 경우는, 최소한의 사회생활은 하지만 주변 사람이 인식할 정도로 뚜렷한 생활의 변화를 나타내며 인터넷 사용을 조절하기 위해 외부의 도움이 필요하다. 따라서 정신건강 관련 분야에서의 전문적인 상담이 요구된다. B군의 경우는 목적 외의 인터넷 사용 시간이 증가하면서 잠재적인 문제가 발생할 수 있는 가능성은 가지고 있지만 뚜렷한 문제 없이 일상생활을 유지한다. 이 경우는 건강한 인터넷 사용과 효율적인 시간 활용에 대한 자기관리가 요망된다.

인터넷 중독에서 벗어나기

2009년 상영된 SF 영화 <써로게이트(Surrogates)>는 모든 사람이 인터넷 중독이 된 미래 사회의 암울한 단면을 적나라하게 보여준다. 영화에 등장하는 써로게이트는 인간을 위한 대리로봇으로 거의 대부분의 사람들이 이 대리로봇을 통해 삶을 영위한다. 현실 세계는 외부와 철저히 단절되었지만 써로게이트의 몸을 빌려 대인관계 및 사회생활을 이어나갈 수가 있다. 전체 써로게이트의 접속이 끊어지면서 집안에서만 지내던 사람들이 거리로 하나둘 느릿느릿 걸어 나오는 마지막 장면은 인터넷 중독으로부터의 해방이라기보다는 마치 앞으로 올 금단현상을 알리는 전조처럼 을씨년스럽기까지 하다. 특히 세계 최고의 인터넷 인프라를 구축하고 있는 우리나라에게 영화 <써로게이트>는 더 심각한 암시를 던져준다.

다행히 우리나라 인터넷 사용자 중 중독률은 매년 꾸준히 감소하는 추세를 보이고 있다. 그럼에도 불구하고 약 200만 명의 사용자가 인터넷 중독이라는 사실은 여전히 충격적일 수밖에 없다. 실제 사람들이 인지하는 인터넷 중독의 심각성은 매년 증가하고 있으며 더 심각한 것은 인터넷 중독 대상 연령도 점차 낮아지고 있다는 점이다. 미취학 아동의 67.9 %와 초등학생의 99.8 %가 인터넷을 이용하고 있으며, 초등학생의 38 %는 이미 취학 전부터 인터넷을 이용하고 있는 것으로 나타났다. 전체 인터넷 중독률의 감소와는 반대로 초등학생의 인터넷 중독률은 오히려 상승 추세를 보이고 있다.

인터넷 중독은 다른 약물이나 마약 중독과는 달리 대부분이 자기 스스로의 노력으로도 극복이 가능하다. 그렇다고 단순히 인터넷 선을 끊어버리거나 컴퓨터를 치워버리는 일은 근본적인 해결책이 될 수 없다. 개인적으로 기울일 수 있는 노력 중 하나는 인터넷 중독의 원인 중 자신의 심리적 요인을 파악하고 현실의 문제에서 도피하지 않는다는 것이다. 그다음, 자신의 행동 습관을 바꾸고 적절한 인터넷 사용 시간을 정하여 지키고자 노력하는 것이다. 이러한 노력에도 불구하고 조절이 어렵다고 느낀다면 인터넷 중독 치료센터 등을 통해 전문가의 상담을 받을 필요가 있다. 인터넷 중독의 치료는 심리적 치료뿐 아니라 경우에 따라서는 약물을 투여하여 도움을 받을 수도 있다.

그러나 무엇보다도 중요한 것은 인터넷에 중독되지 않도록 사전에 예방하는 것이다. 인터넷은 우리가 어떻게 사용하느냐에 따라 생활의 편리나 활력소가 되기도 하지만 자칫 그 경계를 넘게 되면 다시 되돌아오기 위해 여러 가지 고통스러운 대가를 지불해야하기 때문이다.

스마트폰의 과도한 사용

최근에 인터넷 중독은 스마트폰 중독으로 진화하고 있다. 우리나라의 스마트폰 가입자 수는 빠른 속도로 증가하여 2012년 12월에는 2,000만 명, 2016년 6월에는 4,500만 명을 넘어섰다. 국민의 대부분이 스마트폰을 사용하고 있는 이른바 '스마트 시대'에 살고 있는 셈이다. 이와 같은 스마트폰의 확산을 배경으로 스마트폰의 과도한 사용에 의한 부작용도 속속 드러나고 있다. 특히 스마트폰은 휴대가 간편해서 기존의 전자기기에 비해 더욱 중독에 빠져들기 쉬운 특성이 있다.

2015년 12월을 기준으로 만 3~59세 스마트폰 사용자 중 2.4 %는 고위험군, 13.8 %는 잠재적 위험군으로 조사되었다. 청소년의 경우에는 고위험군이 4.0 %, 잠재적 위험군이 27.6 %로, 성인의 고위험군 2.1 %, 잠재적 위험군 11.4 %의 약 2배로 나타났다. 만 3~9세 유·아동 자녀의 스마트폰 과다 사용 여부에 대해 양육자의 38 %가 그렇다고 답변했으며, 그중 51.3 %는 유·아동의 정서 발달을 우려하는 것으로 집계되었다. 또한 직장인의 경우 63.3 %가 출퇴근 시 스마트폰을 사용하고 있었으며, 47 %는 스스로 출퇴근 시 스마트폰 사용을 줄여야 한다고 생각하고 있었다.

스마트폰의 부작용에 대한 예는 우리 주변에서 쉽게 찾아볼 수 있다. 스마트폰에 빠져 신호등도 살피지 않고 길을 건너거나 운전 중에 스마트폰을 하다가 사고가 발생하는 경우는 어렵지 않게 접할 수 있다. "애니팡 게임이 한국인을 사로잡는다(Anipang grabs time, heart of South Koreans)."라는 외국 기사도 있었고, 스마트폰과 좀비를 합친 신조어인 '스몸비(smombie)'도 우리에게 익숙한 용어가 되었다. 또한 유치원에서 고등학교에 이르기까지 스마트폰을 사용하느라 수업 시간에 집중을 못 하는 학생들도 많으며, 가족이나 친구들이 자리를 함께한 경우에도 서로 대화를 나누지 않고 각자의 스마트폰에 몰두하기도 한다. 예전엔 연장자가 수저를 들기 전에 음식을 먹지 않는 것이 식사 예절이었다면, 이제는 촬영 의식으로 음식에 경의를 표하는 것이 가장 중요한 예법이라는 우스갯소리도 있다.

그림 23. 공공장소 어디서든, 스마트폰 삼매경에 빠진 사람들을 흔히 볼 수 있다.

스마트폰 중독은 건강상의 문제를 유발하기도 한다. 대표적인 예로는 거북목 증후군을 들 수 있다. 거북목 증후군은 목뼈의 정렬이 변형돼 거북이처럼 목이 앞으로 나와 있는 자세를 말하는데, 이를 방치하면 두통, 안구통, 목디스크 등으로 발전할 수 있다. 잠자리에 들기 전에 스마트폰과 같은 전자기기를 사용하는 습관은 수면 장애를 유발할 뿐만 아니라 신체 건강과 인지 발달에도 좋지 않은 영향을 미친다. 그밖에 스마트폰 중독이 주의력 결핍, 과잉행동장애, 충동조절장애 등과 연관성을 가진다는 주장도 설득력을 얻고 있다.

스마트폰의 과도한 사용은 기억력과 사고력에도 부정적인 영향을 미친다. 스마트폰에 중독되면 두뇌를 활용하는 빈도가 줄어들고 창의적인 뇌 운동량이 격감한다는 연구결과도 있다. 스마트폰이 널리 보급된 이후에 치매환자가 늘고 있어 '디지털 치매'라는 신조어까지 등장하고 있는 형국이다. 이와 함께 스마트폰이 열어젖힌 '단문 시대'를 우려하는 목소리도 있다. 요즘 세대들이 주로 짧은 메시지로 소통하기 때문에 긴 글을 소화하거나 작성하는 능력을 잃어간다는 것이다.

해킹, 불가능이란 없다

인간의 뇌를 전자화하여 뇌에 접속하는 것이 가능해진다면 누군가 우리의 뇌를 해킹하여 가짜 기억을 심어놓고 이용하게 되는 일이 실제로 벌어질지도 모르겠다. 물론 가까운 미래에 일어날 것 같지는 않지만, 점차 진화되는 불법적인 해킹 사례를 보면 아예 불가능한 일도 아닌 듯싶다. 21세기의 시작과 함께 불안하던 Y2K의 문제를 해결했다고 안심할 무렵 일본 정부기관의 웹페이지가 포르노물로 뒤바뀌거나 일본인을 비난하는 글이 게시되는 사건이 있었다. 그 후 얼마 지나지 않아 야후(Yahoo), 아마존(Amazon), CNN, 이베이(eBay) 등의 유명 인터넷 사이트들의 서비스가 마비되어 수십억 달러의 손해를 발생시켰다. 이와 같은 불법적 해킹으로 인한 피해는 해마다 급증하고 있으며 그 기법 또한 점차 변화하고 있다. 뚫는 자와 막는 자 사이의 치열한 경쟁 속에서 해킹의 기법은 점차 에이전트화, 분산화, 자동화, 은닉화의 특징을 갖는 새로운 패러다임으로 대체되고 있다.

해킹에 대한 오해와 진실

불법적 해킹에 의한 피해가 속출하면서 '해킹(hacking)'이라는 용어는 다른 사람의 컴퓨터나 시스템에 무단으로 침입하여 자료와 프로그램을 열람하고 변조하거나 파괴하며 유출시키는 등 컴퓨터를 비정상적으로 작동시키는 '불법적'이고 '부정적'인 의미로 주로 사용되고 있다. 그러나 해킹이라는 단어가 가지는 의미에 대해서는 많은 논쟁이 있어 왔으며 중립적인 의미로서 네트워크를 통해 컴퓨터 시스템에 접근하는 행위를 가리킨다고 보는 것이 타당할 것이다. 대신 불법적인 네트워크 침입을 의미하는 용어로는 '크래킹(cracking)'이 있다.

원래 '핵(hack)'이라는 용어는 영화 <뷰티풀 마인드(A Beautiful Mind)>의 실제 모델인 천재 수학자 내쉬(John Nash)가 자주 사용하던 것이었다. 내쉬는 1951년에 MIT에 처음 부임하면서 '혹독한 비판(put-down)'을 의미할 때 이 용어를 사용했는데, 1960년대에 이르러서는 기술적 장애에 대한 빠르고 정교하며 기발한 해결책을 의미하는 MIT의 은어로 널리 퍼지게 되었다. 같은 시기에 '핵'을 개발하고 실행하는 사람이라는 뜻으로 '해커(hacker)'라는 용어도 사용되었는데 최초의 해커 동호회는 MIT의 모형기차 제작 동아리(Tech Model Railroad Club) 출신으로 교내 컴퓨터 시스템 연구에 몰두한 컴퓨터광들로 구성되었다. 이들이 바로 MIT에서 사용되는 '핵'이라는 은어를 최초로 컴퓨터 프로그래밍에 적용한 인물들이다. 이들은 '도끼로 가구를 만드는 사람'을 의미하는 독일어 해커(Hacker)로 자신들을 칭하며 컴퓨터 소스에서 실행하기에는 너무 큰 프로그램을 적절한 크기로 잘라낸다는 의미로서 '핵'을 사용하였다.

이들은 다양한 방식으로 실험적인 프로그램을 만들고 기술을

그림 24. 국제 해커 집단 "어나니머스(anonymous)"의 상징
인 가이포크스 가면. 어나니머스는 '익명'이라는 뜻으로, 이
집단은 컴퓨터 해킹을 투쟁의 수단으로 사용하고 있다.

개발시켰으며 해킹은 이러한 창조적이고 실험적인 작업을 의미하
는 것으로 확대되었다. 이들 최초의 해커들은 암호 시스템이 컴퓨
터와 정보 이용에 장애가 되지 않아야 한다고 생각했다. 그리고
정보를 가진 자와 가지지 못한 자 사이의 불평등으로 사회계급이
나눠지는 것과 정보를 독점하는 집단에 권력이 집중되어 민주주
의가 퇴보하는 것에 반대하였다. 그들은 불평등을 막기 위해서는
모든 정보가 공개되어야 한다는 신념을 가진 자유주의자이자 자
신들의 연구에 대한 열정을 가진 낭만주의자였다. 이러한 해커들
의 낭만적 자유주의는 컴퓨터와 인터넷의 대중화에 큰 기여를 해
왔다.

　세계적으로 가장 유명한 보안 회의인 블랙햇(Black Hat)과 데프
콘(DefCon)의 설립자인 제프 모스(Jeff Moss)는 소설 『네트워크를 훔
쳐라』의 서문을 통해 '해커'라는 단어는 원래 기술이 능숙한 컴
퓨터 프로그래머와 시스템 관리자를 일컫는 말이었는데, 여러 매
체와 영화를 통해 사악한 짓을 하는 사람으로 묘사되었다고 비판
하였다. 그리고 매체에서 '범죄 해커'라는 말 대신 그냥 '해커'라

는 단어를 사용한 것에 대해 범죄 자동차 정비사를 그냥 정비사로 부르지 않는 것처럼 범죄 해커를 그냥 해커로 불러서는 안 된다고 주장하였다. 많은 영화에서 악당의 역할을 하는 과학자가 무수히 등장하였지만 그렇다고 우리가 과학자를 모두 악당으로 매도하지 않는 것처럼 말이다.

악의적으로 컴퓨터 시스템을 해킹하는, 즉 크래킹하는 사람을 일반적인 용어인 해커와 구분하기 위해 크래커라고도 한다. 해킹과 해커의 의미를 중립적으로 사용하는 경우 이러한 해커를 블랙햇 해커(black-hat hacker, 악성 해커)라고 부른다. 블랙햇은 서부영화에 나오는 악당을 은유하는 용어로 화이트햇을 쓴 영웅에 대비되는 것이다. 블랙햇은 컴퓨터나 네트워크에 무단으로 침입하여 해를 끼치거나 바이러스를 유포하는 크래킹을 한다. 즉, 크래커다. 이에 비해 화이트햇 해커(white-hat hacker, 보안 담당자)는 블랙햇의 침입을 막기 위한 보안 체제를 구축하며 이를 위해 합법적으로 승인을 받고 소스 코드를 해킹한다. 그러나 자신이 속한 곳에서는 화이트햇이면서 동시에 다른 컴퓨터 시스템에 대해서는 블랙햇, 혹은 그 중간쯤에 있는 해커들도 있는데 이들은 그레이햇 해커(grey-hat hacker)로 불린다. 개인 보안 컨설턴트이자 프리랜서 저자인 마크 버넷(Mark Burnett)은 합법적 해킹과 악성 해킹이 전혀 차이가 없으며 화이트햇 해커와 블랙햇 해커가 반대편에 있는 것도 아니라고 했다.

많은 보안회사들은 개과천선한 해커를 고용한다. 그러나 사실 개과천선한 해커는 존재하지 않는다. 이들 해커는 자신의 관심을 다른 곳으로 옮겨 다른 것을 얻었는지는 모르지만, 절대 개과천선한 것이 아니다. (……) 해커

이러한 관점에서 보면 좋은 해킹과 나쁜 해킹을 엄밀하게 구분하기란 너무나도 어렵다. 그러나 한 가지 분명한 것은 과학자와 기술자가 아무리 순수한 열정에서 연구를 수행하였다고 하더라도 자신의 연구결과가 사회에 미치는 영향에 대한 책임을 져야 하는 것처럼, 해커 역시 기술자의 한 사람으로서 그리고 사회의 구성원으로서 자신의 행동이 사회에 미칠 영향을 고려해야 하며 책임을 져야 한다는 것이다.

해킹에 대한 또 다른 오해 중 하나는 악성코드의 감염이나 활동을 해킹과 혼동하는 경우다. 2009년 디도스(Distributed Denial of Service, DDoS) 공격에 대한 초기의 뉴스는 공격을 받은 사이트가 해킹을 당한 것으로 보도하였다. 그러나 디도스는 네트워크에 분산되어 있는 대량의 컴퓨터가 특정 서버에 일제히 패킷(packet)을 내보냄으로써(서버를 공격함으로써) 서버의 통신 라인이 넘쳐나 기능이 정지되는 것으로서, 서버가 해킹되는 것과는 다르다. 공격을 실행하는 컴퓨터의 관리자나 사용자 역시 의도적으로 공격한 것이 아니라 제3자가 퍼뜨린 악성코드에 감염되어 자신도 모르는 사이에 서버를 공격하도록 조종당한 것이다. 물론 디도스 공격을 감행하도록 코딩된 프로그램의 유포는 미국의 한 서버의 해킹에서 시작되었지만 공격 자체를 해킹으로 보기는 어려우며 공격을 감행하도록 조종당한 숙주 컴퓨터 역시 해킹된 것은 아니다.

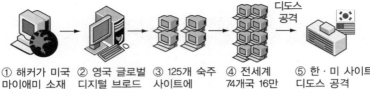

그림 25. 디도스 사태 발생 과정

그러나 실제로 악성코드를 통해 해킹을 시도하거나 해킹의 가능성을 열어두기도 하는데 특정 사이트로 사용자의 개인정보를 전송하거나 키보드를 통해 입력되는 값을 유출시키는 경우가 그러하다. 특히 키보드로 입력되는 공인인증서의 패스워드나 금융정보가 유출되는 경우에는 심각한 피해를 입을 수도 있다. 최근에는 온라인 게임 사용자의 증가와 함께, 특정 온라인 게임에 접속할 때 입력한 아이디와 패스워드 정보를 특정 메일 주소로 전송하는 트로이목마도 급증하고 있다.

초기의 악성코드가 주로 파일을 통해 감염되는 바이러스의 형태로 숙주 컴퓨터 내에서만 활동을 했다면 최근에는 웜과 결합하여 네트워크를 통해 급속히 퍼져나가고 있다. 이제 악성코드는 엄청난 자기 복제 능력과 전파 능력을 얻게 되었으며 발전된 해킹기술의 결합과 더불어 새로운 사이버 개체로 점차 진화해 나가고 있다. 그리고 네트워크는 진화된 악성코드를 끊임없이 만들어내며 컴퓨터 보안을 뚫고 침투하려는 블랙햇과 이를 저지하려는 화이트햇의 치열한 접전지가 되어가고 있다.

블랙햇의 공격

비록 해킹이 낭만적이고 자유주의적인 컴퓨터광에 의해 시작되기는 하였지만, 그들이 블랙햇을 쓰고 공유되어서는 안 될 정보를 유출하거나 자료를 불법적으로 사용한다면 사회는 그들을 고운 시선으로만 바라볼 수는 없다. 물론 공유되어서는 안 될 정보라는 것이 어디까지이며 유출된 자료의 합법적인 사용 기준이 무엇인지에 대해서는 여전히 논쟁의 여지가 존재하지만, 블랙햇의 공격으로 인한 개인의 피해와 사회적 파장이 점점 커지고 있다는 사실은 분명하다.

해킹기술은 PC와 네트워크의 발달과 더불어 급속히 발달하게 되었다. 미국에서는 1980년대 최초의 BBS(Bulletin Board System, 전자게시판)가 오픈되면서 뉴스그룹과 게시판, 이메일을 통해 빼낸 시스템 암호와 신용카드 정보들을 공유할 수 있게 되었고 이로 인해 많은 해커 그룹이 생겨나게 되었다. 이들의 활동은 PC의 등장과 함께 가속화되었고 해커 잡지까지 등장하기에 이르렀다. 그러나 점차 정부와 기업의 컴퓨터에 대한 침입이 증가하자 결국 FBI가 수사에 나섰고 「뉴스위크(Newsweek)」는 '주의: 해커가 활동한다(Beware: Hackers at play)'라는 표제로 이를 보도하였다. '해커'라는 용어에 대한 최초의 언론 보도는 이미 이러한 부정적인 의미로 시작되었다. 같은 해인 1986년 미국 의회는 '컴퓨터 사기 및 남용에 대한 법률(Computer Fraud and Abuse Act)'을 통과시켰고, 이 법률에 의해 자신을 '멘토(The Mentor)'라고 부르던 해커가 체포되었다(그는 이후 '해커 선언문(Hacker's Manifesto)'으로 널리 알려지게 된 인물이기도 하다).

우리는 인종, 국가, 종교적 편견 없이 존재한다. 그럼에도 당신들은 우리를 범죄자라 부른다. 당신들은 원자폭탄을 만들고, 전쟁을 하고, 살인을 저지르고, 속이고, 우리에게 거짓말을 하며 그것이 우리를 위한 것이라고 믿게 하면서 우리를 범죄자라고 한다.

그렇다, 나는 범죄자다. 나의 죄는 호기심이다. 나의 죄는 사람을 외관으로 판단하지 않고, 그들이 말하고 생각하는 것으로 판단하는 것이다. 그리고 나의 죄는 당신들보다 한 수 위라는 것이다. 이게 바로 용서받을 수 없는 내 죄이다.

나는 해커다, 그리고 이것은 나의 선언이다. 한 사람을 막을 수는 있어도 우리 모두를 막을 수는 없다. 어쨌거나 우리는 다 똑같기 때문이다.

– 멘토의 '해커 선언문' 중에서 –

그리고 1990년 미국은 '선데블 작전(Operation Sun Devil)'이라는 장기 수사 끝에 14개 도시 BBS그룹의 관리자와 유명한 멤버들을 신용카드 절도와 전화망 사기 혐의로 검거하였다. 같은 해 호주 연방 경찰은 컴퓨터 범죄 수사에서 세계 최초로 원격 데이터 감청을 이용하였다. 블랙햇을 추적하기 위한 것이었지만 이로써 해킹기술은 또 한 걸음 진보할 수 있었다. 1994년 인터넷 브라우저 넷스케이프(Netscape)가 개발되면서 해커들은 자신들의 거점을 BBS에서 웹사이트로 옮겨갔고, 이로 인해 보안을 뚫으려고 하는 자와 막는 자, 쫓는 자 사이의 새로운 접전이 시작되었다. 대표적인 사건으로는 콘도르(Condor)라는 별명으로 유명한 해커 미트닉(Kevin Mitnick)의 검거와 그의 석방을 요구하는 논리폭탄(logic bomb) 메시지, 아메리카온라인(America Online, AOL)의 해킹 등이 있다.

미트닉은 해킹계의 전설적인 인물로 신출귀몰한 해킹기법과 다양한 인터넷 사기로도 유명했다. 5년 이상 수배를 받는 동안에도 계속해서 활동하였으나 북미항공우주방위사령부(North American Aerospace Defense Command, NORAD)에 침투한 혐의 등으로 결국에는 FBI에 의해 체포되었다. 체포 이후에는 3년 동안 컴퓨터 사용과 휴대폰 사용이 금지되었으며 보호관찰 명령을 받았다. 미트닉의 검거 과정을 영화화한 <테이크다운(Takedown)>은 미트닉과 그를 쫓는 화이트햇 시모무라 스토무의 접전을 잘 보여준다. 미트닉이 체포되고 2년 후인 1997년 겨울, 야후(Yahoo!) 사이트에 "미트닉을 석방하지 않으면 최근 몇 주 사이 야후에 접속한 모든 사람들의 컴퓨터와 네트워크에 논리폭탄이 실행될 것이다."라는 메시지가 전달되었다. 다음 해 1월, 야후는 이를 사용자에게 공지하였으나 논리폭탄은 결국 실행되지 않았고 이 사건은 단순한 해프닝으로 끝났다.

아메리카온라인의 해킹은 AOHell이라는 툴이 무료로 배포되면서 벌어진 사건인데 며칠 사이에 AOL 사용자들이 대용량 메일 폭탄으로 공격을 받았다. 배포된 크래킹 툴이 초보 해커도 사용할 수 있을 만큼 단순하게 만들어졌기 때문에 짧은 기간에 대량 공격으로 이어졌고 그 피해 또한 막대하였다. 이 밖에도 크고 작은 해킹 사건들이 계속해서 발생하였으며 이러한 일련의 사건들을 통해 1990년대 말에는 컴퓨터 보안산업이 꽃을 피우게 되었다.

2000년 이후에는 우리나라에서도 대규모 불법 해킹 사건이 지속적으로 발생하여 전국을 떠들썩하게 했다. 유명 결혼정보업체와 인터넷 쇼핑몰의 가입자 정보가 유출되었으며 유명 해커모임의 멤버가 국세청과 수십 개 웹사이트를 해킹한 혐의로 수사를 받았다. 중국 크래커와 연합하여 활동한 경우도 있다. 이들은 국내 200여 개의 쇼핑몰을 일시에 크래킹한 후, 웹사이트에 등록된

입금 계좌번호를 대포통장 계좌번호로 변조하여 전자상거래 고객 500여 명으로부터 2,500만 원을 편취하였다. 이는 많은 국내 인터넷 쇼핑몰의 보안이 취약하다는 점을 이용한 것으로 사이트의 관리와 운영이 상대적으로 허술한 주말을 이용하여 상품 구입 목적으로 입금된 돈을 빼돌린 것이었다.

웹브라우저와 관련된 보안 문제도 계속해서 제기되고 있다. 새로운 버전의 브라우저가 출시되면 해커들은 이 브라우저의 보안 결함을 찾고자 다양한 시도를 한다. 화이트햇은 보안 결함을 제조사에 알리거나 보안 패치를 만들고자 하지만 블랙햇은 이를 이용하여 악성 공격을 감행할 수 있다. 소프트웨어의 보안 결함이 발견되었을 때 제조사가 보안 패치를 배포하기 전까지는 악성 코드를 이용한 공격의 가능성으로 보안에 위협이 있을 수밖에 없다. 이를 제로데이(Zero Day) 취약점이라고 하는데 이 경우 안전한 다른 업체의 브라우저를 사용하는 것이 현명하다.

보안의 법칙, 예방의 법칙

최근 악의적인 해킹과 악성코드의 유포가 활발해짐에 따라 이에 대한 보장 차원에서 보험에 가입하는 경우도 늘고 있다. 그러나 보험은 사후 대책이며 컴퓨터의 보안을 지키고 악성코드로부터 보호하기 위해서는 자신의 컴퓨터의 상태를 제대로 진단하고 예방하는 것이 우선이다. MS의 보안대응센터(Security Response Center)는 다년간의 연구 결과를 통해 컴퓨터의 보안 상태를 진단해 볼 수 있는 다음과 같은 '보안의 10대 법칙'을 개발하여 게시하였다.

법칙 1: 누군가 자신의 프로그램을 당신의 컴퓨터에서 실행하게 하였다면, 이제 컴퓨터는 더 이상 당신의 것이 아니다.

법칙 2: 누군가 당신의 컴퓨터 운영체제를 변경할 수 있다면, 이제 컴퓨터는 더 이상 당신의 것이 아니다.

법칙 3: 누군가 당신의 컴퓨터에 물리적으로 자유롭게 접근할 수 있다면, 이제 컴퓨터는 더 이상 당신의 것이 아니다.

법칙 4: 당신의 웹사이트에 프로그램을 업로드할 수 있게 했다면, 이제 웹사이트는 더 이상 당신의 것이 아니다.

법칙 5: 비밀번호가 노출되면 강력한 보안도 소용이 없다.

법칙 6: 컴퓨터는 관리자를 신뢰할 수 있는 정도만큼만 안전하다.

법칙 7: 암호화된 데이터는 해독된 키만큼만 안전하다.

법칙 8: 기한이 만료된 바이러스 백신은 백신이 없는 것보다 크게 나을 것이 없다.

법칙 9: 절대적인 익명성은 실생활에서나 웹에서나 가능하지 않다.

법칙 10: 기술은 만병통치약이 아니다.

이상의 법칙들은 컴퓨터 보안이 완벽할 수 없고 사소한 방심에도 노출될 수 있으며 예방이 최선이라는 점을 잘 알려준다. 컴퓨터를 악성코드로부터 예방하기 위한 몇 가지 방법을 소개하면 다음과 같다.

첫째, 컴퓨터 운영체제의 보안 패치를 정기적으로 설치하고 방화벽을 사용한다. 보안 패치가 배포되었을 때 자동으로 알리는 기능을 설정해두면 유용하다. 컴퓨터 운영체제의 보안 취약점은 해킹을 악의적으로 이용하는 블랙햇의 주된 대상이 되며 이러한 취약점을 뚫고 들어오는 공격으로 시스템과 데이터가 파괴될 수 있다. 방화벽 사용과 함께 사용자 계정과 패스워드를 만드는 것도 다른 사용자의 접근을 차단하는 데 도움이 되며 악성코드에 의한 손실을 예방할 수 있는 방법이다.

둘째, 최신 업데이트 된 바이러스 백신을 사용하도록 한다. 바이러스 백신을 사용하되 반드시 최신 업데이트 된 상태로 유지해야 하며 실시간 검사와 네트워크 침입 차단 기능을 실행하도록 한다. 악성코드는 하루에도 몇 차례씩 네트워크를 통해 유입되며 매일 새로운 악성코드가 개발되고 있기 때문에 아무리 조심해도 지나치지 않다.

셋째, 웹상에서 설치되는 프로그램은 반드시 설치 목적을 확인하고 제조사가 불분명한 프로그램은 설치하지 않는다. 웹사이트에서 제공하는 프로그램을 설치하지 않으면 서비스를 이용할 수 없는 경우가 많다. 그렇다고 하더라도 모든 사이트에서 제공하는 프로그램을 신뢰하고 설치할 수는 없다. 많은 사용자들이 신뢰 수준이 불분명한 사이트에서 제공하는 프로그램의 설치를 통해 악성코드에 감염되는 경우가 많기 때문이다.

넷째, 파일의 경우도 마찬가지로 신뢰할 수 없는 경우 내려받거나 열어봐서는 안 된다. 부득이하게 열어봐야 하는 경우라도 파일을 열기 전에 먼저 바이러스 백신을 통해 감염 여부를 먼저 확인해야 한다. 바이러스는 이메일에 첨부된 파일이나 이동식 디스크를 통해 전파되기 때문에 모르는 이메일 발신자로부터 받은 파일은 열지 않는 것이 좋으며 이동식 디스크에 저장된 파일도 검사를 마친 뒤에 열어보는 것이 안전하다.

다섯째, 쿠키(cookie) 파일을 정기적으로 삭제한다. 쿠키는 웹페이지를 여는 속도를 향상시키기 위해 웹페이지 사용자의 컴퓨터에 저장하는 일종의 방문 기록으로 이후의 접속에서 웹사이트에 정보를 전달하여 접속을 원활하게 하는 장점이 있다. 그러나 쿠키 역시 악성코드에 감염되는 경우가 있으며 이를 통해 개인정보가 유출될 수 있기 때문에 주기적으로 삭제해주는 것이 바람직하다.

만인에 의한 만인의 감시

제 **10** 장

　"감시는 이제 은행에서 돈을 인출하고, 전화를 걸고, 질병수당을 신청하고, 자동차를 운전하고, 신용카드를 사용하며, 잡다한 우편물을 받고, 도서관에서 책을 고르고, 혹은 여행으로 국경을 넘는 평범하며 당연한 것으로 여겨지는 일상생활에서도 낱낱이 실행되고 있다. 컴퓨터는 한순간도 쉬지 않고 우리의 거래를 기록하며 그것의 모든 세부사항을 점검한다. (……) 우리의 생활과 관련된 조그마한 사실, 본인이 신경을 쓰지 않고 무시해버린 것까지도 저장한다. 본인이 까맣게 잊어버린 것을 남들은 기계를 통하여 정확하게 알고 있다. 경제적, 법적, 국가적인 상황도 어김없이 전자적으로 기록·평가되고 있다. 우리는 어떤 일을 할 때마다 직접 또는 간접적으로 그 흔적을 남긴다. 컴퓨터와 통신시스템이 이러한 모든 일들의 상호관계를 중재하며 새로운 관계를 맺어주고 있다. 다시 말해서 현대사회의 모든 활동과 기록은 모두 전자적으로 파악되고 전자 감시하에 놓여있게 된다. 현대의 감시는 군대, 기업, 정부 부서와 같은 특별한 기관에서 시작되었지만, 지금은 정보기술의 발달로 생활의 모든 측면에 영향을 미치고 있다."

전자 감시 사회의 도래

영국의 철학자 벤담(Jeremy Bentham)은 1790년대에 죄수를 교화하기 위한 시설로 원형 감옥인 파놉티콘(panopticon)을 지을 것을 제안하였다. 파놉피콘은 그리스어로 '다 본다'는 의미를 가진 단어다. 파놉티콘 바깥쪽으로는 원주를 따라 죄수를 가두는 방이 있고 중앙에는 죄수를 감시하기 위한 원형 공간이 있다. 죄수의 방은 항상 밝게 유지되고 중앙의 감시 공간은 어둡게 유지된다. 죄수는 완전히 노출되어 있지만 간수를 볼 수 없고 간수는 자신을 드러내지 않고서도 죄수를 감시할 수 있다. 죄수는 보이지 않는 곳에서 자신을 감시하고 있는 간수의 시선 때문에 규율에 벗어나는 행동을 하지 못하게 된다. 죄수는 점차적으로 그 규율을 내면화해서 스스로 자신을 감시하게 된다. 하지만 영국 정부는 벤담의 제안을 수용하지 않았으며 다른 곳에서도 파놉티콘의

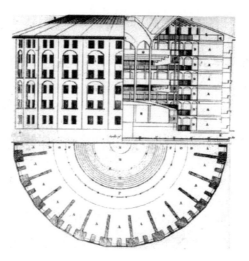

그림 26. 벤담이 제안한 원형 감옥, 파놉티콘

영향력은 제한적이었다.

파놉티콘에 대한 관심은 1970년대에 프랑스의 철학자 푸코 (Michel Foucault)에 의해 부활되었다. 푸코는 『감시와 처벌』이란 저서에서 근대 이전의 '스펙터클의 사회'와 근대적인 '규율 사회'를 구별하였다. 전자는 만인이 한 사람의 권력자를 우러러보던 시선으로 특징지을 수 있는 사회이고, 후자는 한 사람의 권력자가 만인을 감시하는 시선으로 특징지을 수 있는 사회다. 푸코는 벤담의 파놉티콘이 이러한 변화를 상징하면서 추동한 것이라고 보았다.

영국의 사회학자인 라이온(David Lyon)은 푸코의 논지를 발전시켜 '전자 파놉티콘(electronic panopticon)'이라는 개념을 제안했다. 라이온에 따르면, 20세기 후반부터 정보기술이 광범위하게 확산됨에 따라 훨씬 넓은 기반을 가진 감시활동이 가능하게 되었다. 파놉티콘에서는 간수의 시선이 감시의 수단이었지만 전자 파놉티콘에서는 기술적 장치가 이를 대체한다. 또한, 파놉티콘은 지역 단위에서만 효과적으로 작용하지만 컴퓨터를 통한 정보의 수집에는 지역적 한계가 없다. 즉, 감시기관이 각종 데이터를 체계적으로 수집하고 활용하면 개인이나 조직의 거의 모든 활동을 통제할 수 있다는 것이다. 그는 정보기술로 매개로 현대 사회가 바야흐로 '전자 감시 사회(electronic surveillance society)'가 되어버렸다고 지적했다. 앞의 인용문은 라이온이 오늘날의 감시체제를 묘사한 것이다.

정보기술과 감시

정보의 수집과 활용을 통한 감시는 이전부터 존재해 왔지만 문제는 정보기술이 감시의 간편성과 효율성을 극대화한다는 데 있다. 정보기술은 데이터베이스, 전자기기, 인공위성, 인터넷 등을 매개로 감시를 구현할 수 있는 멋진(?) 수단으로 자리 잡고 있다.

정보기술에 의한 본격적인 감시는 국가기관이 인구를 조사하고 세금을 걷고 범죄를 줄일 목적으로 컴퓨터 데이터베이스를 구축하면서 시작되었다. 1971년에 250만 명의 범죄자에 대한 신상정보를 만들면서 출범했던 미국 연방수사국(FBI)의 국가범죄정보센터는 이제 수천만 명에 대한 거대한 데이터베이스를 축적하고 있다. 그 데이터베이스는 처음에 사법적 절차를 간편하게 하기위해 고안되었지만 실제적으로는 사람을 채용하거나 자격증을 허가하는 과정에서 개인의 과거를 조회하는 데 사용되고 있다.

전자기기를 통한 직접적인 감시도 확산되고 있다. 가장 대표적인 것이 폐쇄회로 텔레비전(Closed-Circuit Television, CCTV)이다. 그것은 다양한 장소에서 발생하는 사건이나 사람들의 행동을 중앙통제실에서 동시에 관찰하게 함으로써 감시를 한 단계 높은 차원으로 발전시켰다. CCTV는 은행, 지하철, 백화점, 관공서 등과 같은 공공장소에 널리 설치되어 있다. 심지어 CCTV는 작업장에서 종업원을 감시하는 데 사용되기도 한다. 'CCTV의 국가'라 해도 과언이 아닌 영국에는 400만 대가 넘는 CCTV가 작동하고 있다.

인공위성은 감시의 범위와 속도를 더욱 확장시키고 있다. 미국의 국가안보국이 관장하는

그림 27. 우리가 모르는 사이에 어지럽게 설치되고 있는 CCTV

에셜론(Echelon) 시스템은 120개가 넘는 인공위성을 기반으로 감시의 범위를 전 지구적으로 확장했다. 그것은 매달 1억 건의 비군사용 통신을 실시간으로 모니터할 정도로 강력한 정보수집 능력을 가지고 있다. 위성항법시스템(Global Positioning System, GPS)은 자동차의 위치를 알려주는 것은 물론 범죄자를 감시하는 목적으로도 사용되고 있다. 휴대 전화도 인공위성과 결합되면 훌륭한 감시 수단이 될 수 있다.

1990년대부터 상용화된 인터넷은 사이버스페이스를 통한 감시를 구현하고 있다. 사람들이 인터넷을 사용하면서 남긴 개인의 신상과 활동에 대한 정보가 사이버 감시의 기초로 작용하는 것이다. 쿠키 파일은 개인의 인터넷 서핑 습관과 웹사이트에 대한 방문 정보를 담고 있기 때문에 기업이 소비자에 대한 정보를 모으는 방편으로 사용되고 있다. 직장에서 활용되고 있는 웹키퍼 프로그램은 전자메일과 첨부파일은 물론 접속 사이트의 이름과 접속 시간, 그리고 화면까지도 생생하게 재생해 낸다.

정보기술이 프라이버시에 개입하는 중요한 방식으로는 '컴퓨터 매칭(computer matching)'을 들 수 있다. 컴퓨터 매칭은 서로 다른 소스로부터 다양한 정보가 단일한 데이터 뱅크에 모아지는 것을 의미한다. 이를 옹호하는 사람들은 합체된 파일이 담고 있는 정보는 이미 이전에 존재했던 것이며 새로운 정보가 아니라는 점을 강조한다. 이에 반대하는 사람들은 전체가 부분을 단순히 합친 것 이상이며, 다양한 정보들이 합쳐져서 새로운 정보를 암시할 수 있다고 지적한다.

이러한 문제에 윤리이론을 적용해보면 상당한 차이가 있다. 의무론을 비롯한 인간존중의 윤리에서는 다른 사람이나 정보에 대한 친밀성(intimacy)의 차이가 반영되지 않고, 매칭 결과에 대해 이의를 제기할 기회가 확보되기 어렵기 때문에 컴퓨터 매칭이 인권을 침해하는 행위로 간주될 수 있다. 이에 반해 공리주의에서는 만약 컴퓨터 매칭이 없다면 수표나 신용카드를 사용할 수 없어 경제활동이 불가능할 뿐만 아니라, 컴퓨터 매칭을 통해 용의자를 관리하거나 의료비 청구 내역을 조회함으로써 각종 범죄를 예방할 수 있다고 주장한다.

이에 대한 창조적 중도 해결책(creative middle ways)으로는 프라이버시 문제의 전문가인 앨런(Anita L. Allen)이 제안한 '공정한 정보 실천을 위한 지침'을 들 수 있다.

첫째, 개인적 정보를 포함하는 데이터 시스템의 존재는 공적으로 알려진 사실이 되어야 한다. 둘째, 개인적 정보는 한정된 특수한 목적들을 위해서 수집되어야 하고 그것의 수집을 위한 일차적 목적과 일치하거나 유사한 방식으로만 사용되어야 한다. 셋째, 개인적 정보는 그 정보가 수집되는 개인들 혹은 그들의 법적 대리인의 동의와 함께 수집되어야 한다. 넷째, 개인적 정보는 그 정보가 수집되는 사람들에게 통지하거나 동의 없이 제3자와 공유해서는 안 된다. 다섯째, 정확성을 보증하기 위하여 정보의 저장기간은 제한되어야 하며, 개인들이 그 정보를 검토하고 잘못을 수정할 수 있도록 해야 한다. 여섯째, 개인적 데이터를 수집하는 사람들은 개인적 데이터와 시스템의 진실성과 보완성을 보장해야 한다.

누가 누구를 감시하는가

정보기술의 발전은 개인의 구체적인 자료들이 타인에게 노출되는 것을 용이하게 함으로써 개인의 사생활이 다른 사람에 의해 적나라하게 감시될 가능성을 높인다. 감시는 국가와 권력기관에 의해 이루어지는 경우가 많지만 최근에는 일반 사람들도 새로운 감시의 주체로 부상하고 있다.

국가 권력은 가장 오랜 역사를 가진 감시의 주체다. 통계학(statistics)이라는 용어 자체가 국가(state)의 통치와 관련된 학문이라는 뜻을 가지고 있다. 인간 세상의 모든 것이 측정되고 숫자로 표시되었으며, 이렇게 모여진 숫자는 통계적으로 분석되어 각종 정책과 법률을 수립하고 집행하기 위한 기초 자료로 사용되어 왔다. 우리가 불심검문을 받아 보면 알 수 있듯이, 개인의 신상 정보가 범죄 기록 데이터베이스와 연동되어 활용되기는 매우 쉬운 일이다. 국가 권력은 국민의 행동을 통제하기 위하여 효과적인 감시에 필요한 새로운 소프트웨어를 개발하기도 한다. 여기에는 인터넷 패킷을 가로채 전자메일의 내용을 자동적으로 검색할 수 있는 카니보어(Carnivore), 감시 대상자의 컴퓨터를 모니터링하기 위한 매직 랜턴(Magic Lantern) 등이 포함된다.

우리나라에서도 1990년대 중반 이후에 국가 권력의 정보 감시와 관련된 사회적 논쟁이 전개되어 왔다. 그 대표적인 예로는 전자주민카드와 교육행정정보시스템(National Education Information System, NEIS)에 대한 논쟁을 들 수 있다. 정부는 1995년에 기존의 주민등록증이 위조와 변조가 용이하여 각종 범죄에 악용될 소지가 있다는 점을 들어 전자주민카드를 만들겠다고 공언했다. 이에 시민사회단체들은 전자주민카드가 도입되면 정부가 개인의 사생활을 침해할 가능성이 커진다고 반발하였다. 이 논쟁은 IMF 위기를 배경으로 과중한 재정 부담에 대한 우려가 제기되면서 새로운 국면을 맞이하였다. 결국 1999년에 정부는 전자주민카드 사업을 중단하는 대신 플라스틱 재질의 주민등록증을 발행하는 것으로 입장을 바꾸었다.

2002~2004년에는 NEIS에 관한 논쟁이 우리 사회를 뜨겁게 달구었다. 정부는 2002년 9월에 교육정보화를 더욱 가속화하기 위하여 NEIS를 도입하겠다고 밝혔다. 개별 학교 단위로 운영되어 왔던 기존의 시스템을 대신하여 통합 데이터베이스를 구축하고 시도교육청에서 관리하겠다는 것이었다. NEIS는 학교나 학생에 대한 일반적인 정보는 물론 학력, 성적, 건강과 같은 개인의 신상 정보도 포함하도록 구상되었다. 이에 전국교직원노동조합(전교조)을 비롯한 여러 단체들은 NEIS에 집적된 정보가 정치적·상업적 목적으로 악용되거나 개인에 대한 차별을 심화시킬 우려가 있다고 반박하였다. 이러한 논쟁은 개인의 프라이버시를 침해할 소지가 있는 정보의 수집과 유통을 제한하는 것으로 가닥을 잡았고, 2006년부터는 NEIS가 일반행정, 학교행정, 교무행정 등의 3개 영역으로 구성되어 작동하고 있다.

그림 28. NEIS 반대 시위의 한 장면

자본은 국가와 함께 감시의 주요 주체로 간주되어 왔다. 특히 정보기술이 작업장에 활용되면서 작업반장이나 감독의 부릅뜬 눈이 아니라 '전자 눈(electronic eye)'으로 감시와 통제가 이전되고 있다. 각종 정보기술은 작업자의 업무시간과 작업의 진행과정, 심지어는 그의 행동까지 낱낱이 기록해서 상관에게 전달한다. 미국의 통계를 보면 2000년을 기준으로 직원의 컴퓨터에 있는 파일을 조사하는 기업이 30.8 %, 전자메일을 감시하는 기업이 38.1 %, 직원의 웹사이트 접속을 모니터하는 기업이 54.1 %에 이른다. 심지어 사무실 문을 열고 닫을 때 스마트카드를 사용하는 업체는 종업원이 근무 이외의 목적으로 사무실을 얼마나 비우는가를 감시할 수 있다. 직장에서 이러한 감시 프로그램들은 '공포의 사이버 KGB'로 불리기도 한다.

기업에 의한 소비자 감시도 새로운 단계에 진입했다. 기업은 소비자에게 더 나은 서비스를 제공한다는 명목으로 감시를 강화하고 있다. 가장 손쉬운 방법이 신용카드를 이용해 소비자의 프로필을 수집하는 것이다. 처음 신용카드를 만들 때 소비자들은 개인의 실명 정보를 제공하게 되며 신용카드로 물건을 사고 대금을 지불할 때마다 그 기록이 수집되고 분석된다. 새로운 유형의 은행인 데이터뱅크가 보유하고 있는 정보는 개인의 신상은 물론 재정, 금융, 사회보장, 부동산, 오락, 고용 등의 모든 것을 포괄한다. 어떤 데이터뱅크의 간부는 "엄청난 양의 데이터를 수집하고 분류하고 이해하는 우리의 능력은 무한하다."고 자부한다. 개인의 정보가 유출되는 것은 이제 공연한 사실이 되었으며 그것이 오용될 경우에는 끔찍한 사건이 발생하기도 한다.

감시와 프라이버시 침해는 국가나 기업과 같은 권력 집단에만 국한되어 있지 않다. 정보기술의 발달로 새롭게 나타난 현상은 '감시의 대중화'에서 찾을 수 있다. 한때 유행했던 몰래카메라의 경우에서 보듯이 일반 사람들도 서로가 서로를 훔쳐볼 수 있게 되었다. 감시 카메라도 소형화되고 고성능화되고 있으며 매년 몇만 대가 불티나게 팔린다. 아이를 봐주는 파출부를 감시하는 카메라는 선진 외국에서는 이미 일상적인 것이 되었다. 그것은 인터넷을 통해 동영상으로 송신되어 직장에서 일하고 있는 부모가 직접 볼 수 있게 한다. 감시의 대중화에 국가가 중매를 서는 경우도 있다. 예를 들어, 교통법규의 위반이나 학원의 불법행위에 관한 보상금 제도는 전국적으로 수천 명에 달하는 전문적인 신고꾼을 만들어 냈다. 이제 우리는 항상 누구나 누구를 감시할 수 있는 시대에서 살게 된 것이다.

권력에 대한 역감시

감시가 대중화되면서 권력에 의한 감시를 넘어 권력에 대한 역(逆)감시도 중요한 화두로 등장하고 있다. 특히 인터넷과 같이 여러 방향으로 분산된 네트워크는 역감시를 가능하게 하는 기술적 기초로 작용하고 있다.

역감시의 좋은 예로는 1994년 이후에 발생했던 멕시코 사파티스타 반군의 해방운동을 들 수 있다. 당시 멕시코에 투자할 계획이었던 세계 금융자본은 자신들의 정보망을 총동원하여 반군의 동향을 주시했다. 하지만 같은 시간에 멕시코 정부의 유혈진압에 반대하고 반군의 이념을 지지했던 세계 각국의 진보적인 그룹들

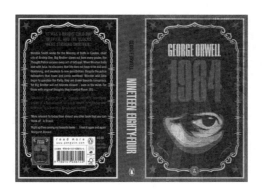

그림 29. 조지 오웰이 1949년에 발간한 『1984』

역시 인터넷에 거점을 만들고 멕시코 정부에 압력을 넣었다. 그들은 전 세계의 다양한 집단과 개인을 결집시켜 정보를 교환하고 여론을 형성하여 결국 멕시코 정부가 반군을 진압하지 못하게 하였다. 더 나아가 사파티스타 반군의 지지자들은 1998년에 멕시코 정부의 홈페이지를 해킹한 후 그곳을 반군 지도자의 사진으로 도배하였다. 그 홈페이지에 실린 반군의 메시지는 "우리는 당신 빅 브라더를 감시하고 있다."는 의미심장한 내용을 남고 있었다. 조지 오웰(George Orwell)이 『1984』에서 묘사했던 "빅 브라더가 당신을 감시하고 있다."는 이미지가 역전된 것이다. 그 사건은 최초의 '인터넷 게릴라 작전'으로 평가되고 있다.

　권력에 대한 역감시의 가능성은 작업장의 통제에서도 볼 수 있다. 그 대표적인 예로는 세다 블러프(Cedar Bluff)사의 오버뷰 시스템(Overview System)을 들 수 있다. 오버뷰 시스템은 통상적인 작업장 감시 시스템과 달리 데이터베이스가 노동자와 관리자에게 모두 공개되는 특징을 가지고 있다. 그 시스템에서는 관리자가 노동자의 작업을 일일이 감독하는 수직적인 감시 이외에 작업 단위 사이의 수평적인 감시와 노동자들이 관리자를 감시하는 역감시가 동시에 고려되고 있다. 이처럼 모든 사람이 다른 모든 사람을 볼 수 있기 때문에 한 사람만이 다른 모든 사람을 감시하는 폐해를 막을 수 있었고 이에 따라 감시 자체가 투명하게 되는 결과를 낳았다.

역감시는 정보기술 자체에 대해서도 가해진다. 1999년에 있었던 펜티엄 III 칩에 대한 반대운동은 그 대표적인 예다. 당시에 인텔은 새롭게 출시한 펜티엄 III 칩에 개인 시리얼 번호를 포함시켰는데, 그 번호는 인텔이 개인의 인터넷 접속을 모니터할 수 있게 한 것이다. 인텔은 전자상거래가 안전하게 이루어질 수 있도록 실명 인증의 한 방법으로 이를 장착했다고 주장했다. 그러나 전 세계의 네티즌들은 그것이 개인정보를 유출할 가능성이 농후하다고 판단했고 펜티엄 III 칩에 대한 대대적인 반대운동에 돌입했다. 결국 인터넷을 통해 결집된 역감시 운동은 콧대 높은 인텔로 하여금 그 기능을 없애고 칩을 출시하도록 하였다.

21세기에 들어서는 소셜 미디어 혹은 소셜 네트워크 서비스(Social Network Service, SNS)를 활용한 역감시도 주목을 받고 있다. 2001년 1월에 발생한 에스트라다(Joseph Estrada) 필리핀 대통령에 대한 탄핵은 그 대표적인 예다. 당시에 필리핀 의회의 여당 의원들이 대통령에 대한 주요 증거를 채택하지 않기로 결정하자 이에 분노한 수천 명의 시민들은 마닐라의 주요 교차로인 에피파니오 드 로스 산토스 애비뉴(EDSA)에 몰려들었다. 이 시위를 조직한 일등공신은 '검은 옷을 입고 EDSA로 모이자.'라는 문자 메시지였다. 결국 필리핀 의회는 절차를 되돌려 문제의 증거를 채택하기로 합의했고, 에스트라다는 해임되는 운명을 맞이했다. 이 사건은 소셜 미디어가 국가 지도자를 몰아낸 최초의 사례로 기록되고 있다.

이처럼 정보기술은 역감시의 수단으로도 사용될 수 있지만, 모든 감시에 대하여 역감시가 가능한 것은 아니다. 힘을 가진 권력자가 다수에 대한 정보를 수집하는 것이 권력에 대한 역감시를 하는 것보다 용이한 것이 현실이다. 특히 시민들의 역감시는 공개되지 않는 정보에 대해서는 무력하다. 권력에 의한 감시는 바로 정보 접근의 비(非)대칭성 때문에 가능하다. 이를 방지하기 위해서는 정보의 과다한 수집 자체를 자제해야 하고 이미 수집된 정보에 대해서는 보다 평등하게 접근할 수 있도록 해야 한다. 이와 함께 프라이버시에 대한 권리도 단순히 사생활을 침해 받지 않을 권리가 아니라 정보 주체가 자신의 신상 정보를 통제할 수 있는 권리로 재해석되어야 한다. 우리는 전자 감시 사회와 정보 민주주의의 갈림길에 서 있다.

제11장 정보 공유를 향하여

2009년에 방영된 드라마 <선덕여왕>에 등장한 세주 미실은 책력을 이용하여 일식과 월식 등을 예언하였다. 미실은 태양과 지구의 운동에 대한 정보를 독점함으로써 자신의 권력을 유지할 수 있었다. 그러나 이후 왕위에 오른 선덕여왕은 책력을 독점하는 대신 첨성대를 지어 태양의 운동에 대한 정보를 백성과 공유하고자 하였다. 천년의 세월이 더 지난 현대 사회에서도 이러한 생각의 차이와 갈등은 크게 다른 것 같지 않다. 정보를 소유하고자 하는 입장과 공유하고자 하는 입장이 첨예하게 대립하고 있으니 말이다. 한편에서는 지적재산권(intellectual property right, IPR) 혹은 지식재산권을 내세워 정보를 독점하고자 하고, 다른 한편에서는 이에 반대하여 정보의 자유로운 공유를 실현하고자 한다. 지적재산권을 내세우는 이들은 정보의 가치를 보호하기 위해 접근을 제한해야 한다고 주장하며, 정보의 공유를 주장하는 이들은 정보가 공공재이기 때문에 반드시 공유되어야 한다고 주장한다.

> 컴퓨터는 공공이 주창하여 공공자금으로 개발한 것이다. 50년대 처음
> 개발된 것도 100 % 공적인 비용을 통해서였다. 인터넷도 마찬가지다. 생각,
> 주창자, 소프트웨어, 하드웨어 모두 30여 년 동안 공공분야에서 앞장서서
> 돈을 대고 창출한 것이다. 그런데 이제 막 빌 게이츠 같은 자들에게 넘어가
> 고 있는 것이다.
>
> — 노암 촘스키(Avram Noam Chomsky) —

소프트웨어는 자유다1)

1960년대와 1970년대에 걸쳐 미국 MIT의 인공지능 연구소는 해커의 본산지로서 '정보의 완전한 개방과 공유'라는 문화를 가진 공동체였다. 인공지능 연구소에서는 ITS(Incompatible Time-sharing System)라고 불리는 시분할(time-sharing) 운영체제를 사용하고 있었는데, ITS는 당시에 사용되던 가장 큰 시스템 중의 하나인 DEC 사의 PDP-10 기종에 탑재할 목적으로 인공지능 연구소의 해커 연구원들에 의해서 어셈블리 언어로 만들어진 운영체제였다.

당시의 해커들은 소프트웨어를 '자유 소프트웨어(free software)' 라고 말하지 않았다. 왜냐하면 그 당시까지만 해도 '자유 소프트웨어'라는 용어가 아직 존재하지 않았기 때문이다. 하지만 그들이 만들었던 소프트웨어는 지금의 '자유 소프트웨어'가 의미하는 바로 그것이었다. 다른 대학이나 기업에서 그들의 프로그램을 필요로 하거나 다른 시스템으로 이식하기 위해서 도움을 요청할 때

*** ━━━━━━━━━

1) Copyright (C) 1998 Richard Stallman
   한국어 번역: 1999년 11월 송창훈
   번역 검토 및 확인: 2000년 2월 박주연

면 언제든지 빌려주었다. 이러한 형태는 매우 일반적인 것이어서 새롭고 흥미로운 프로그램을 사용하고 있는 사람을 발견했다면 언제든지 그 사람에게 프로그램의 소스 코드를 보여 달라고 요청할 수 있었다. 그 당시는 특정한 프로그램의 소스 코드를 자유롭게 얻을 수 있었기 때문에 프로그램을 수정하거나 그 프로그램을 기반으로 한 새로운 프로그램을 만들 수 있는 가능성이 언제든지 열려 있었던 공유의 정신이 충만한 시절이었다.

이러한 상황은 1980년대 초 DEC사가 PDP-10시리즈의 생산을 중단하면서 급격하게 붕괴되었다. 1960년대를 풍미했던 PDP-10시리즈의 단종은 ITS 환경에서 만들어진 거의 모든 프로그램들이 호환성의 문제로 더 이상 사용될 수 없다는 것을 의미했다. 인공지능 연구소를 중심으로 한 해커들의 공동체도 PDP-10과 함께 붕괴되기 시작해서 많은 연구원들이 이직을 하게 되었다. 결국 인적자원의 부족은 1982년 인공지능 연구소에서 구입한 PDP-10을 운영하기 위해서 ITS가 아닌 DEC의 운영체제를 도입하는 데까지 이르게 되었다. 물론 DEC의 운영체제는 자유 운영체제가 아니었다. 따라서 간단한 형태의 프로그램을 사용할 때조차도 관련자료를 유출하지 않겠다는 비공개 계약 조건에 동의해야만 했다.

이러한 사실은 컴퓨터를 사용하는 처음 단계부터 자신의 주위 사람들을 돕지 않겠다고 약속하는 것과 같은 의미를 갖는다. 즉, 상호 협력적인 공동체는 처음부터 불가능하게 되는 것이다. 독점 소프트웨어의 소유자들은 소프트웨어를 공유하는 것을 '저작권 침해(copyright pirate)'라는 단어를 사용해서 마치 해적 행위와 같이 해악한 것과 동일시하려고 했다. 그리고 프로그램에 대한 수정이 필요할 때는 그들에게 이를 요청하도록 했다.

공동체가 점차 사라지면서 살아남은 공동체도 예전처럼 지탱해 나가는 것은 불가능했고 냉혹한 도덕적 선택의 기로에 서게 되었다. 손쉬운 선택은 비공개 협약에 서명하고 동료 해커들을 돕지 않겠다는 것을 약속하면서 독점 소프트웨어의 세계에 합류하는 것이었다.

> 만약 (독점 소프트웨어 세계에 합류)했다면 내가 개발했을 소프트웨어 또한 비공개 협약에 의해서 배포되었을 것이므로 다른 사람들이 그들의 동료를 돕지 못하도록 강요하는 또 하나의 요인이 되었을 것이다.
>
> 나는 이러한 방법으로 돈을 벌 수 있었을 것이며 아마도 프로그램을 만드는 작업으로부터 즐거움을 누릴 수도 있었을 것이다. 그러나 훗날 내 인생을 정리하면서 내가 보내온 과거를 돌이켜 봤을 때 내가 사람들을 단절시키는 벽을 만들어 왔으며, 이 세상을 보다 나쁘게 만들어 왔다고 느끼게 될 것이라는 점도 알고 있었다.
>
> — 리처드 스톨만(Richard Stallman) —

독점 소프트웨어 세계로의 합류와 컴퓨터 분야를 떠나는 것, 이러한 선택의 기로에서 MIT 교수이면서 해커 공동체의 일원이었던 스톨만은 자유롭게 사용할 수 있는 운영체제의 개발을 통해 상호 협력적인 해커들의 공동체를 재건하는 길을 선택하였다. 이러한 최초의 정보 공유 운동으로서의 자유 소프트웨어 운동은 GNU 프로젝트를 시작으로 전개되었다.

자유 소프트웨어와 오픈소스 운동

정보 공유 운동은 스톨만의 자유 소프트웨어를 표방한 GNU

프로젝트를 시작으로 레이먼드(Eric Steven Raymond)의 오픈소스 운동에 까지 이어지며 다양하게 전개되어 왔다. 1984년 시작된 GNU 프로젝트 는 GNU GPL(General Public License) 이라는 라이선스를 통해 현실 저 작권 체제 내에서 누구나 자유롭 게 이용할 수 있는 대안적 운영체

그림 30. GNU GPL 로고

제를 만들고자 하였다. GNU라는 이름은 MIT의 해커들이 프로그 램의 이름을 지을 때 사용하던 재귀적 약어(recursive acronym)의 습 관을 반영한 것으로 GNU's Not Unix, 즉 "GNU는 유닉스가 아 니다."라는 뜻이 되도록 GNU라는 단어를 처음부터 의도적으로 조합해서 만든 것이다. 결국 GNU는 유닉스와 호환되도록 만들어 진 운영체제이기는 하지만 유닉스와는 다른 운영체제라는 의미를 부각시키기 위해서 만든 이름이라고 할 수 있다. 그러나 이러한 운영체제의 개발은 혼자서 이루기에는 너무나 벅찬 일이었다.

스톨만의 노력이 실패로 끝나는 듯했지만 1991년 핀란드의 대 학생 토발즈(Linus Benedict Torvalds)가 리눅스(Linux) 운영체제를 개 발하면서 새로운 국면을 열었다. 리눅스는 곧 GNU와 합류하였으 며 GNU 시스템은 독립된 운영체제로서 완성된 모습을 갖출 수 있었다. 이러한 GNU 기반의 운영체제를 GNU/리눅스라고 하는 데 외국에서는 마이크로소프트(Microsoft, MS)의 윈도(Windows) 운영 체제의 독점을 위협할 정도로 점차 확산되고 있다. GNU 프로젝 트는 자유 소프트웨어(free software)를 기반으로 삼고 있는데, 여기 서 'free'는 '공짜'라는 의미가 아니라 '자유롭다'라는 의미임을

강조한다.

GNU 프로젝트에서는 자유 소프트웨어를 다음의 4가지 종류의 자유를 실질적으로 보장하는 프로그램으로 정의한다.

첫째, 목적에 상관없이 프로그램을 실행시킬 수 있는 자유. 둘째, 필요에 따라서 프로그램을 개작할 수 있는 자유(즉, 소스 코드의 공개 및 변형의 자유). 셋째, 무료 또는 유료로 프로그램을 재배포할 수 있는 자유. 넷째, 개작된 프로그램의 이익을 공동체 전체가 얻을 수 있도록 이를 배포할 수 있는 자유다.

그러나 자유롭게 공개된 프로그램이라도 그 프로그램의 사용에 무한한 자유를 보장하는 것은 아니다. 저작권이 없는 공개 소프트웨어는 일종의 자유 소프트웨어지만 이 프로그램을 수정하여 독점 소프트웨어로 변형시킬 수도 있기 때문에 GNU 프로젝트는 이를 막기 위하여 '카피레프트(copyleft)'2)라는 방식을 사용했다. 카피레프트의 핵심은 프로그램을 실행하고 복제할 수 있는 권리와 함께 개작된 프로그램에 대한 배포상의 제한조건을 별도로 설정하지 않는 한, 개작과 배포에 관한 권리 또한 모든 사람에게 허용하는 것이다. 또한, 자유 소프트웨어가 일부분이라도 사용되었으면 그 소프트웨어 또한 자유 소프트웨어가 되어야 한다는 것이다. 대부분의 GNU 소프트웨어에는 카피레프트를 실제로 구현한

<hr>

★★★ ━━━━━━━━

2) 1984년인지 1985년인지 정확히 기억나지는 않지만, 홉킨스(Don Hopkins)라는 사람이 내게 편지를 보내온 적이 있었다(그는 매우 상상력이 풍부한 친구였다). 그가 보낸 편지 봉투에는 재미있는 문구가 몇 개 쓰여 있었는데 그중에 "카피레프트-모든 권리는 취소됩니다."라는 구절이 있었고 나는 '카피레프트'라는 단어를 당시에 내가 생각하고 있던 배포 형태를 나타내는 이름으로 사용하게 되었다.

－ 리처드 스톨만 －

라이선스 기준인 GNU GPL이 사용된다.

그러나 수정된 프로그램 역시 똑같은 라이선스를 채택하도록 강제하는 GPL 라이선스의 엄격성은 1990년대 중반을 지나면서 내부의 반발에 부딪치게 되었다. 이에 대한 대안으로 제시된 것이 레이먼드의 오픈소스 운동이다.

오픈소스가 보장하는 권리는 크게 3가지다. 첫째는 프로그램을 복제하여 배포할 수 있는 권리고, 둘째는 소프트웨어의 소스 코드에 접근할 수 있는 권리며, 셋째는 프로그램을 개선할 수 있는 권리다. 이 3가지 권리만 보장된다면 모두 오픈소스 소프트웨어로 간주될 수 있다. 그리고 오픈소스 소프트웨어는 특정 시장에 맞추어 개작할 수 있으며 개발자가 원한다면 상업적으로 이용될 수도 있다. 그렇다고 해서 오픈소스 운동이 자유 소프트웨어 운동의 가치를 부정하는 것은 아니며 자유 소프트웨어 운동을 실용주의의 입장에서 실천하고자 한 것이다. 오픈소스 운동의 입장은 자유 소프트웨어가 기술적으로 더 뛰어남에도 불구하고 산업적으로 널리 활용되거나 대중화되지 못하고 있다는 것에 대해 비판하며 새로운 방향을 모색하고자 한 것이었다. GPL 라이선스의 핵심이 프로그램의 공유와 사용의 자유라면 레이먼드의 오픈소스 운동은 개발 방식의 효율성을 강조한다고 볼 수 있을 것이다.

우리나라에서도 자유 소프트웨어를 기반으로 한 리눅스의 사용이 점차 증가되고 있다. 그러나 아직 대부분의 사람들은 마이크로소프트의 윈도를 사용하고 있다. 윈도를 사용하는 가장 큰 이유 중의 하나는 편리성과 호환성이다. 그러나 이 편리성은 윈도가 실제로 편리하다기보다는 우리가 사용하는 대부분의 프로그램이 윈도를 기반으로 돌아가도록 개발된 것이기 때문이다. 윈도는 자유 소프트웨어나 오픈소스와는 달리 상업용으로 개발된 운영체제이기 때문에 폐쇄적이며 다른 운영체제에 대해 배타적이다. 이러한 폐쇄성은 윈도에서만 실행되는 프로그램들을 개발하여 사람들이 그 프로그램을 사용하기 위해서는 윈도를 사용할 수밖에 없도록 만드는 것이다.

지적재산권 vs 정보 공유

MS가 독점력을 행사할 수 있는 것은 지적재산권을 보호받고 있기 때문이다. 따라서 정보 공유에 대한 주장은 지적재산권과의 대립으로 이어지는 경우가 많다. 지적재산권은 인간의 정신적 창작과 산업 활동상의 식별 표지에 관한 권리를 포괄하는 것으로서 문학이나 음악, 미술 작품 등에 대한 저작권과 발명, 상표, 의장 등록과 관련된 특허권 및 상표권을 총칭한다. 이는 지적재산권을 가진 사람만이 자신의 지적 창작물이나 상표를 이용할 수 있도록 한다. 제3자가 이용하고자 할 때는 지적재산권자의 동의 없이 무단으로 이용하는 것을 금지하는 배타적 권리이다.

지적재산은 그 자체가 공공재이기 때문에 일반적인 재산권과는 다른 방식으로 보호를 받는다. 대표적인 예가 '소유연한'이 있다는 것인데 일반적으로 특허권은 출원일로부터 20년, 저작권은 저작자 사망 후 50년 혹은 70년 동안 지속된다. 그리고 이러한 보호에 대한 의무로 지적재산의 소유자는 자신이 가지고 있는 지적재산의 특징을 사회에 공개해야 한다. 어떤 면에서 보면 공유의 대가로 일정 기간 동안 보호를 받는다고 볼 수도 있을 것이다.

그러나 오늘날의 지적재산권은 '공유'보다는 '보호'를 강화하는 형태로 변화하고 있다. 실제로 지적재산권의 강화는 심각한 사회 문제를 만들어 내고 있다.

우리나라의 경우 백혈병 치료제인 글리벡(Gleevec)이 수년간 높은 약값으로 논란이 된 바 있다. 글리벡의 특허권을 가진 한국노바티스(Novartis Korea)는 2001년 정부가 약값을 1만 7,862원으로 고시하자 공급 중단이라는 극약 처방을 선택했다. 결국 2003년에는 제약사가 요구하던 2만 3,045원으로 약값을 받아냈으며 투약 환자의 증가와 복용 범위의 확대로 의료보험공단의 처방의약품 청구액 5위를 차지하는 등 환자들에게 막대한 부담을 안겨주었다. 2008년 건강보험 가입자들이 글리벡의 불합리한 약값에 대해 보건복지부에 조정 신청을 냈고, 2009년 14 % 가격 인하의 고시를 받았으나 한국노바티스는 불복하여 소송을 제기했다. 이는 특허라는 정보의 보호를 내세워 환자의 목숨을 담보로 폭리를 취하려 하는 것으로 '특허를 통한 살인'으로 평가되기도 한다.

2009년에는 신종 인플루엔자가 확산되면서 치료제인 타미플루(Tamiflu)의 공급 부족을 둘러싼 문제가 수면으로 떠올랐다. 국내 제약회사들도 이미 타미플루의 기초 원료 합성에서 완제품 생산까지 모든 기술을 축적하고 있어 값싼 타미플루 복제약의 생산이 가능한 상태다. 그러나 타미플루의 특허권은 스위스계 제약사인 로슈(Roche)가 2016년까지 보유하고 있고, 이러한 특허권의 제약으로 인하여 국내 제약회사들이 타미플루 복제약을 생산할 수 없었던 것이다.

지적재산권의 문제는 여기에서 끝나지 않는다. 지적재산권 중

저작권은 정보화 사회의 디지털 특성과 맞물려 새로운 문제를 발생시켰다. 저작권은 아날로그에 기반을 두고 있기 때문에 원본의 가치가 존중되고 정보의 생산과 재생산, 유통, 소비에 대한 통제를 통해 상품화가 가능하다. 그러나 인터넷과 디지털 기술이 지적 창작물인 음악이나 책 또는 영상과 결합하여 무한하면서도 완벽한 복제물을 만드는 것이 가능하게 되면서 저작권이 보호하려는 원본의 가치가 무색하게 되었다. 누구라도 인터넷을 통하여 저작물을 손쉽게 복제할 수 있으며 전 세계의 사용자에게 공간의 제한 없이 순식간에 배포할 수 있다.

실례로 2000년 미국에서는 냅스터라는 P2P(peer-to-peer) 프로그램으로 인해 저작권과 정보 공유 사이의 일대 전쟁이 촉발되었다. 이 프로그램은 음악 등의 정보를 웹사이트를 통해 전달하는 것이 아니라 개인이 소유한 컴퓨터의 파일을 공유하도록 지원해준다. 즉, 사용자가 직접 냅스터를 설치한 다른 개인의 컴퓨터를 검색하여 자신이 원하는 음악을 다운받을 수 있게 하는 것인데 이로 인해 저작권 침해 소송이 벌어지게 된 것이다.

같은 해 우리나라에서도 '소리바다'라는 프로그램이 첫선을 보여 선풍적인 인기를 끌게 되었다. 음원을 따로 구입할 필요 없이 검색과 클릭으로 다운받을 수 있었기 때문에 사용자들은 열광하였지만 반면 음반시장은 일대 침체기를 겪어야 했다. 특히 결정적인 타격을 받은 것은 가수나 작곡가보다는 음반제작사였다. 이에 2001년 한국음반산업협회가 소송을 제기하기에 이르렀다. 음반제작사의 주장은 저작권을 침해한다는 것이지만 실은 소비자의 구매에 대한 독점적인 지위를 계속 유지하기 위한 것이었다. 2002년 소리바다에 서비스 중지를 명령하는 가처분 신청이 내려졌고 이에 소리바다는 기존의 무료 공유 서비스를 중지하고 음원의 공유를 유료로 전환하는 길을 선택하였다.

비록 냅스터나 소리바다의 시도가 저작권 침해라는 오명을 쓰기는 하였으나 어떤 면에서는 아날로그의 관점에서 정립되어 있던 기존 저작권의 개념에 문제를 제기하고 디지털 시대에 맞는 새로운 방향을 모색하는 계기를 마련해주었다. 이 두 사건은 기술의 발달을 위해 만들어진 지적재산권이 오히려 그것을 저해한 사례로서 지적재산권의 모순과 현실적인 정보 사회의 모순을 잘 드러내준다. 지적재산권은 정보 공유를 제약하고 독점을 촉진하는 것이 아니라 디지털 시대에 걸맞게 누구나 정보와 지식을 생산하고 이용할 수 있는 정보 공유의 방향으로 변화해 가야 할 것이다.

크리에이티브 커먼즈 라이선스

정보 공유와 관련하여 주목할 만한 운동으로는 크리에이티브 커먼즈 라이선스(Creative Commons License, CCL)를 들 수 있다. CCL은 미국 마운틴뷰에 있는 비영리기구인 크리에이티브 커먼즈 재단이 배포하고 있는데, 크리에이티브 커먼즈(Creative Commons, CC)를 우리말로 변역하면 '창조적 공유재'가 된다. CCL은 창작자가 자신의 저작물에 대해 일정한 조건을 지키면 얼마든지 이용해도 좋다는 내용을 표시해 둔 일종의 약속 기호에 해당한다.

CCL에서 사용되는 기호에는 BY, NC, ND, SA 등이 있는데, BY(attribution)는 저작자 표시, NC(non-commercial)는 비영리, ND(no derivative)는 2차 변경 금지, SA(share alike)는 동일조건 변경 허락을

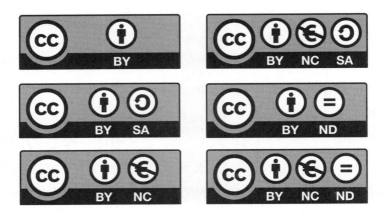

그림 31. 저작물의 사용 조건에 대한 표준 라이선스

뜻한다. 이러한 기호를 조합하면 다양한 선택지가 가능해진다. 저작자 표시(BY), 저작자 표시-동일조건 변경 허락(BY-SA), 저작자 표시-비영리(BY-NC), 저작자 표시-비영리-동일조건 변경 허락(BY-NC-SA), 저작자 표시-변경 금지(BY-ND), 저작자 표시-비영리-변경 금지(BY-NC-ND) 등이 그것이다.

크리에이티브 커먼즈 운동은 프로그래머 출신의 저술가인 엘드레드(Eric Eldred)가 휘말린 한 소송에서 시작되었다. 그는 엘드리치 출판사를 운영하면서 저작권이 만료된 문학작품을 공개하는 프로젝트를 진행하고 있었다. 그러던 중 1998년 미국에서는 저작권 보호기간을 창작자 사망 후 50년에서 70년으로 늘리는 법안이 통과되었고, 엘드리치 출판사는 웹에 문학작품을 올린 것이 저작권법을 위반해 고발될 위기에 처했다. 저작권법이 개정되는 과정에서 엘드레드는 한 가지 의문을 품었다. 저작권을 과도하게 보호하고, 보호기간을 필요 이상으로 늘이는 것이 과연 바람직한가에 대한 의문이었다.

당시 소송 대리인이었던 하버드 대학의 레식(Lawrence Lessig) 교수는 저작권법 개정과는 별도로 저작물을 자유롭게 이용할 수 있는 방법을 고민했다. 그 결과 2001년 1월에 레식과 엘드레드의 주도로 크리에이티브 커먼즈 재단이 결성되었고, 동 재단은 2002년 12월에 CCL을 배포하기에 이르렀다. 크리에이티브 커먼즈 운동은 "나누면 커진다."라는 철학을 바탕으로 창의력이 넘치는 사회를 지향하고 있다. 창작물을 자유롭게 나눔으로써 더욱 가치 있는 창작물이 만들어진다는 것이다. 크리에이티브 커먼즈 운동에는 70여 개의 국가가 참여하고 있는데, 우리나라의 경우에는 2005년에 한국어 CCL이 배포되기 시작했고 2009년에 '크리에이티브 커먼즈 코리아'라는 사단법인이 설립되었다.

Read the World of Science and Technology

제 **3** 부 생명공학기술의 명암

생명공학기술의 기원과 변천

제 **12** 장

생명공학기술(Biotechnology, BT)은 생명체의 형질, 기능, 형태 등을 규정하는 유전자를 인공적으로 재조합 혹은 조작하여 생명체를 개조하거나 새로 만들 수 있는 기술을 뜻한다. 생명공학기술의 기원은 잡종 옥수수를 비롯한 농작물이나 인슐린 및 페니실린과 같은 의약품 등에서 찾을 수 있지만, 오늘날과 같은 새로운 의미의 생명공학기술은 DNA 이중나선 구조의 해명, DNA 재조합 기술(DNA recombinant technique)의 상업화, 인간 유전체 계획(Human Genome Project, HGP)의 추진, 복제양 돌리의 출현 등과 같은 계기를 통해 형성되어 왔다고 볼 수 있다.

분자생물학의 형성

멘델(Gregor J. Mendel)은 유전학의 아버지로 꼽힌다. 그는 19세기 중엽에 완두콩 실험을 통해 대립형질의 유전에서 나타나는 통계적 법칙을 제안함으로써 유전학의 기틀을 닦았다. 멘델은 부모 세대에서 자식 세대로 전달되는 요소를 '잠재적 형성 인자'라고 불렀으며, 1909년에 요한슨(Wilhelm L. Johannsen)은 이를 '유전자(gene)'로 명명했다. 이어 1910년대에는 모건(Thomas H. Morgan)이 초파리 연구를 통해 눈 색깔과 날개 모양을 비롯한 초파리의 여러 특징들이 유전자에 의해 전달되며, 유전자는 초파리의 염색체 위에 있다는 점을 밝혀냈다.

20세기 초에는 유전자의 본질을 놓고 열띤 논쟁이 벌어졌다. 유전자가 물리적 실체인가 아니면 생명현상을 조직하는 원리에 불과한가 하는 문제였다. 이에 1927년에 멀러(Hermann J. Muller)는 방사선을 쬐인 초파리에서 돌연변이가 유발되는 것을 보임으로써 유전자가 일종의 물리적 실체라는 증거를 제시하였다. 그리고 1935년에 델브뤼크(Max Delbrück)는 유전자가 상대적으로 안정된 고분자로서 물리적·화학적 방법을 사용해 분석될 수 있다는 점을 밝혔다. 이후에 델브뤼크는 박테리아를 공격하는 바이러스인 박테리오파지를 주된 연구대상으로 정하면서 '파지 그룹(phage group)'으로 불린 연구집단을 주도하였다.

1940년대 초만 해도 대다수의 생물학자들은 유전자가 단백질 이라고 생각하고 있었다. 그러나 1944년에 에이버리(Oswald Avery)는 인체에 무해한 박테리아를 유해한 감염성 박테리아로 바꿔놓는 형질 전환 요인이 단백질이 아닌 디옥시리보핵산(Deoxyribonucleic acid, DNA)이라는 사실을 밝혀냈다. 그것은 파지 그룹의 일원이었던 허시(Alfred D. Hershey)와 체이스(Martha Chase)가 1952년에 방사성 동위원소 추적자를 이용한 실험을 수행함으로써 다시 확인되었다. 이에 앞서 1950년에는 샤가프(Erwin Chargaff)가 DNA를 이루는 염기는 아데닌(A), 구아닌(G), 시토신(C), 티민(T)의 네 종류이며, 아데닌과 티민, 구아닌과 시토신의 비율이 동일하다는 점을 알아냈다.

DNA의 구조가 이중나선(double helix)이라는 점을 규명한 사람은 왓슨(James D. Watson)과 크릭(Francis Crick)이었다. 그들은 1953년 4월 25일에 「네이처」에 DNA 이중나선 구조를 제안한 2쪽짜리 논문을 발표하였고, 1962년에는 윌킨스(Maurice Wilkins)와 함께 노벨 생리의학상을 공동으로 수상하였다. 나중에 알려진 사실이지만 윌킨스가 제공했던 X선 회절 사진을 찍었던 사람은 프랭클린(Rosalind E. Franklin)이라는 여성 화학자였다. 프랭클린의 사진을

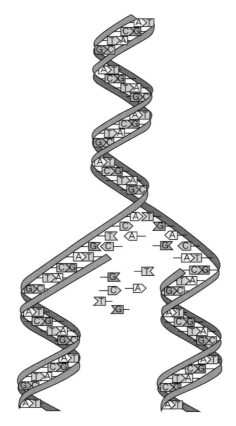

그림 32. DNA 이중나선 구조

윌킨스가 몰래 훔쳐 왓슨에게 제공했다는 것이다. 불행히도 그녀는 1958년에 38세의 젊은 나이로 세상을 떠났기 때문에 노벨상 수상의 영광을 누리지 못했다.

왓슨과 크릭은 1953년 5월 30일에 발표한 후속 논문에서 배열된 염기의 순서가 바로 유전의 '암호'라는 점을 암시했다. 이어 크릭은 1958년에 분자생물학의 중심원리를 뜻하는 '센트럴 도그마(central dogma)'를 제안했다. 유전 암호는 CTA나 GGC처럼 3개의 염기를 한 단위로 하여 구성되어 있으며, 이러한 단위인 코돈(codon)이 리보핵산(RNA, Ribonucleic acid)으로 전사(轉寫)된 후 특정한 단백질을 구성하는 일련의 아미노산 합성을 지시하게 된다는 것이다. 유전 암호는 1950년대와 1960년대에 크릭과 파스퇴르 연구소 팀을 포함한 많은 연구자들의 노력으로 해독되었다. DNA 구조 규명과 유전 암호의 해독으로 분자생물학자들은 유전자의 기능을 분자적인 수준에서 탐구할 수 있게 되었다. 이러한 탐구에 크게 힘을 실어주면서 분자생물학의 실제적 응용을 촉진한 것이 바로 DNA 재조합기술이었다.

DNA 재조합기술의 상업화

오늘날과 같은 의미의 생명공학기술은 1973년에 스탠퍼드 대학의 코헨(Stanley N. Cohen)과 보이어(Herbert W. Boyer)가 DNA 재조합실험에 성공함으로써 가시화되기 시작하였다. DNA 재조합기술은 하나의 종으로부터 특정한 형질을 발현시키는 유전자를 뽑아내 이를 다른 종에 삽입하여 원하는 형질을 발현하도록 하는 기술을 말한다. 이를 위해서는 하나의 종의 DNA로부터 전이시키고자 하는 유전자를 잘라낸 후 박테리아에서 발견되는 고리 모양의 짧은 DNA인 플라스미드(plasmid)와 결합시키고, 그것을 전이된 유전자의 발현을 촉진시키는 바이러스의 프로모터(promotor)와 결합시켜 재조합 플라스미드를 만든다. 재조합 플라스미드는 흔히 벡터(vector)로 불리며, 숙주세포 속으로 원하는 유전자를 운반하는 매개물의 역할을 하게 된다. 숙주세포가 벡터에 감염되면 전이된 유전자가 나타내는 형질을 숙주세포가 갖게 되는 것이다.

이러한 DNA 재조합기술은 전통적인 종자개량 방식과는 질적으로 다르다. 품종개량을 위해 육종가나 사육사가 교배실험을 한 역사는 매우 길지만 실제로 효과를 보는 데는 한계가 있었다. 교배실험이 성공할 확률이 매우 적을 뿐만 아니라 천신만고 끝에 우수한 종자를 만들어도 그 형질이 다음 세대에 이어지리라는 확실한 보장이 없었다. 또한 전통적인 종자개량 방식은 생물학적으로 가까운 관계에 있는 종(種)들끼리 교배시켜 잡종을 얻어내는 데 국한되어 있었지만, DNA 재조합기술은 종의 경계를 뛰어넘는다는 점에서 원칙적으로 모든 생물체를 대상으로 하고 있다. DNA 재조합기술이 개발되자 많은 사람들은 식량 증산, 질병 치료, 폐기물 처리 등의 영역에서 새로운 경제활동이 출현할 것으로 예상하였고, 몇몇 사람들은 인류가 '바이오사회(biosociety)'라는 새로운 단계에 접어들 것이라고 예언하기도 하였다.

그러나 문제는 DNA 재조합기술이 유발할 수 있는 결과를 누구도 확실히 알 수 없다는 점이었다. 유전자 재조합으로 나타날 잡종 바이러스가 새로운 암이나 유행병을 유발할지 누가 알겠는가? 이에 대하여 분자생물학자인 버그(Paul Berg)는 1974년에 가능한 위험이 정확히 밝혀질 때까지 실험의 일부를 일시적으로 중지하자는 선언을 제안했는데, 이러한 유예 조처(moratorium)는 과학기술의 역사에서 매우 드문 일이다. 1975년에는 미국 캘리포니아주 아실로마에서 학술회의가 열려 DNA 재조합의 위험성을 최소화하기 위한 구체적인 방안이 논의되었고, 1976년에는 미국과 영국에서 유전자 재조합에 관한 자문위원회가 만들어져 유전자 재조합 연구에 대한 지침이 마련되었다. 당시 미국의 케임브리지에 설치되었던 실험심사위원회(Cambridge Laboratory Experimentation Review Board, CERB)는 일반 대중이 과학기술에 대한 의사결정에 참여할 필요성을 인정받는 중요한 계기로 작용하기도 했다.

1970년대 중반 이후에는 많은 과학기술자들은 유전자 재조합을 매개로 산업활동에 진출하였다. DNA 재조합기술을 개발했던 보이어와 코헨은 1976년에 최초의 생명공학업체인 제넨텍(Genentech)을 설립하였고, 1978년에 대장균을 이용하여 당뇨병 치료제인 인슐린을 만드는 데 성공하였다. 그 후에 제넨텍을 모델로 한 수많은 생명공학업체들이 생겨났는데, 여기에는 1980년에 발생했던 2가지 사건이 중요한 계기로 작용하였다. 같은 해에 미국 의회는 대학 연구의 상업화를 돕기 위해 베이-돌 법(Bayh-Dole Act)을 제정했으며, 미국 특허청은 제너럴 일렉트릭의 차크라바티(Ananda Chakrabarty)가 DNA 재조합을 통해 만들어 낸 기름 먹는 박테리아에 대한 특허를 허용했던 것이다.

생명공학기술은 1990년대 중반부터 유전자 변형 생물체(Genetically Modified Organism, GMO)를 통해 본격적으로 현실화되었다. 1994년에 미국의 칼진(Calgene)사는 DNA 재조합기술로 플레브 세이브(FLAVR SAVR)라는 새로운 유전자를 합성하여 세계 최초의 GMO

인 물러지지 않는 토마토를 시판하기 시작하였다. 이어 1996년에는 미국의 몬산토(Monsanto)사가 제초제에 저항력이 강한 라운드업 레디 콩(Round-up Ready Soybean)을 개발하였고, 같은 해에 스위스의 노바티스(Novartis)사는 병충해에 내성을 가지도록 개발된 Btmaize라는 상표의 옥수수를 선보였다. 이처럼 토마토, 콩, 옥수수로 시작된 GMO는 이후에 감자, 면화, 호박 등으로 확대되었고, 현재는 미국 식탁에서 60 % 이상을 차지할 정도로 널리 유통되고 있다.

인간 유전체 계획의 전개

생명공학기술에 대한 연구는 인간 유전체 계획(Human Genome Project, HGP)이 추진됨으로써 더욱 본격화되었다. 여기서 유전체(genome)란 유전자(gene)의 어두와 염색체(chromosome)의 어미를 합친 합성어로서 특정한 생명체의 DNA에 들어 있는 모든 유전정보를 총괄하는 용어이다. 인간 유전체 계획은 1990년 10월에 공식적으로 출범한 후 2001년 2월에 일단락되었는데, 그 계획에는 3만여 명의 과학기술자들이 매달렸으며, 30억 달러라는 천문학적인 연구비가 투여되었다. 이러한 면에서 인간 유전체 계획은 원자탄을 개발했던 1940년대의 맨해튼 계획(Manhattan Project)이나 인간을 달에 착륙시킨 1960년대의 아폴로 계획(Apollo Project)에 비유되고 있다.

1973년에 DNA 재조합기술이 개발된 이후 기술적인 차원에서는 2가지 중요한 혁신이 있었다. 1977년에는 DNA의 염기배열 순서를 빠른 속도로 분석할 수 있는 DNA 염기서열분석(DNA Sequencing) 기술이 등장하였고, 1984년에는 중합효소 연쇄반응(Polymerase

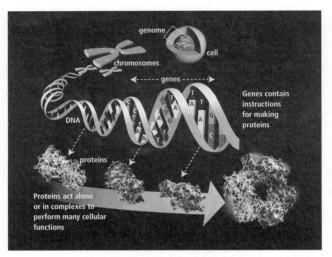

그림 33. 인간 유전체 계획의 개념도

Chain Reaction, PCR)을 통해 유전자의 수를 한없이 증폭시킬 수 있게 되었던 것이다. 이러한 배경에서 1985년에 소집된 산타크루스 회의에서는 약 30억 쌍에 달하는 인간의 DNA 염기배열 전체를 분석하자는 제안이 등장하였다. 인간 유전체 연구의 중요성을 선전하는 데 중요한 역할을 담당했던 사람은 하버드 대학교의 길버트(Walter Gilbert)였다. 그는 1980년 노벨 화학상 수상자로서 바이오젠(Biogen)이라는 생명공학업체를 운영하고 있었던 인물로, 염기쌍 하나를 분석하는 비용을 1달러로 계산하여 약 30억 달러가 소요될 것으로 추정하기도 했다.

인간 유전체 계획은 1989년에 미국 에너지부와 국립보건원이 상호협조 각서에 서명함으로써 구체화되기 시작하였다. 그 계획은 DNA 이중나선 구조를 규명한 세계적인 생물학자인 왓슨이 주도적인 역할을 하게 되면서 추진력을 얻을 수 있었다. 여기서

한 가지 특기할 사항은 인간 유전체 계획이 미치게 될 윤리적·법적·사회적 함의(Ethical, Legal, and Social Implications, ELSI)에 대한 연구를 함께 추진하기로 결정했다는 점이다. 인간 유전체 계획의 전체 연구비 중에서 3~5 %를 투자하여 그 연구가 가져올 수 있는 다양한 차원의 문제점을 찾아내고 이에 대한 대응책을 마련한다는 것이었다. 그것은 인간 유전체 계획에 대해서는 출범 당시부터 많은 기대와 우려가 교차하고 있었다는 점을 보여주고 있다.

당시의 많은 과학기술자들은 인간 유전체 계획에 반대하는 움직임을 보이기도 했다. 예를 들어, 하버드 대학의 데이비스(Bernard Davis) 등은 1990년 1월 「사이언스」에 반대 이유를 밝힌 서한을 보냈다. 그 이유는 다음의 3가지로 요약할 수 있다. 첫째, 그동안 생물학이 전문가의 동료평가를 바탕으로 훌륭하게 이루어져 왔는데, 굳이 인간 유전체 계획과 같은 거대과학 프로그램을 추진할 필요가 없다. 둘째, 거대과학화는 필연적으로 과학의 정치화를 초래하고 수많은 과학자들을 단순반복적인 작업을 담당하는 일벌로 전락시킬 수 있다. 셋째, 연구비가 지나치게 특정한 분야에 집중되면 배제당하거나 소외되는 분야가 나올 수밖에 없다.

이러한 학계의 반대에도 불구하고 인간 유전체 계획은 정부와 몇몇 과학자들의 주도로 1990년 10월에 공식적으로 출범할 수 있었다. 인간 유전체 계획은 두 가지 면에서 예상을 벗어났다. 우선, 인간 유전체 계획은 처음에 15년 동안 진행될 예정이었지만 1997년에 벤터(Craig Venter)가 이끈 셀레라 지노믹스(Celera Genomics)사가 '샷건(shotgun)'이라는 혁신적인 염기서열 분석기술을 사용함으로써 4~5년 정도 빨리 일단락될 수 있었다. 그것은 유전체 여러 벌을 작게 잘라 각 조작의 염기서열을 분석한 다음, 각 조각에서 염기서열이 일치하는 부분을 찾아 이어 붙이는 방식에 해당한다.

이보다 더욱 중요한 것은 인간 유전체 계획이 추진될 당시에는 인간의 유전자 수가 약 10만 개 정도 될 것으로 예상되었지만, 실제 결과는 초파리의 2배에 불과한 3만 개 정도라는 점이었다. 게다가 2007년 4월에는 「사이언스」에 붉은털원숭이가 인간과 93％에 달하는 유전자를 공유하고 있다는 연구결과가 발표되기도 했다. 그것은 인간이 유전자로 결정되지 않는다는 점을 강하게 암시하고 있다.

인간 유전체 계획이 밝혀낸 유전자 정보가 곧바로 유용한 가치를 가지지 않는다는 점에도 유의해야 한다. 예컨대, 10억 번째의 염기가 아데닌인 것은 알았지만 그것이 피부색깔을 관장하는 것인지 아니면 키를 관장하는 것인지는 알지 못하고 있는 것이다. 따라서 분석된 유전자의 서열을 이용하여 유전자의 기능을 하나씩 밝혀내는 것이 추가적으로 필요하다. 인간 유전체 계획이 유전체의 구조에 대한 연구(structural genomics)였다면, 그 이후에는 유전체의 기능에 관한 연구(functional genomics)가 추진되고 있는 것이다. '포스트 게놈(post-genome) 시대'라는 용어가 사용되는 것도 바로 이러한 이유에서 비롯된 것이다.

복제양 돌리의 출현

생명 복제(cloning)는 살아 있는 생명체와 유전적으로 동일한 복사판을 만드는 것을 뜻한다. 식물은 줄기나 가지를 꺾어 접붙이기를 하면 쉽게 복제할 수 있었으나, 유성생식을 하는 고등동물을 복제하는 것은 쉽지 않았다. 1928년에 독일의 발생학자 슈페만(Hans Spemann)은 핵을 제거한 도룡뇽의 난자에 도룡뇽 배아의 핵을 삽입해 초보적인 동물 복제를 성공하였다. 그 후 배아가 아닌 성체에 대해서도 동물 복제를 적용할 수 있을 것으로 전망되었지만, 그러한 연구는 번번이 좌절되었다. 1951년에 미국의 브리그스(Robert Briggs)와 킹(Thomas King)은 개구리의 배아세포를 이용한 복제에 성공했으나, 좀 더 분화된 세포에서 추출한 핵을 사용했을 때는 실패하고 말았다. 이후에 다른 연구팀에서도 비슷한 결과를 보였고, 그것은 성체 동물의 복제가 거의 불가능하다는 인식을 강화시켰다.

이러한 한계는 1996년 7월에 영국 로슬린 연구소의 윌머트(Ian Wilmut)와 캠벨(Keith Campbell)이 체세포 핵이식(Somatic Cell Nuclear Transfer, SCNT) 기술을 활용하여 복제양 돌리를 탄생시킴으로써 극복되었다. 그들은 성숙한 양으로부터 유선(乳腺)세포를 채취해서 증식시킨 후 그것을 휴지기세포로 만들었으며, 다른 양의 난자를 채취한 후 DNA를 제거하고 전기 자극을 주어 휴지기세포와 융합시켰다. 그리고 난자의 세포질에 있는 물질이 유선세포의 DNA를 자극하여 증식되게 한 후 그것을 대리모 양에 이식하여 착상시키고 그 수정란을 숙성시킴으로써 원래의 성숙한 양과 동일한 DNA 구조를 갖는 복제양을 탄생시키는 데 성공하였다.

1997년 2월 「네이처」에 발표된 돌리의 탄생 소식은 엄청난 반향을 불러일으켰다. 양의 복제는 같은 포유류에 속하는 인간의 복제로 쉽게 이어질 것이라는 추측을 낳으면서 수많은 논쟁이 전개되었던 것이다. 복제양 돌리의 출현 이후 세계 각국의 정부와

그림 34. 복제양 돌리의 모습. 복제양 돌리는 276번의 실패를 거친 후에야 탄생할 수 있었고, 2003년 2월에 6년 7개월의 생을 마감하였다.

국제기구들은 인간 복제의 금지를 비롯한 생명윤리에 관한 법적·제도적 장치를 구축하는 데 많은 노력을 기울이기 시작하였다. 이와 함께 1998년에는 미국의 제론(Geron)사로부터 지원을 받은 위스콘신 대학교의 톰슨(James A. Thomson) 연구팀이 시험관에서 수정한 인간배아에서 배아줄기세포를 분리하고 배양하는 데 성공함으로써 생명 복제는 새로운 국면을 맞이하게 되었다. 생명 복제에 대한 연구가 인간의 개체 복제로 이어지지는 않았지만 그 초점이 배아 복제로 옮겨갔던 것이다.

생명공학기술의 경우에도 정보기술과 마찬가지로 낙관적 전망과 비판적 견해가 공존하고 있다. 생명공학기술에 대한 찬성론자들은 질병치료제의 개발 및 유전자 치료법을 통한 질병의 극복, 식량의 증산이나 식품 가치의 향상을 통한 농업의 발전, 농약 사용의 감소 및 폐기물 처리를 통한 환경문제의 해결 등을 거론하고 있다. 이에 반해 비판론자들은 면역체계의 교란 및 항생제 내성의 강화를 통한 건강 위협, 생물학적 다양성 소멸로 인한 생태계의 안정성 파괴, 선진국의 제3세계 생물자원 강탈, 생명 복제에 따른 새로운 윤리 문제의 등장, 유전정보의 남용으로 인한 사회적 불평등의 심화 등과 같은 생명공학기술의 역기능에 주목하고 있다.

생명 복제, 어디까지 갈 것인가

생명 복제기술은 인공적으로 생명체를 복제하는 기술을 의미한다. 생명 복제기술은 어떤 생명체를 대상으로 하는가에 따라 동물 복제와 인간 복제로 구분되며, 해당 생명체를 어떤 수준에서 복제하는가에 따라 배아 복제(embryo cloning)와 개체 복제(individual cloning)로 구분된다. 배아 복제는 수정 후 14일까지의 배아를 복제하는 것을 의미하며, 개체 복제는 복제된 배아를 자궁에 착상시켜 세상에 태어나게 하는 것을 말한다. 생명 복제기술과 관련된 논쟁은 주로 인간배아 복제를 대상으로 전개되어 왔으며, 난치병 치료의 가능성, 배아의 지위, 연구의 허용 범위, 난자의 조달 등이 중요한 논점으로 작용하고 있다.

도마에 오른 인간배아 복제

생명 복제기술을 옹호하는 가장 중요한 근거로 제시되는 것은 난치병 치료에 크게 기여하여 인류를 질병에서 구원할 수 있다는 점이다. 특히, 다른 사람의 세포는 면역상의 거부반응을 일으킬 가능성이 높은 반면, 환자 자신의 체세포를 복제하는 방법을 사

제 13 장 생명 복제, 어디까지 갈 것인가 165

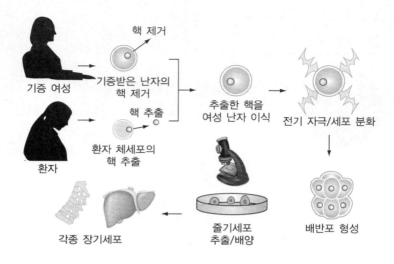

그림 35. 체세포 핵이식기술을 이용한 줄기세포의 배양

용하면 거부반응이 없는 훌륭한 치료가 가능하다는 점이 거론된다. 이에 반해 비판론자들은 생명 복제기술이 가진 잠재적 위험성에 주목한다. 생명 복제기술을 바탕으로 치료용 의약품으로 개발하여 상업화하는 과정에는 수많은 불확실성이 내재되어 있다는 것이다. 그것은 생명 복제기술의 성공률이 그다지 높지 않으며 줄기세포가 암세포로 전이될 위험성이 있다는 점에서 더욱 심각한 문제가 된다. 황우석 연구팀의 경우에도 2,221개 이상의 난자를 활용했지만 단 1개의 배아줄기세포도 수립하지 못했던 것으로 조사된 바 있다.

생명 복제에 관한 연구는 수많은 배아를 조작하고 폐기할 수밖에 없기 때문에 배아의 도덕적 지위가 중요한 쟁점이 된다. 이에 대하여 육성론자들은 배아는 아직 생명체가 아니며 하나의 세포 덩어리에 불과하다는 입장을 견지하고 있다. 그것은 인간의 개체성이 수정 후 14일에 해당하는 시점에서 시작된다는 주장에 근거를 두고 있다. 수정 후 14일 정도가 지나면 착상이 완료되면서 향후 척추가 될 원시선(原始線, primitive streak)이 생긴다는 것이다. 반면 비판론자들은 배아도 엄연한 생명체이기 때문에 이를 조작하고 실험하고 죽이는 것이 비도덕적 행위에 해당한다고 주장한다. 인간의 생명은 수정 후부터 연속성을 지니고 있으며 14일을 경계로 생명체 여부를 판단하는 것은 다분히 자의적이라는 것이다.

배아의 도덕적 지위에 관한 논쟁은 생명 복제기술의 연구대상에 관한 쟁점으로 이어진다. 생명 복제기술은 주로 줄기세포(stem cell)를 얻기 위해 연구되며, 줄기세포는 인체의 모든 조직으로 성장할 수 있는 가능성을 가진 것이다. 줄기세포는 배아에서도 얻을 수 있고 제대혈이나 골수와 같은 성체에서도 얻을 수 있다. 육성론자들에 따르면, 배아는 생명체가 아니기 때문에 배아를 의도적으로 만들어 줄기세포를 연구하는 것이 허용될 수 있다. 특히, 그들은 배아줄기세포가 성체줄기세포에 비해 연구의 효과가 크다고 주장한다. 이에 반해 비판론자들은 배아도 생명체이기 때문에 배아줄기세포에 대한 연구는 금지되어야 한다고 반박한다. 대신에 성체줄기세포를 이용한 연구는 허용될 수 있다.

비판론자 중에는 앞서 언급한 엄격한 입장 이외에 유연한 입장도 있다. 유연한 입장은 기본적으로 인간배아 복제에는 반대하지만 특정한 배아연구에 대해서는 예외적으로 허용하는 자세를 보인다. 이러한 입장에 따르면, 연구 목적으로 새로운 배아를 의도적으로 창출하는 것은 수용될 수 없지만, 불임시술을 목적으로 이미 만들어져 냉동되어 있는 잔여배아(residual embryo)를 활용하는 것은 가능하다. 그것은 배아연구를 통해 난치병 치료에 기여한다는 편익과 배아연구가 내포하는 윤리적 문제 사이에서 절충점을 찾은 것이라고 할 수 있다. 이러한 입장은 배아의 지위도 새롭게 인식하고 있다. 배아는 아직 인간과 동일하지 않지만 성장하면서 점차적으로 도덕적 지위를 획득하게 되는 잠재적 인간 존재(a potential human being)라는 것이다.

생명 복제기술에 관한 철학적 기반에서도 육성론자와 비판론자 사이에는 상당한 차이가 존재한다. 육성론자들은 생명 복제기술을 포함한 모든 과학기술에 관한 연구가 가능한 한 자유롭게 보장되어야 한다는 점을 강조하고 있는 반면, 비판론자들은 생명 복제기술이 기존의 과학기술과 다른 차원의 것이기 때문에 연구 절차는 물론 연구내용에 대해서도 엄격히 규제해야 한다고 주장한다. 대부분의 경우에는 생명 복제기술에 대한 규제가 필요하다는 점에는 동감하고 있지만, 육성론자와 비판론자가 출발하고 있는 철학적 기반이 다르기 때문에 규제의 범위와 정도에 대해서는 의견을 달리하고 있는 것이다.

최근에 상업적으로 활용되고 있는 줄기세포는 성체줄기세포이거나 잔여 배아를 활용한 줄기세포이며, 아직 복제배아를 활용한 줄기세포의 갈 길은 멀다. 황우석 연구팀은 2004년과 2005년에 체세포 핵이식 기술을 통해 복제배아 줄기세포를 수립했다고 주장했지만 그것은 일종의 조작극으로 드러났다. 세계 최초의 복제배아 줄기세포는 2013년에 미국 오리건대의 미탈리 포프 교수팀이 태아와 신생아의 피부 세포를 이용하여 수립한 바 있다. 이에 반해 체세포 핵이식 기술이 비윤리적이라고 판단한 일본 교토대의 야마나카 신야는 피부와 같은 체세포에 외래 유전자나 특정 단백질을 가해 줄기세포의 성질을 갖도록 유도하는 방법을 탐구했다. 그는 2006~2007년에 유도만능 줄기세포(induced Pluripotent Stem cell, iPS) 혹은 역분화 줄기세포를 배양하는 데 성공했고, 2012년에 노벨 생리의학상을 받았다. 2014

년에는 일본 이화학연구소(RIKEN)의 오보카타 하루코가 쥐의 혈액세포를 약한 산성용액으로 자극해 줄기세포와 같은 STAP(Stimulus –Triggered Acquisition of Pluripotency) 세포를 만들었다고 발표하는 촌극이 빚어지기도 했다.

여성의 건강은 어디에

생명 복제기술의 더욱 중요한 문제는 난자의 조달에 있다. 연구에 쓰이는 수많은 난자를 어떻게 조달할 것인가? 기증 의사를 밝힌 여성의 동의를 얻으면 난자를 구하는 것이 어렵지 않다고 생각하는 사람도 있지만, 실상은 그렇게 간단하지 않다. 난자 추출이 여성의 건강에 심각한 해를 끼칠 수 있다는 경고가 속속 제기되고 있기 때문이다.

그동안 난자 추출은 불임치료를 받는 과정에서 널리 이루어져 왔다. 일상적인 성 관계를 통해 임신이 되지 않는 부부는 난자를 추출한 다음, 체외에서 정자와 난자를 수정시킨 후 배아를 다시 자궁벽에 착상시키는 방법을 사용한다. 이와 같은 인위적인 착상은 성공할 가능성이 크지 않기 때문에 여러 개의 배아가 필요하다. 다수의 난자를 만들 수 있도록 여성에게 호르몬을 투여하는 것도 이러한 이유 때문이다.

일반적인 여성은 매 생리주기마다 양쪽 난소에서 번갈아 단 1개의 난자만을 배란한다. 그러나 난자를 인공적으로 채취하는 경우에는 한 번의 시술로 많은 난자를 채취하기 위해 배란을 인공적으로 억제시켰다가 호르몬 주사를 이용해 과배란을 유도한다. 그리고 질식 초음파를 통해 난자의 성숙 과정을 지켜보다가 난자가 성숙되어 배란이 가까워오면 마취를 하고 질을 통해 바늘을 넣어서 과배란된 난자를 회수하게 된다.

이러한 과정은 2~3주 정도가 걸리는데, 말로는 간단하지만 실제로는 고통의 연속이다. 그동안 여성은 매일 호르몬 주사를 맞아야 하고 약간의 출혈과 통증을 감수하는 것은 물론 난자를 몸 밖으로 추출할 때의 불쾌감도 견뎌내야 한다. 최근에는 난소 과자극 증후군(Ovarian Hyperstimulation Syndrome, OHSS)이 상당한 주목을 받고 있다. 과배란 유도의 부작용으로 인해 난소 비대, 복통, 복부팽창, 복수 등의 증상이 나타난다는 것이다. 더 나아가 여러 차례 호르몬을 투여받은 여성이 나이가 들면 난소암에 걸릴 위험도 있다고 한다.

이와 관련하여 데렉(Julia Derek)이라는 여성은 2004년에 발간된 『연쇄 난자 기증자의 고백』에서 다음과 같이 쓰고 있다.

"만약 내가 난자 채취 때문에 심각한 정신적·육체적 문제를 겪을 것이라는 사실을 알았더라면, 절대로 이 일을 하지 않았을 것이다. 난자를 채취하려면 호르몬을 투여받아야 할 뿐만 아니라 마취 상태에서 굉장히 긴 바늘이 질 속으로 들어오는 과정을 거쳐야 한다. 이 복잡한 과정 후 당신이 겪어야 할 위험은 상상을 초월한다. 과학자는 난자 채취가 여성에게 미치는 위험에 대해서 더 많은 연구를 해야 한다."

인간의 생명은 언제 시작되는가

생명 복제기술이 제기하는 보다 근본적인 물음으로는 "인간의 생명은 언제 시작되는가?"를 들 수 있다. 흥미롭게도 인간은 과학적 근거, 종교적 신념, 사회적 필요 등에 따라 생명의 시작을 매우 다양한 방식으로 규정해 왔다. 생명의 시작에 대한 견해로는 수정설, 착상설 혹은 14일설, 뇌기능설, 체외생존능력설, 진통설, 분만설 등이 있다.

수정설은 정자와 난자가 만나 수정란이 만들어지면서 시작된다는 입장에 해당한다. 수정은 어느 한순간에 이루어지는 사건이 아니다. 정자와 난자가 만났다 하더라도 정자 속에 있는 유전자가 난자의 유전자와 결합하는 데는 약 48시간이 걸린다. 두 유전자가 결합된 수정란은 자체적으로 세포분열을 거듭하면서 독립된 생명체로 자라나게 된다. 수정설은 주로 종교계에서 지지하고 있으며, 낙태를 반대하는 중요한 근거로 사용되고 있다.

수정란은 수정 후 약 7일이 지나면 자궁내막에 도착해 안쪽으로 함입되기 시작하며, 이러한 착상이 완료되는 시기는 수정 후 14일 정도로 파악되고 있다. 이 시점을 생명의 시작으로 보는 것이 착상설이다. 수정란이 자궁내막에 안착했다는 말은 어머니와 아기의 구체적인 관계가 형성되기 시작함을 의미한다. 그래서 일부 사람들은 "인간됨은 관계를 맺는 능력에서 비롯된다."는 전제를 바탕으로 착상설을 지지한다. 착상을 생명의 시작으로 보는 현실적인 이유는 일란성 쌍둥이의 존재 때문이다. 일란성 쌍둥이는 수정란이 다시 분열함으로써 탄생한다. 수정란이 쌍둥이로 자라나는 시점에도 여러 가지 설이 있지만, 넉넉하게 잡으면 수정 후 14일 정도가 된다.

착상의 시기는 해부학적으로도 중요한 의미를 지닌다. 나중에 일부가 척추로 발달할 것으로 예측되는 원시선이 나타나기 때문이다. 원시선의 출현은 배아가 하나의 개체로 이어지는 비가역적인 지점을 지나간 것에 해당하며, 그 상태에서는 세포를 떼어내도 그것이 다른 개체로 발생할 수 없다. 수정 후 14일을 인간 생명의 시작으로 보는 입장에서는 이전 단계까지의 배아는 인간 개체가 아닌 세포의 집합으로 보기 때문에 이에 대한 연구가 가능하다고 주장한다. 이러한 입장은 1984년에 영국의 워녹 보고서(Warnock Report)가 나온 뒤에 널리 받아들여지고 있으며, 우리나라의 경우에는 생명윤리 및 안전에 관한 법률이 2003년에 제정된 바 있다.

인간 생명의 시작에 대한 세 번째 견해는 뇌기능설이다. 생명체는 수정 이후 60일 정도에 이르면 뇌간이 형성되어 뇌의 기능이 작동하는 것으로 알려져 있다. 인간을 '이성적 동물'로 규정하는 것은 기본적으로 인간의 뇌가 활동한다는 것을 전제로 삼고 있다. 이러한 시각에 따르면, 뇌가 기능하기 시작하는 것이 생명의 시작이고 뇌의 기능이 상실되는 것은 생명체의 죽음에 해당한다. 특히, 뇌기능설은 뇌사(腦死)를 죽음으로 인정하는 경우에 상당한 효력을 가지게 된다. 우리나라의 경우에는 2000년에 장기 등 이식에 관한 법률을 개정하면서 뇌사를 공식적으로 인정하기 시작했다.

뇌기능설과 관련하여 생각해 볼 중요한 쟁점으로는 뇌가 없는 아기, 즉 무뇌아(無腦兒)의 문제가 있다. 장래에는 필요한

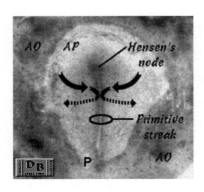

그림 36. 14일설의 과학적 기초로 간주되고 있는 원시선

장기를 얻기 위하여 뇌가 없는 아기가 생산되는 곤혹스러운 일이 발생할지도 모른다. 살인을 피하면서 장기를 이식하는 기막힌 방법은 법적으로 죽었다고 인정받을 수 있는 복제 인간을 만드는 데 있다. 뇌사가 인정된 국가에서는 복제 인간을 뇌가 없는 상태로 만들면 될 것이다. 뇌가 없다는 것은 뇌사와 다를 바 없고 따라서 법적으로 죽은 상태로 인정받을 수 있기 때문이다.

1973년에 미국의 연방대법원은 흥미로운 판결을 내렸다. 임신의 시기를 세 단계로 구분한 후 마지막 1/3이 시작되는 시기, 즉 수정 후 약 28주 이전에는 산모가 태아를 수술로 유산시킬 수 있다는 내용이었다. 판결의 근거는 태아가 산모의 몸 밖에서 생존할 수 있는 능력이 언제부터 생겼느냐에 있었다. 당시의 기술적 수준으로는 미숙아가 태어났을 때 집중적인 간호를 받아 생존할 수 있는 시점이 수정 후 28주 정도였다. 일상적으로도 '칠삭둥이'라는 용어가 사용되고 있다는 점에 비추어볼 때 이러한 견해는 상당한 경험적 근거도 가지고 있다. 우리나라의 모자보건법에서도 인공유산의 허용 시기를 28주로 규정하고 있다.

형법이나 민법에서는 생명 시작의 기준으로 진통이나 출산에 주목하고 있다. 형법의 기본 원리는 '사람의 신체는 신성한 것이어서 누구로부터 침해될 수 없다.'는 데 있다. 형법에서 논의되는 학설로는 진통설, 일부 노출설, 전부 노출설, 독립 호흡설 등이 있는데, 우리나라의 현행 형법은 진통설을 따르고 있다. 이에 반해 우리나라의 현행 민법은 '태아가 모체로부터 전부 노출한 때'를 권리 능력이 발생하는 시점으로 보고 있다. 일단 태어나야 인간으로서의 권리를 주장할 수 있다는 것이다. 다만, 재산상속, 호적상속, 손해배상 청구 등은 예외적으로 뱃속에 있는 태아를 사람으로 인정하고 있다.

인간개체 복제에 대한 의문

서두에서 생명 복제기술의 윤리적 쟁점은 주로 인간배아 복제를 대상으로 전개되어 왔다고 했지만 인간개체 복제도 중요한 문제에 해당한다. 우리가 흔히 인간 복제라고 하는 것은 인간개체 복제를 의미한다. 인간개체 복제에 대해서도 상당한 의견 차이가 존재한다. 육성론자들은 난치병 치료를 위한 인간배아 복제만을 허용하자는 것이지 인간개체 복제로 나아가는 것은 아니라고 강조한다. 이에 반해 비판론자들은 '미끄러운 경사길 논변(slippery slope argument)'을 통해 인간배아 복제를 허용하는 것이 인간개체 복제로 나아가는 길을 열어주는 계기로 작용할 가능성이 있다고 지적한다.

실제로 1997년에 복제양 돌리의 탄생 소식이 알려지자 복제 인간을 만들겠다고 나서는 이단자들이 등장하였다. 이탈리아의 산부인과 의사 안티노리(Severino Antinori)는 2002년 말까지 복제 인간을 보여주겠다고 장담하였다. 외계인이 최초의 인간을 창조했다고 믿는 라엘교도들(Raelians)은 돌리 탄생 직후에 복제 인간을 만들 목적으로 클로나이드라는 회사를 차렸다. 그 회사에는 수십 명의 대리모가 이미 확보되었고, 복제가 상당히 진전되고 있다는 말이 계속해서 흘러나왔다.

이처럼 인간 복제에 대한 논의가 증폭되자 2005년에 유엔은 '인간 복제 금지선언'을 제안하였고 거기에 84개국이 찬성하였다. 그것은 현존하는 인류 사회가 인간 복제 행위에 크게 우려하고 있다는 점을 분명히 보여주었다. 복제 인간을 만드는 것은 지금까지 존속되어 온 인류 문명의 근간을 흔드는 행위에 해당하기 때문이다. 인간 사회는 남녀의 결합과 자녀의 출생, 가족의 성립, 그리고 이러한 가족이 모여서 이루어지는 공동체로 기능한다. 복제 인간은 이러한 인간 사회의 가장 기본적인 질서를 침해할 가능성이 큰 것이다.

가장 곤혹스러운 질문 중의 하나는 "누가 복제 인간의 부모인가?"라는 데 있다. 복제양 돌리의 경우에는 난자를 제공한 양과 체세포를 제공한 양, 실제 임신을 한 양이 모두 달랐다. 이를 복제 인간에 적용해보면, 복제 인간의 부모는 1명일 수도 있고 3명일 수도 있다. 만약 후자라면 3명 모두를 아이의 부모로 보아야 하는가? 그리고 만약 복제 인간이 태어난다면 인류 사회는 자연적으로 태어난 인간과 복제로 태어난 인간으로 이원화되어 이들에 대한 사회적 차별이 생길 가능성이 크다. 그것은 인류라는 종의 단일성을 파괴하는 행위이며, 부당한 차별을 통해 인류 문명이 가지는 도덕성의 기반을 흔들어 놓을 것이다.

도덕적인 당위를 넘어서 현실적인 차원에서도 인간 복제는 매우 어렵고 위험한 일임에 틀림없다. 역설적이게도 인간 복제의 위험을 가장 소리 높여 경고하고 있는 사람은 복제의 문을 처음으로 열었던 윌머트다. 그는 복제가 아직 성공률이 매우 낮은 기술이기 때문에 그것을 인간에게 적용할 경우에는 엄청난 위험이 따른다고 말한다. 그 자신도 복제양 돌리를 만들어낼 때 거의 300번의 유산이나 사산이라는 실패를 거친 후에야 성공하였고, 이렇게 낮은 성공률은 아직도 별로 높아지지 않았다. 게다가 지금까지 보고된 복제 동물의 기형이나 질병은 수없이 많다. 자궁

속 태반이 보통 크기보다 몇 배 더 큰 것에서부터 심장 기형, 허파 기형, 거대한 혀, 찌그러진 얼굴, 신장 결함, 대장의 막힘, 면역 결핍, 당뇨 등 전부 나열하기가 어려울 정도다. 복제양 돌리는 여섯 살이 되기 전에 관절염에 걸렸고 2003년 2월에 6년 7개월을 살다가 죽었다.

이러한 위험성에도 불구하고 생명 복제를 위한 시도는 계속되고 있다. 돌리의 뒤를 이어 쥐, 소, 염소, 돼지, 고양이, 말, 사슴, 개 등이 잇달아 복제되었다. 심지어 인간의 체세포를 핵이 제거된 소의 난세포에 이식해서 배아를 만들려는 이종 간 핵이식에 대한 시도도 있었다. 여기서 우리는 2002년 2월에 등장한 복제 고양이 씨씨(CC, copycat)에 주목할 필요가 있다. 이전에 복제된 동물들은 모두 의약품 생산이나 식량 생산을 위한 것이었지만 씨씨는 죽은 애완동물을 되살릴 목적을 지니고 있었다. 왜 애완동물을 복제하려 했을까? 세상에는 항상 자기 곁에 있었던 애완동물의 죽음을 매우 애통해 하는 사람들이 적지 않다. 그들에게 죽은 애완동물이 다시 나타난다면 얼마나 큰 위로가 되겠는가?

대부분의 사람들은 복제 인간에 대해서 경악하고 있지만, 앞으

그림 37. 복제 고양이 CC의 모습

로 복제 애완동물이 계속해서 등장하게 된다면 인간 복제에 대한 꺼림칙함이 조금씩 희석될지도 모른다. 애완동물과 마찬가지로 자신이 아끼던 사람을 복제기술로 되살리는 것이 뭐가 나쁜가 하고 생각할 수 있는 것이다. 사랑하던 아이를 잃고 슬픔에서 헤어나지 못하는 사람들은 '애완동물도 복제한다는데 우리 아이도 복제해서 다시 키우고 싶다.'는 생각을 하지 않을까? 너무 슬퍼하는 아내를 위로하기 위해 복제 아기로 죽은 아이를 대신하려는 남편은 없을까? 이처럼 복제 애완동물은 복제 인간으로 가는 중간 고리로 작용할 지도 모른다.

그렇다면 우리가 생명 복제기술을 통해 물어야 하는 근본적인 질문은 "인간이란 무엇인가?" 혹은 "우리는 무엇이 되고 싶은가?"에 있을 것이다. 현재의 사회구조와 가치관에 대한 평가나 반성을 내버려 둔 채 과학기술의 발전만을 추구하는 것은 위험천만한 일임에 틀림없다.

유전정보와 차별

제14장

인간 유전체 계획의 뚜렷한 성과 중의 하나는 유전병의 원인이 되는 돌연변이 유전자를 직접 검사할 수 있는 가능성을 높였다는 점이다. 1980년대 중반만 해도 질병 유전자를 직접 검사할 수 있는 방법이 아주 드물었지만 지금은 그 수가 300가지를 넘어서고 있다. 이제 유전자의 구조와 기능에 대한 지식이 증대함에 따라 그것을 어떻게 활용할 것인가 하는 문제가 전면적으로 등장하고 있는 것이다. 인간의 유전정보를 활용하는 것은 우리에게 어떤 가능성을 열어주고 있으며, 그것이 초래할 어두운 구석은 무엇인가?

유전정보에 주목하는 까닭

사람의 유전정보는 일반적인 정보보다 매우 예민한 사안이다. 우선, 유전정보는 살다가 우연히 생기는 것이 아니라 사람의 존재 자체를 구성하는 핵심적인 정보에 해당한다. 알코올이나 마약에 중독된 경우에는 그것을 끊으면 그만이지만, 혈우병 보인자라는 사실은 고칠 방법이 없다. 물론 혈우병 소인을 가지고 있더라도 사회생활에 아무런 지장을 받지 않을 수 있지만, 그 소인 자체를 없앨 수는 없는 것이다.

또한, 유전정보는 당사자에게 국한하지 않고 부모나 형제자매, 심지어 후손들까지 영향을 미칠 수 있다. 어떤 사람에게 폐암 관련 유전자가 검출되었다면 그 사람의 형제들이나 자식들도 그럴 가능성을 가지고 있는 것이다. 그것은 당사자뿐만 아니라 다른 가족에 대한 차별로 이어질 수 있다. 집안에 선천성 기형을 가지고 태어난 사람이 있을 때 가족들이 그러한 사실에 대해 쉬쉬하는 것도 이러한 맥락에서 이해될 수 있다.

기술적인 측면에서 유전정보는 신체의 극히 작은 부분에서도 얻을 수 있다. 과학수사 드라마 CSI(Crime Scene Investigation)에서 볼 수 있듯이, 혈액이나 지문은 물론 머리카락이나 손톱으로도 유전정보는 얼마든지 얻을 수 있다. 게다가 유전자 검사에 대한 기술이 급속히 발전하면서 이전에는 수십 명의 인력이 손으로 하던 일을 지금은 자동화된 컴퓨터 설비가 다 알아서 검사하고 분석한다. 내가 원하지 않아도 누군가가 원한다면 나의 유전정보를 얼마든지 알아낼 수 있는 시대가 도래하고 있는 것이다.

유전정보에 대한 검사는 추출, 증폭, 분석의 단계를 거친다. 첫 단계에서는 채취한 시료에서 DNA를 추출하는 작업이 이루어진다. DNA를 포함한 세포를 용해시킨 후 그 안에 포함된 DNA를 자성 입자나 미세 여과막을 이용해 분리하는 것이다. 이렇게 추출된 양으로는 분석에 필요한 DNA 물질을 충분히 얻을 수 없기 때문에 증폭의 과정이 필요하다. 중합효소 연쇄반응(PCR)을 통해 표본에 있는 DNA 중 분석 대상이 되는 부분을 100만 배 이상 증가시키는 것이다. 증폭을 하면 길이가 다른 DNA 절편들이 여러 개 만들어지며, 그것들은 전기영동장치에 의해 크기에 따라 분리된다. 이때 작은 조각들은 빠른 속도로 움직이고 긴 조각들은 느린 속도로 움직이며 이러한 이동거리의 차이가 그래프로 나타나면서 비교대상과 동일인인지의 여부를 확인할 수 있게 된다.

그렇다면 이러한 유전정보는 어디에 활용될까? 무엇보다도 유전정보는 각종 질병의 원인을 규명하고 진단기술을 발전시키며

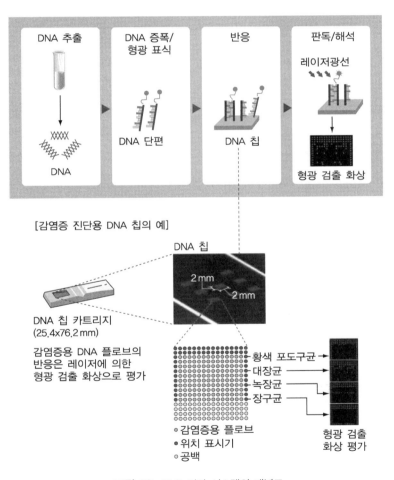

그림 38. DNA 검사 시스템의 개념도

새로운 치료법이나 치료제를 개발하는 데 상당한 도움을 줄 수 있다. 유전체 연구의 진척과 함께 특정한 질병과 연관된 것으로 생각되는 유전자들이 속속 밝혀지고 있으며, 그중에는 이전부터 알려져 왔던 희귀한 유전병뿐만 아니라 과거에는 유전과 무관한 것으로 이해되었던 질병도 포함되어 있다. 이러한 과정을 통해 개인의 유전정보를 알게 되면 적절한 치료를 실시하는 것은 물론 정기검진을 철저히 하고 질병을 예방할 수 있는 습관을 키움으로써 증세를 지연시키거나 조기에 치료할 가능성을 높일 수 있다.

이와 함께 유전정보는 범죄 수사나 친족 찾기에도 유용하다. 실제로 최근에는 어떤 사람의 유전자를 검사하여 부모형제를 찾아주거나 사건 현장에서 수집한 유전정보로 유력한 용의자를 찾아내는 일이 빈번해지고 있다. 일본군 위안부로 끌려갔던 훈 할머니가 자매를 찾고 연쇄살인범 강호순이 범행 사실을 자백한 것도 모두 DNA 분석 때문에 가능했다. 더 나아가 유명 정치인의 스캔들이나 논문 조작 사건도 DNA 분석을 통해 밝혀지고 있다. 클린턴과 르윈스키의 스캔들 파문이나 황우석의 줄기세포 논문 조작 파문도 DNA 분석을 통해 해당 사건의 진위 여부가 판명될 수 있었던 것이다.

유전정보 활용의 쟁점

유전정보를 활용하는 방법은 그 목적에 따라 개인의 식별, 질병의 진단 및 검사, 비의료적 검사의 3가지로 구분할 수 있다. 유전정보를 통한 개인 식별은 주로 수사기관, 군대, 이민국 등과 같은 국가기관들에 의해 이루어지고 있다. 특히 미국과 유럽의 여러 선진국들에서는 1980년대부터 범죄현장에 남아 있는 신체조직으로부터 DNA 수사가 발전해 왔다. 최근에는 형이 확정된 범죄자들을 대상으로 DNA를 수집해 보관하다가 차후 범죄 발생 시 범인 검거에 활용하는 DNA 정보은행이 설립되고 있는 추세다.

그러나 이와 같은 DNA 수사와 DNA 정보은행은 다양한 문제를 야기하고 있다. 먼저 유전자 감식 결과에 대한 논란이 있을 수 있다. 분석에 사용한 방법, 실험의 과정, 검체의 특성 등에 따라 감식 결과에 오류가 발생할 가능성을 완전히 배제할 수 없으며, 개인마다 밝혀지지 않은 유전적 특이성도 충분히 존재할 수 있다. 어떤 경우에는 현장에서 수거한 샘플의 상태가 좋지 않거나 양이 너무 적어 분석이 제대로 이루지지지 못하는 경우도 있다. 뿐만 아니라 이러한 범죄 수사가 DNA 정보은행의 설립으로 이어질 경우 개인의 프라이버시가 침해될 가능성이 높다. 범죄자 유전자 정보은행을 도입하게 되면 특정 범죄자에 대한 강제적 DNA 채취가 이루어지는데, 다시 범죄를 일으킬 확률이 높다고 해서 미리 범죄를 전제하는 것은 개인의 기본적인 인권을 침해하는 것이라는 주장도 가능하다.

유전정보를 통한 개인 식별은 친자 확인 등의 서비스를 제공하는 민간기업에서도 활발히 이루어지고 있다. 이 과정에서도 유전자 감식 과정상의 오류가 발생하거나 개인의 프라이버시가 침해될 가능성이 존재한다. 국내에서도 어떤 벤처기업이 실시한 유전자 감식의 오류로 인한 사건이 법정으로 비화된 적이 있다. 또한 현재로서는 당사자의 동의 없이도 머리카락 등의 샘플만 보내면 검사를 해주고 있는 실정이다. 예를 들어, 남편이 부인 몰래 자식의 머리카락을 수거해 검사를 맡길 수 있는 것이다. 이 때문에 불가 피한 경우를 제외하고는 관련 당사자 모두의 동의를 얻은 후에 검 사가 이루어질 수 있도록 관련 제도를 마련해야 한다는 목소리가 높다.

앞서 언급했듯이, 유전자 검사는 의료 서비스의 측면에서 다양 한 이점을 제공할 수 있다. 그러나 현재로서는 진단이나 소인 예 측만 가능할 뿐, 증상이 언제 나타날지, 또 얼마나 심각할지 등에 대해서는 예측하기 힘든 경우가 대부분이다. 예를 들어, 헌팅턴 무도병과 같이 발병이 거의 확실한 단일 유전자 이상에 의한 질 병도 발병 시기나 증상 정도에 차이가 날 수 있다. 심지어 일반 노화 증상과 구별이 힘든 경우도 있고, 증상이 약해 일상생활을 하는 데 일반인과 큰 차이를 보이지 않는 경우도 있다.

이러한 상황에서는 유전정보를 미리 아는 것이 당사자에게 새 로운 부담으로 작용할 수 있다. 질병 유전자를 지니고 있다는 것 을 알게 되면 상당한 심리적 부담을 느끼게 된다. 사람에 따라서 는 우울증에 빠지거나 삶을 미리 포기하는 경우도 있을 수 있다. 또한 진단기술과 치료법 사이에는 상당한 괴리가 존재하기 때문 에 특정한 질병에 걸릴 가능성을 알려주는 것이 적절하지 않을 수도 있다. 뚜렷한 치료법도 없는 상황에서 불치병에 걸릴 확률 이 높다는 것을 알려주는 것이 어느 정도 바람직한가에 대해서는 적지 않은 윤리적 논란이 제기되고 있다. 따라서 유전질환에 대 한 검사에 앞서 유전자 상담을 통해 환자에게 혜택과 위험에 대 해 충분히 설명하고 동의를 구하는 절차가 필수적이며, 검사결과 의 기밀성을 유지하는 것도 필요하다.

유전정보의 활용에서 차별이 가장 직접적으로 나타날 수 있는 영역으로는 고용과 보험을 들 수 있다. 고용이나 보험 가입 과정에서 유전자 검사의 결과를 이용하는 경우, 질병 소인을 이유로 특정인 혹은 특정 집단에 대한 차별이 일어날 수 있다. 고용의 경우에는 아예 채용을 하지 않거나 특정 업무로부터 배제되는 등의 불이익을 받을 수 있다. 보험 가입의 경우에는 고율의 보험료를 물어야 하거나 보험 가입 자체를 거부당할 수 있다. 그러나 질병 소인은 실제 발현되지 않는 것으로 그치는 경우가 많으므로 이와 같은 차별은 부당하다는 인식이 지배적이다. 이에 따라 구미 각국에서는 유전적 소인을 이유로 고용과 보험에서 차별을 금지하는 법률 혹은 규제안을 실시하거나 마련하고 있다.

이와 함께 유전자 검사를 실시하고 남은 검체가 당초의 목적과는 다른 목적으로 오용될 가능성이 있으므로 이에 대한 신중한 관리가 필요하다. 예를 들어, 유전병 환자의 샘플은 연구의 가치가 높아서 진단 이외의 목적으로 사용될 가능성이 크며 경우에 따라서는 상업적 가치도 있다. 이를 감안한다면 수집, 분석, 보관, 폐기 등과 같은 유전자 검사의 모든 과정은 피검자가 동의한 범위 내에서만 이루어져야 한다. 기본적으로 피검자가 검체의 보관에 동의하지 않은 경우에는 검체를 폐기해야 한다. 설령 연구를 위해 외부기관으로 유출할 때도 동의와 기록을 반드시 남겨야 한다.

비(非)의료적 검사는 현재 질병으로 간주되고 있지 않은 다양한 소인에 대한 검사를 말한다. 유전체 연구의 진척과 함께 질병이라고 보기 애매한 신체적 특징이나 증상, 사회적 행위들을 특정 유전자와 연관시키는 일련의 연구결과들이 발표되고 있다. 이러한 연구들의 유효성 여부에 대해서는 상당한 논란이 존재함에도 불구하고, 소인 검사를 다양한 영역에 응용하려는 움직임이 나타나고 있다. 예를 들어, 일부 바이오벤처들은 비(非)질병 소인 검사에 근거해 체력, 키, 지능, 심지어 배우자의 궁합까지도 알 수 있다고 주장하면서 교육상담이나 결혼상담에 관한 사업을 벌이고 있다. 그러나 이러한 주장은 대체로 불확실한 과학적 근거를 과대 포장한 것이 대부분이어서 소비자들의 피해가 우려되고 있는 상황이다. 게다가 DNA 샘플을 부당한 방식으로 확보하거나 검사 의뢰자의 DNA 샘플을 해외에 유출하는 사례도 보고되고 있다.

유전자 치료는 어디까지

최근에는 유전정보를 검사하는 것을 넘어 동식물이나 인간에게 새로운 유전자를 주입하려는 시도도 이루어지고 있다. 일반적으로 동식물을 대상으로 할 때는 유전자 이식(gene transfer)이라고 하고, 인간을 대상으로 할 경우에는 유전자 치료(gene therapy)라고 한다. 유전자 치료는 특정한 질병이 유전자의 결함에 의한 것임이 판명되었을 때 인체에 정상 유전자를 주입하는 방법을 의미한다. 그러나 현재의 기술로서는 세포핵 속에 들어 있는 유전자를 완전히 제거하는 것이 불가능하기 때문에 결함 유전자가 한꺼번에 사라지지는 않는다. 결국 세포 속에는 결함 있는 유전자와 외부에서 주입된 정상적인 유전자가 동시에 존재하게 되는데, 새로 들어간 정상적인 유전자가 제대로 작동하면 신체의 기능이 회복되는 것이다.

이와 함께 유전자 치료에는 상당한 위험이 수반된다. 유전자를 인체에 주입할 때는 유전자를 인간 세포 속에 전달해주는 장치로 바이러스를 사용하는 경우가 많다. 바이러스 속에 정상 유전자를 집어넣은 다음 그것을 배양하여 엄청난 수의 바이러스를 인체에 투입하는 것이다. 그때 인체는 바이러스라는 외부의 침투자에 대하여 방어 반응을 하게 되며, 이로 인해 위험스러운 사태가 발생하기도 한다. 예를 들어, 1999년 미국에서는 유전자 치료를 받고 있었던 겔싱어(Jessie Gelsinger)라는 청년이 바이러스에 대한 저항 반응으로 고열에 시달리다가 결국 사망한 사건이 발생하기도 했다.

이러한 문제점을 해결하기 위해 시도되고 있는 것이 발생 이전의 단계에서 유전자를 치료하는 방법이다. 시험관 수정으로 만들어진 배아를 여성의 자궁에 주입하여 착상시키기 전에 유전자 검사를 하는 것을 착상 전 유전자 진단(Preimplantation Genetic Diagnosis, PGD)이라고 한다. 착상 전 유전자 진단에서는 수정 후 세포가 4~8개로 늘어난 배아 단계에서 세포 하나를 떼어내어 유전자 검사를 실시한다. 그때 유전자에 결함이 있다는 것이 밝혀지면 그 배아는 대부분 폐기된다. 그런데 아이를 반드시 낳고 싶어 한다

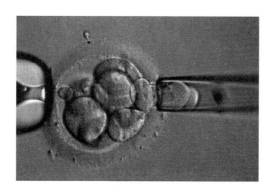

그림 39. 착상 전 유전자 진단

면 결함 유전자를 치료하여 정상적인 배아로 만든 후 착상을 하는 방법도 있다.

배아 단계에서 이루어지는 유전자 치료는 바이러스를 이용하지 않는다. 배아의 세포가 몇 개 되지 않기 때문에 미세한 주삿바늘을 통해 세포 속에 직접 정상적인 유전자를 집어넣는 것이다. 착상 전 유전자 진단과 치료가 보편화되면 유전병은 아기의 탄생 이전에 차단되기 때문에, 살아가는 동안 유전자 변이로 인한 병에 걸리는 소수의 경우를 제외하고는 유전자 치료를 할 필요가 없어진다. 그러나 배아 단계의 유전자 치료도 여전히 결함의 유무에 따른 소극적인 선택만이 이루어지고 있을 뿐 적극적인 시술은 없다고 할 수 있다.

착상 전 유전자 치료의 다음 단계는 초기 배아를 유전적으로 조작하여 디자인하는 데 있다. 부모가 원하는 형질을 지닌 아기, 이른바 '맞춤아기(designer baby)'가 탄생하는 것이다. 부모가 지능과 체격이 우수한 아기를 가지고 싶다면 지능을 높이는 유전자, 키를 크게 하는 유전자 등을 골라 수정란에 이식해주면 되기 때문이다. 물론 인간의 특성이 전적으로 유전자에만 좌우되지 않고 환경의 지배를 크게 받기 때문에, 처음의 '디자인'을 완전히 반영하지 못할 확률도 높다. 그러나 배아를 유전적으로 디자인할 수 있는 경제적 능력을 지닌 부모는 대부분 그렇지 않은 부모보다 아기의 성장을 위해서도 더 나은 환경을 만들어줄 것이고, 이는 디자인된 아이가 그렇지 않은 아이보다 더 뛰어난 능력을 갖게 되는 결과를 낳을 것이다.

유전자 치료와 비슷한 범주로는 유전자 개량(gene improvement)이 있다. 유전자 개량은 치료 이외의 목적으로 특정한 형질을 선택하거나 제거하기 위해 유전자를 조작하는 것을 의미한다. 많은 사람들은 생명공학기술이 치료 이외의 목적에 사용되는 것을 경계하고 있지만 치료와 개량이 항상 쉽게 구별될 수 있는 것은 아니다. 겉보기에는 개량이 분명하지만 어떤 사람에게는 그것이 치료일 수 있다. 예를 들어, 여성들이 가슴을 확대하는 것은 자신감을 높여주기 때문에 심리적인 치료 효과를 얻을 수 있다. 이와 마찬가지로 자신의 아이를 더욱 총명하게, 더욱 건강하게, 더욱 매력적으로 만들기 위해 유전자 개량을 시도할 가능성은 상존하는 것이다.

유전자 결정론을 넘어서

앞으로 그 적용범위가 계속 확장될 것으로 예상되는 유전자 검사와 치료는 사회적으로 적합하지 않은 사람들의 수를 증가시킬 수 있다. 특히, 아직 증상이 발병하지도 않은 질병(pre-symptomatic ill)을 가진 사람들이라는 새로운 범주가 등장하고 거기에 속하는 수많은 사람들이 '환자 아닌 환자'가 될 수 있는 것이다. 과거에는 정상과 비정상을 가르는 기준을 설정하는 데 문화가 중요한 역할을 담당했다면, 미래에는 생명공학기술의 발전으로 유전적 질환의 범주가 확장되면서 과거에 문화가 하던 역할을 유전자가 대신 떠맡게 되는 셈이다.

최근에는 은밀한 우생학(back-door eugenics)에 대한 논의가 활발히 이루어지고 있다. 개인들의 선택에 따른 의도하지 않은 결과로 우생학이 새롭게 등장할 지도 모른다는 것이다. 과거의 우생학은 나치의 사례가 보여주듯이, 국가나 사회의 정책에 따라 소수 민족이나 특정 집단을 미래 세대의 대열에서 배제시키려는 것이었다. 이에 반해 은밀한 우생학은 사람들이 스스로 원하는 아이들의 종류를 선택하는 과정에서 자신도 모르는 사이에 미래 세대를 선별하는 것으로, 전문가들이 그 부작용에 대해 우려하고 있다.

더 나아가 멀지 않은 미래에 새로운 형태의 계급 사회가 출현할 가능성도 제기되고 있다. 프린스턴 대학교의 분자생물학자인 실버(Lee M. Silver)는 1997년에 발간된 『리메이킹 에덴(Remaking Eden)』에서 인류 사회가 유전자 귀족 계급과 유전자 평민 계급으로 구분될 것이라고 주장한 바 있다. 좋은 형질의 유전자만 갖도록 개량된 유전자 귀족 계급이 유전자 조작이 되지 않은 평민 계급을 지배한다는 것이다. 실버에 따르면, 시간이 갈수록 두 계급 간의 격차가 점점 커져서 유전자 평민 계급이 유전자 귀족 계급으로 올라가기가 어려워질 뿐만 아니라 두 계급이 서로 접촉할 기회가 거의 없는 분리된 사회에서 성장하고 살아감으로써 완전히 분리된 종으로 분화된다.

그림 40. 유전자 계급사회의 모습을 그리고 있는 영화 〈가타카〉

여기서 우리는 1997년에 개봉된 영화인 〈가타카(Gattaca)〉에 주목할 필요가 있다. 가타카는 유전자를 구성하는 4가지 염기인 A, C, G, T를 조합해서 만들어진 제목이다. 그 영화는 유전정보에 의해 인간에 대한 차별이 이루어지는 '그다지 멀지 않은 미래'의 모습을 그리고 있다. 유전적으로 우성인 사람은 한 사회의 권력의 핵심에 다가서는 반면, 유전적으로 열성인 사람은 매우 불안정한 환경에서 생활해야 한다. 유전자 계급사회가 도래한 것이다.

그러나 <가타카>는 이보다 훨씬 감동적인 메시지를 전달하고 있다. 그 영화에서 제롬은 완벽한 유전자를 가지고 태어나 원하는 것을 무엇이든 쉽게 얻을 수 있었지만, 그러한 삶에 공허함을 느끼고 도로에서 자살을 기도한다. 자살에 실패하고 다리가 마비되어 장애인의 삶을 살게 된 제롬은 열성 유전자를 가지고 태어난 빈센트에게 자신의 유전정보를 빌려준다. 제롬은 빈센트의 집에서 은둔 생활을 하면서 빈센트가 유전적 한계를 넘어서기 위해 노력하는 모습을 통해 그동안 자신이 결여하고 있었던 것을 발견한다. 제롬은 빈센트에게 "나는 너에게 몸을 빌려줬지만 너는 나에게 꿈을 빌려줬다."라고 말한다. 완벽한 유전자를 지닌 제롬에게는 없었지만 불완전한 유전자를 가진 빈센트에게 있었던 것은 바로 역경을 뛰어넘고 꿈을 실현하기 위해 노력하는 인간의 근성이었다.

생명공학기술의 발전은 공학적인 측면에서는 완벽한 인간의 비전을 실현시킬 수 있을지도 모른다. 그러나 그러한 인간이 참된 행복을 느낄 수 있을지는 의문이다. 인간의 행복이란 현재에 안주하지 않고 이를 극복하면서 얻는 성취감에서 비롯된다고 볼 수 있을 것이다. 이를 무시한 채 공학적으로 완벽한 인간을 꿈꾸는 것은 어쩌면 인간에게 행복을 가져다주기는커녕 인간의 삶을 오히려 공허하게 만들지도 모른다.

우리에게 동물은 무엇인가

동종이식에서 이종이식으로

장기이식(organ transplantation)이란 신체의 장기가 어떤 질환에 의해 그 기능을 상실하게 되어 다른 치료방법으로 그 기능을 대치할 수 없을 때, 다른 사람이나 동물의 장기를 옮겨 심는 것을 의미한다. 이러한 장기이식은 20세기 후반 이후에 일반적인 외과 시술로 자리를 잡았다. 장기를 떼어내고 이식하는 기술이 크게 발달했을 뿐 아니라 면역체계의 거부반응을 억제하는 성능 좋은 의약품도 개발되었기 때문이다. 장기이식은 절망에 빠져 있는 환자에게 새로운 삶을 부여해줄 수 있는 방법으로서 현대 의학의 꽃으로 불리기도 한다.

장기이식에 필요한 장기는 주로 타인에게서 기증을 받는다. 그러나 기증된 장기의 수가 필요한 수에 비해 턱없이 부족한 실정이다. 신장처럼 쌍으로 갖고 있어서 하나를 나누어줄 수 있는 장기는 산 사람에게서 얻을 수 있으나 그 수가 크게 제한적이다. 심장, 간, 폐, 췌장과 같이 하나밖에 없는 장기는 뇌사 판정을 받은 사람에게서 얻을 수 있기 때문에 더 큰 어려움이 있다. 미국의 경우, 신장이 필요한 환자의 50 %는 이식을 받지 못하며 심장 이식이 필요한 사람 중 1/3이 기증 장기를 이용하기 전에 사망하고 있다. 우리나라의 경우에는, 신장 이식을 받아야 할 신부전증 환자는 매년 4,000명 이상이 발생하는 것으로 추산되고 있지만 실제 이식을 받는 환자는 약 1,000명에 불과하다.

이러한 장기 부족 현상으로 인하여 장기에 대한 불법적인 매매가 이루어지고 있다. 장기의 매매를 공개적으로 허용해야 한다고 주장하는 사람들도 있으나 인간이 장기를 파는 행위는 인간이기를 포기하는 행위라고 할 수 있다. 인간은 가격 이상의 본질적인 존엄성을 가진 존재로 인간의 일부인 장기의 매매는 허용될 수 없는 것이다. 이에 대하여 유명한 윤리학자인 메이(William May)는 다음과 같이 지적한 바 있다.

"만약 내가 돈을 주고 노벨상을 산다면, 그것은 노벨상의 의미를 파괴하는 짓과 다름없다. 만일 내가 어린이를 팔고 산다면, 나는 부모의 의미를 파괴하는 것이다. 그리고 내가 나를 판다면, 나는 내가 인간이기를 포기하는 것이다."

그렇다면 장기 매매로 인한 문제를 해결하면서 부족한 장기를 충족시킬 수 있는 방법은 없을까? 사회적으로 장기 기증 운동이 확산되고 많은 사람들이 자신의 장기 기증에 동의한다 할지라도, 점점 늘어나는 수요를 만족시키기에는 턱없이 부족한 형편이다. 이에 따라 인공장기의 개발이 활발히 이루어지고 있으나, 인공장기는 아직도 다른 사람으로부터 진짜 장기를 기증받을 때까지 일시적으로 생명을 연장시키는 수준에 그치고 있다. 이러한 장기 부족분을 충족시키기 위해 동물 장기를 활용하는 방법이 적극적으로 모색되고 있다. 최근에는 줄기세포를 이용하여 손상된 장기의 세포를 재생시키는 방법도 주목을 받고 있다.

그림 41. 장기이식용으로 사육된 돼지

　그중에서 가장 활발하게 연구되고 있는 것은 동물 장기를 활용하는 방법이다. 그것은 우리에게 익숙한 동종이식(allotransplantation)에 대비하여 이종이식(xenotransplantation)으로 불린다. 이종이식에서 이식재료를 공급하는 동물로는 원숭이나 돼지 등이 고려되고 있는데, 특히 돼지의 장기가 가장 바람직한 후보로 떠오르고 있다. 이미 2002년 1월에 우리나라 과학자 3명이 포함된 한미 공동연구팀이 장기이식용 돼지를 복제하는 데 성공함으로써 동물 장기를 이식할 수 있는 기본적 토대가 마련된 바 있다.

　장기이식용 동물로 돼지가 주목받는 이유는 돼지가 해부생리학적으로 인체와 매우 유사하기 때문이다. 다른 동물에 비해 돼지 장기의 위치와 구조, 크기는 인간과 가장 비슷하다. 예를 들어, 60 kg짜리 돼지의 심장은 몸무게가 60 kg인 사람의 심장 크기와 같다. 또한 임신기간이 66일로 짧으며, 한 번에 평균 15마리를 생산하기 때문에 풍족하게 장기를 얻을 수 있다. 그 밖에 돼지의 경우에는 인간과 오랫동안 함께 살았기 때문에 생리나 건강 상태, 간염증 등에 대해 많은 것이 알려져 있으며, 일반적인 직관으로 보기에도 장기를 얻기 위해 도구적으로 사용하는 데 거부감이 적다.

이에 반해 원숭이와 같은 영장류는 인공적인 번식과 사육이 어려울 뿐만 아니라 고등 영장류는 멸종위기 종이어서 보호대상으로 지정되어 있다.

이종이식, 무엇이 문제인가

그러나 돼지와 같은 다른 종의 장기를 인간에게 이식하기 위해서는 극복해야 할 문제점이 적지 않다. 가장 큰 문제점으로는 면역학적 거부반응을 들 수 있다. 동종이식의 경우에도 장기 기증자와 장기 수여자의 면역학적 차이에 기인하는 장기 파괴반응을 억제하기 위하여 면역억제제가 사용되고 있는데, 이종이식의 경우에는 더욱 많은 면역억제제가 사용될 수밖에 없다. 특히, 돼지처럼 인간과 면역학적으로 상당히 다른 동물의 장기를 인체에 이식할 경우에는 면역억제제로도 통제가 되지 않는 초급성(hypercute) 거부반응이 발생하여 장기이식 후 몇 분에서 몇십 분 안에 장기의 기능이 마비될 수 있다. 이러한 문제를 극복하기 위하여 특정한 항원을 제거한 녹아웃 돼지(knock-out pigs)를 만들거나 인간 유전자를 이식한 돼지를 만드는 등의 다양한 방법이 시도되고 있지만 아직까지 완전한 해결책은 마련되지 않은 상태. 생물의 면역계는 오랜 진화를 통해 발달한 대단히 정교한 시스템으로 낯선 이물질에 대해 정확하고 격렬하게 반응하는 특징이 있기 때문에 면역학적 거부반응을 해결하는 것은 결코 쉬운 일이 아니다.

면역학적 거부반응과 함께 주목해야 할 것은 인수공통감염병 (zoonosis) 혹은 인수공통전염병이 전파될 가능성이다. 인수공통감염병이란 동물에서 사람으로 옮아오는 질병을 의미한다. 우리에게 가장 익숙한 인수공통감염병으로는 후천성 면역 결핍증(Acquired Immuno-Deficiency Syndrome, AIDS)을 들 수 있다. 에이즈는 원래 아프리카의 녹색원숭이에게 있던 바이러스가 어떤 이유로 인해 인간에게 옮아와 전 세계로 퍼진 질병으로 추측되고 있다. 중증 급성 호흡기 증후군(Severe Acute Respiratory Syndrome, SARS), 신종 인플루엔자, 광우병, 에볼라 바이러스, 메르스, 지카 바이러스 등도 동물에게서 옮아온 병에 해당한다. 인수공통감염병을 유발하는 바이러스는 인체에 익숙한 병원체가 아니기 때문에 인간이 면역력을 가지고 있지 않으며 이에 따라 해당 바이러스에 감염되면 급격한 반응을 보이면서 심한 질병으로 이어지게 된다. 특히, 그 바이러스가 동물에게 전해지는 것은 물론이고 사람을 통해 전파되기 시작하면, 사회 전체적으로 심각하게 대처해야 할 공중보건의 문제가 될 수도 있다.

물론 돼지에 있는 병원균에 대해서는 그 종류나 성격이 많이 알려져 있다. 게다가 제왕절개로 태어난 뒤 특별한 시설에서 사육된 무균 돼지(gnotobiotic pigs)라면 특정 세균이나 바이러스에 감염되지 않을 가능성이 크다. 이종이식용 돼지는 이렇게 만들어진 무균 돼지일 것이다. 그러나 검사 방법의 한계로 인하여 아직 알려지지 않은 세균이나 바이러스가 존재할 가능성이 있다. 심지어 존재 여부를 알아도 제거할 수 없는 바이러스도 있다. 특히, 이종 장기를 이식받는 사람은 대개 심한 병에 걸려 있어 면역력이 크게 떨어지고 이식 수술을 위해 면역억제제를 투여받아야 하므로 더욱 심각한 면역 결핍 상태가 된다. 정상적인 상태의 몸이라면 질병을 일으키지 않을 세균이나 바이러스라도 이러한 상황에서는 어떻게 될지 예측하기 어렵다. 만약 해로운 돌연변이가 발생한다면 문제는 더욱 심각해진다.

이종이식과 관련된 또 다른 쟁점으로는 인간의 정체성 변화에 대한 우려를 들 수 있다. 돼지의 장기를 이식받은 사람은 인간으로서 자신의 정체성에 대해 어떻게 생각할까? 그에 대한 가족이나 이웃 사람들의 인식은 어떻게 될까? 한 인간의 장기 대부분이 바뀐다면 과연 동일 인물이라 할 수 있을까? 등의 우려가 생긴다. 물론 인간의 정체성은 개별 장기보다는 전체적 통일성에서 비롯된다고 볼 수 있다. 비록 동물의 장기를 이식했다 하더라도 그가 인간이라는 사실은 변하지 않는다는 것이다. 그러나 이식받은 본인의 심리적 변화나 다른 사람들의 시각 변화는 진지하게 생각해 보아야 할 문제다.

여기서 우리는 키메라(chimera)를 떠올릴 수 있다. 키메라는 그리스 신화에 나오는 괴물 이름으로, 사자의 머리에 염소의 몸, 뱀의 꼬리를 한 동물을 말한다. 의학적으로 키메라는 하나의 수정란에서 유래하지 않은, 즉 유전적으로 기원이 다른 세포 집단을 가진 동물 개체를 의미한다. 이렇게 동물과 인간의 세포를 모두 가진 생물을 만드는 것은 인간의 존엄성을 파괴하는 행위라는 비판이 많다. 인간과 다른 동물의 경계가 흐려지면서 인간의 고유한 존엄과 권리가 위협받는다는 것이다. 물론 이종이식을 받은 사람을 키메라로 보아야 하는지는 의문이지만, 사회적으로 널리 인정을 받는 것은 쉽지 않을 것 같다.

왜 불쌍한 동물로 실험을 할까

동물의 의미와 관련해서 또 하나 생각해야 할 주제는 동물실험 (animal testing)이다. 인류는 오래전부터 동물을 식량, 의복재료, 운송수단, 노동력, 애완용 등으로 사용해 왔다. 그러나 동물을 의학과 생물학의 실험용으로 본격적으로 사용한 것은 20세기 후반의 일이다. 이종이식 연구를 포함해 의학과 생물학 연구에서 동물을 사용하는 것은 동물의 취급에 대한 특별한 문제를 제기한다. 먹기 위해 동물을 도살하는 것은 동물을 죽이기는 하지만 지속적으로 고통을 주지는 않는다. 하지만 실험용 동물은 온갖 고통을 당한다. 자극성 물질이나 독극물을 투여받고 생체 해부나 유전자 조작을 당하면서 때에 따라서는 쉽게 죽지도 못한다. 이러한 이유로 동물실험을 중단하거나 적어도 매우 엄격한 통제를 거쳐 허용해야 한다는 주장이 강하게 제기되고 있다.

동물실험은 다양한 형태로 이루어진다. 의학과 생물학 지식을 축적하고 전수하기 위한 생체 해부와 의약품의 원료를 얻기 위한 재료 채취도 넓은 의미의 동물실험에 포함될 수 있다. 그러나 우

그림 42. 인간을 위해 희생된 실험동물들을 기억하며 수혼제가 열리고 있다.

리가 일반적으로 생각하는 동물실험은 의약품과 식품을 비롯한 새로운 제품을 사용하기 전에 그것의 효능과 안전성을 확인하기 위한 것에 해당한다. 동물실험의 확산은 실험동물(laboratory animal)이라는 새로운 존재를 낳고 있다. 실험동물은 제조를 포함한 연구 목적에 적합하도록 순응시키고 번식, 생산하여 순수하게 연구용으로 특별히 준비된 동물로 정의된다. 마우스, 래트, 햄스터, 기니피그 등이 그 대표적인 예다. 전 세계적으로는 매년 1억 마리가량의 동물이 실험용으로 사용되고 있는 것으로 추정된다.

동물에게 고통을 주는 것이 대부분의 사람에게 유쾌한 일은 아닐 것이다. 이러한 측면에서 실험동물에게 가급적 고통을 주지 않으면서 소기의 목적을 달성하려는 노력이 필요하다. 그러나 그것이 불가능한 경우가 있는데, 그중 하나가 반수치사량(lethal dose for 50 % kill, LD50) 실험이다. 반수치사량 실험의 목적은 실험 대상의 절반이 죽는 데 필요한 화학물질의 농도를 측정하는 것이다. 이 실험에서 동물들은 경련, 복통, 발작 등의 증세를 보이며 심지어 혼수상태에 빠지기도 한다. 단 하나의 화학물질을 실험하기 위해 최대 2,000마리의 동물들이 이런 방식으로 죽어간다.

문제는 이러한 실험이 과연 해당 동물의 고통스러운 죽음을 상쇄할 만큼 필요한지, 그리고 그것을 대체할 다른 방도는 없는지에 있다. 몇몇 동물실험 반대자들은 우리의 상식과 달리 동물실험이 실제로 과학적 지식을 발전시키는 데 별다른 역할을 하지 않았다고 주장한다. 또한 예방의학, 공중보건, 전염병 연구, 임상실험 등을 효과적으로 사용한다면 동물실험이 그다지 필요하지 않다고 주장한다. 이처럼 동물실험에 대한 논쟁은 그것의 실효성과 대체 가능성을 매개로 전개되고 있다.

그러나 이에 대한 반론도 만만치 않다. 의학과 생물학이 동물실험을 매개로 발전해 왔다는 것은 부인할 수 없는 사실이며, 17세기 이후에 과학적 지식이 비약적으로 성장한 데는 동물을 이용한 연구가 가장 중요한 역할을 했다는 분석도 있다. 또한 대체 불가능한 종류의 실험이 있다는 점도 무시할 수 없다. 예를 들어, 고혈압은 심장이나 맥이 있는 동물을 통해서만 연구가 가능하고 관절염 역시 뼈와 관절이 없는 조직배양을 통해서는 의미 있는 연구결과를 얻을 수 없다. 이러한 경우에 동물실험을 할 수 없다면 직접 인체실험을 해야 하는 더욱 곤란한 문제에 직면하게 된다.

동물실험의 원칙과 대책

동물을 바라보는 윤리적 관점으로는 동물권리론과 동물복지론을 들 수 있다. 동물권리론자들은 동물도 인간과 마찬가지의 생명체로서 기본적인 권리를 가지고 있다고 주장한다. 그들은 실험용은 물론이고 식용, 모피, 서커스 등 어떤 방식으로든 인간의 이익을 위해 동물을 수단으로 사용하는 것에 반대한다. 이와 관련하여 『동물해방』으로 유명한 윤리학자 싱어(Peter Singer)는 동물실험이 동물에 대한 착취이며 인간이 자연계에서 가지는 지위를 남용해 동물을 학대하는 '종차별주의(speciesism)'라고 주장하고 있다. 이에 반해 동물복지론은 인간이 얻을 수 있는 이익이 동물의 희생보다 클 때는 인간을 위하여 동물을 사용할 수 있다는 공리주의적 전제에서 출발한다. 그러나 동물복지론자들도 인간이 동물

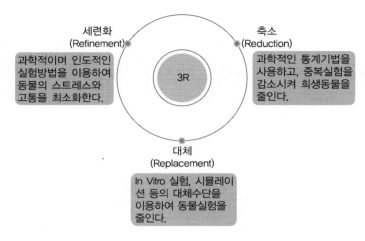

그림 43. 동물실험에 관한 3R 원칙

을 사용할 때 불필요한 고통을 주어서는 안 되며 동물을 인도적으로 다루어야 한다는 점에는 공감하고 있다.

동물실험에 대한 원칙으로는 대체(replacement), 축소(reduction), 세련화(refinement) 혹은 개선, 즉 3R가 제시되고 있다. 이러한 원칙은 1959년에 영국의 동물학자인 러셀(William Russell)과 미생물학자인 버치(Rex Burch)가 출간한 『인도적인 실험기법의 원리(The Principles of Humane Experimental Technique)』에서 처음으로 소개되었다.

대체는 살아 있는 동물의 사용을 가급적 피하는 실험방법이다. 대체에는 절대적 대체와 상대적 대체가 있다. 전자는 척추동물로부터는 일체의 생물학적 시료를 채취하지 않고 그 대신 조직 배양이나 컴퓨터 모델링과 같은 기법을 사용하여 연구목적을 달성하려는 노력을 의미한다. 상대적 대체는 실험을 할 경우에도 가급적 하위 동물을 사용하거나 개체 대신에 세포나 조직을 사용하는 것을 뜻한다.

축소는 더욱 적은 수의 동물을 사용하여 동일한 양의 데이터를 얻거나 주어진 수의 실험동물을 이용하여 더욱 많은 정보를 얻을 수 있는 실험방법에 해당한다. 과학자들이 더욱 효율적인 실험계획을 수립하거나 보다 정확한 실험기법과 통계방법을 사용함으로써 자신이 사용해야 하는 실험동물의 수를 줄일 수 있다는 것이다. 여기에는 실험동물과 실험기법을 표준화하여 데이터의 호환성을 높이는 것도 포함된다.

세련화는 동물실험을 할 때 동물의 고통과 불만족을 최소화하는 것에 주목한다. 동물실험을 할 때는 동물의 고통을 경감시킬 수 있는 마취제 혹은 진통제가 사용되어야 하고, 실험이 끝난 후에는 원칙적으로 안락사가 수행되어야 한다. 요도관을 사용하기보다는 외부적으로 오줌을 모으고 외과적인 방법 대신에 국소마취로 호르몬 캡슐을 이식하는 것도 여기에 해당한다. 또한 일상의 사육관리에서도 실험동물이 쾌적하고 건강한 상태를 유지할 수 있도록 배려해야 한다.

이러한 원칙을 감안하여 세계 각국은 동물실험과 관련된 법적·제도적 장치를 마련해 왔다. 미국은 1985년에 연방동물복지법을 개정하면서 기관동물실험위원회(Institutional Animal Care and Use Committee, IACUC)의 설치를 의무화하였다. 그 위원회는 동물을 사용한 연구의 계획, 수행, 종료에 이르는 모든 단계에서 실험동물의 고통이 최소화되고 있는지를 확인·감시하고 있다. 영국은 1986년에 동물(과학적 절차)법을 제정하여 실험동물에게 위해를 유발할 가능성이 있는 절차를 개선하는 데 크게 기여하고 있다. 영국이 동물실험을 수행하는 사람들을 대상으로 면허제도를 운영하고 있는 점도 특기할 만하다.

우리나라의 경우에는 1991년에 동물보호법이 제정되었으며 1998년에는 한국실험동물학회가 동물실험에 관한 지침을 제정한 바 있다. 그러나 이러한 법률과 지침이 주로 동물실험의 기술적인 논점을 중심으로 이루어져 있고 제도적인 구속력을 가지지 못해 오랫동안 유명무실한 상태에 있었다. 우리나라는 최근에 이르러서야 '동물실험의 천국'이라는 오명을 씻기 위해 동물실험에 관한 제도적 장치를 마련하고 있다. 2008년에 개정된 동물보호법은 3R의 원칙을 명시하는 가운데 동물실험윤리위원회의 설치를 의무화하고 있다. 이와 함께 같은 해에는 실험동물에 관한 법률이 제정되어 동물실험의 윤리성과 신뢰성을 제고하기 위해 노력하고 있다.

우리에게 요구되는 것은 동물의 고통에 대해 보다 깊은 관심을 가지는 데 있다. 제인 구달(Jane Goodall)이 제안한 생명사랑 십계명을 완전히 실천하기는 어렵더라도 가급적 적은 동물의 희생으로 소기의 목적을 달성하려는 노력이 필요한 것이다. 특히, 실험동물을 다루는 연구자들은 자신의 행위에 대한 윤리적 이해를 바탕으로 연구현장에서 문제가 되는 것을 차근차근 개선해야 할 것이다. 물론 동물실험에 관한 위원회를 제대로 운영하는 등 관련 제도적 장치가 실제적인 효과를 발휘해야 한다.

참고로 구달의 생명사랑 십계명은 다음과 같다. ① 우리가 동물사회의 일원이라는 것을 기뻐하자. ② 모든 생명을 존중하자. ③ 마음을 열고 겸손히 동물들에게 배우자. ④ 아이들이 자연을 아끼고 사랑하도록 가르치자. ⑤ 현명한 생명지킴이가 되자. ⑥ 자연의 소리를 소중히 여기고 보존하자. ⑦ 자연을 해치지 말고 자연으로부터 배우자. ⑧ 우리 믿음에 자신을 갖자. ⑨ 동물과 자연을 위해 일하는 사람들을 돕자. ⑩ 우리는 혼자가 아니다. 희망을 갖고 살자.

어떻게 죽을 것인가

제 16 장

사람은 언제 죽는 것일까? 옛날에는 죽음의 정의가 단순했다. 심장이 멎고 호흡이 멈추고 체온이 싸늘해지면 죽는 것이다. 그러나 오늘날에는 이러한 고전적인 정의가 더 이상 통하지 않는다. 예를 들어, 심장수술을 하려면 심장을 멈추고 인공 심폐기를 돌려야 하는데, 고전적인 정의에 따르면 그것은 사람을 죽이는 행위와 다를 바 없다. 이처럼 의학의 발전은 죽음의 정의도 바꾸고 있다. 심지어 예전에는 없었던 새로운 죽음도 속속 생겨나고 있다. 뇌사(腦死, brain death), 안락사(安樂死, euthanasia), 존엄사(尊嚴死, death with dignity) 등은 그 대표적인 예다.

뇌사와 식물인간

뇌사는 뇌의 활동이 회복이 불가능할 정도로 정지된 상태를 말한다. 의학적으로는 생명을 주관하는 뇌간(숨골)의 기능이 정지되고 이로 인해 모든 반사작용이 없거나 무호흡 증상이 모두 확인될 때 뇌사로 진단된다. 흔히 식물인간으로 불리는 지속적 식물상태(Persistent Vegetative State, PVS)는 뇌사와 다르다. 식물인간의 경우에는 대뇌피질에 손상을 입어 마치 식물처럼 아무런 움직임도 할수 없고 의식도 없는 상태지만, 뇌간이 살아 있어 호흡이나 소화를 비롯한 생명 유지에 필수적인 기능은 유지하고 있다. 식물인간은 몇 년 또는 그 이상의 시간이 흐른 뒤에 의식을 되찾을 수도 있지만 뇌사는 그렇지 않다.

뇌사자는 전체 사망자의 1% 정도를 차지하는 것으로 집계되고 있다. 뇌사의 주된 원인은 교통사고나 약물 중독 등인데 교통사고로 인한 중증 사상자가 감소하면서 뇌사자의 수도 약간씩 줄고 있다. 심장사와 달리 뇌사는 전문가의 엄격한 판정을 거쳐야 한다. 뇌사는 일반인이 보기에는 여전히 숨을 쉬고 심장이 뛰는 등 차마 죽었다고 보기 어렵고, 약물 등으로 중추신경계가 깊이 억압된 상태도 겉으로는 뇌사처럼 보일 수 있기 때문이다.

어떤 사람이 뇌사 상태인가 아닌가를 판정하는 것은 상당히 복잡한 과정을 통해서 이루어진다. 먼저 뇌파가 일정 시간 이상 제로 상태로 나와야 하는데, 이는 뇌의 작용이 정지되었다는 점을 보여준다. 그리고 뇌 속을 검사해서 뇌에서 피가 흐르지 않는다는 것이 확인되어야 한다. 그 밖에 다양한 반사시험을 수행하는데, 간단하게 말하자면 꼬집고, 바늘로 찌르고, 얼음물을 끼얹는 등의 자극에 반응하는가를 보는 것이다.

뇌사에 대해서도 찬반양론이 존재한다. 뇌사를 반대하는 사람들은 어떠한 진단방법으로도 뇌가 완전히 죽었는지를 평가하기는 불가능하다고 주장한다. 현재 사용하는 뇌사 판정 기준은 전문가들의 협의에 따라 만들어진 것으로서 절대적이라고 볼 수는 없다는 것이다. 또한 뇌사를 판정하는 과정이 완벽하게 공정하고 객관적인지에 대해서도 의문이 제기되고 있다. 혹시 인간적 요인이 개입되어 실수나 고의에 의한 잘못이 없으리라고 보장하기도 힘들다는 것이다.

이처럼 뇌사에 대해서 적지 않은 우려가 제기되고 있지만 점차적으로 뇌사를 죽음의 한 기준으로 인정하자는 목소리가 힘을 얻고 있다. 1968년에 호주 시드니에서 개최된 제22회 세계의사회의에서 뇌사설 지지 선언을 채택한 이래 많은 국가들이 뇌사를 인정하게 되었던 것이다. 이러한 과정에는 뇌사의 기준이 보다 구체화되었다는 점, 불필요한 의료비의 투입에 대한 우려가 강화되었다는 점, 이식용 장기에 대한 수요에 지속적으로 증가했다는 점 등이 중요한 배경으로 작용하였다. 무엇보다도 죽음을 앞둔 사람과 가족이 겪는 고통을 줄인다는 것이 뇌사를 인정하게 된 기본적인 논거로 작용했다고 볼 수 있다.

이에 따라 현재로서는 뇌사의 인정 여부보다는 뇌사를 적절하게 판정하는 제도적 장치를 구비하는 문제가 더욱 중요시되고 있다. 우리나라의 2000년부터 장기 등 이식에 관한 법률에 따라 뇌사 판정을 담당하는 의료기관을 별도로 지정하고 있다. 해당 의료기관은 비(非)의료인이 포함된 6~10인으로 뇌사판정위원회를 구성하여 뇌사 여부를 결정하게 되며, 뇌사 판정을 내린 후 24시간 혹은 48시간이 지난 뒤에 다시 한 번 확인해야 한다. 이와 함께 장기기증의 목적이 아니라면 뇌사는 죽음의 범주에 포함되지 않는다. 다시 말해 장기기증이 목적일 때만 뇌사 판정을 받을 수 있으며, 장기기증을 하지 않고 일반적인 사망으로 진단을 받으려면 심장이 멎을 때까지 기다려야 한다.

안락사와 존엄사

안락사는 자비롭게 죽이기(mercy killing)라는 어원을 가지고 있으며, 어떤 사람을 위한다는 목적으로 그의 죽음을 야기하는 행위로 정의된다. 안락사는 동의 여부에 따라 자발적(voluntary) 안락사와 비자발적(involuntary) 안락사로 나뉜다. 자발적 안락사는 환자의 직접적인 동의가 있을 경우에 환자를 죽음에 이르게 하는 행위며, 비자발적 안락사는 환자의 직접적인 동의가 없음에도 불구하고 가족이나 국가의 요구에 의해 환자를 죽음에 이르게 하는 행위를 일컫는다.

안락사는 또한 죽음에 이르게 하는 수단에 따라 적극적(active) 안락사와 소극적(passive) 안락사로 구분된다. 적극적 안락사는 약물 등을 이용해 어떤 사람의 생명을 앗아가는 행위를 직접 수행하는 것이며, 소극적 안락사는 어떤 사람이 죽을 것을 알면서도 그것을 예방하기 위한 조치를 취하지 않는 것이다.

안락사와 관련해서 생각해볼 개념으로는 의사 조력 자살(physician assisted suicide)을 들 수 있다. 의사 조력 자살은 죽음에 대한 결정은 환자 본인이 하되, 의사가 죽음에 필요한 약물이나 기구 혹은 조언을 제공하는 것을 의미한다. 의사 조력 자살로 유명한 사람은 미국의 의사인 커보키언(Jack Kevorkian)이다. 그는 1998년까지 130여 명의 죽음을 도왔으며 안락사를 진행하는 타나트론(Thanatron)이라는 기계를 고안하기도 했다. 그는 1999년에 2급 살인죄로 기소되어 수감되었다가 2006년에 병보석으로 풀려난 이력을 가지고 있다.

존엄사는 말 그대로 품위 있는 죽음을 말한다. 존엄사는 회복

그림 44. 커보키언과 타나트론. 그리스어로 죽음의 기계를 뜻하는 타나트론은 정맥 주사로 환자에게 연결된다. 환자가 직접 버튼을 누르면 기계는 환자에게 마취제를 주입하고 환자가 의식을 잃은 상태에서 극약인 염화칼륨이 주입되어 심장을 멎게 한다.

할 가능성이 없는 말기 환자가 의학적으로 무의미한 연명치료를 중단하는 것으로 정의된다. 무의미한 치료는 오히려 인간의 존엄성을 해친다는 의미에서다. 안락사가 인위적인 행위에 의한 죽음에 해당한다면, 존엄사는 자연스러운 죽음에 주목하고 있는 셈이다.

안락사와 존엄사의 경우에는 뇌사와 달리 상당한 논쟁이 계속되고 있다. 네덜란드, 벨기에, 미국 오리건 주를 제외하면 안락사를 법제화한 경우는 아직 없다. 영국이나 일본과 같은 몇몇 국가는 존엄사를 상당 부분 인정하고 있다. 많은 국가들은 안락사나 존엄사에 관한 법적·제도적 장치를 구비하지 않고 있으며, 법제화를 시도했다가 실패한 경험이 있다.

안락사에 찬성하는 논변으로는 다음의 4가지를 들 수 있다.

첫째, '죽을 권리(right to die)'는 인간의 자기 결정권에 해당한다. 인간은 자기 신체에 대해 결정할 권리를 가지고 있으며, 생사에 대한 결정권 역시 이에 포함된다는 것이다. 둘째, 환자의 고통을 들 수 있다. 환자가 앞으로 남은 인생에서 기대할 수 있는 것이

고통밖에 없다면 그에게 그냥 그것을 감수하라고 하기는 쉽지 않다. 셋째, 환자 가족의 고통과 부담도 무시할 수 없다. 여기에는 사랑하는 가족을 그저 바라보아야 하는 심리적 고통과 치료에 소요되는 막대한 경제적 부담이 포함된다. 넷째, 살아 있다는 것 자체가 최고의 선인지에 대해서도 의문이 제기된다. 인간적 삶은 식물적 삶이나 동물적 삶과 다르며, 살아 있다는 것은 사랑의 감정이나 이성적 사고를 비롯한 인간적 가치를 구현시켜줄 수 있을 때만 의미를 가진다는 것이다.

그러나 안락사에 반대하는 이유도 적지 않다.

첫째, 종교적 이유를 들 수 있다. 우리의 생명은 창조주이신 하나님이 하사하신 선물이지 자기 자신이 마음대로 처리할 수 있는 것이 아니라는 것이다. 둘째, 죽음에 임박한 환자가 자신의 죽음을 원할 가능성은 매우 낮다. 흔히 하는 말로 죽고 싶다는 것은 인류의 3대 거짓말 중 하나이며, 죽고 싶다는 환자의 판단을 이성적인 것으로 보기도 어렵다. 셋째, 치료가 불가능한 상태에 대한 기준도 애매하다. 치료 불가능이라는 의사의 진단이 잘못된 경우도 종종 있으며, 의학의 발전으로 인해 지금은 불치병이 나중에는 치료 가능한 병으로 바뀔 수도 있다. 넷째, 오남용의 문제를 들 수 있다. 만약 안락사를 허용하게 되면 귀찮고 쓸모없다고 판단된 인간을 제거하는 수단으로 사용될 수 있다는 것이다. 이것은 자본주의의 문제점과도 연결된다. 가난한 노인 환자의 경우에는 본인의 의사와는 무관하게 안락사를 사실상 강요당할 수 있는 것이다. 또한 안락사를 허용하는 것은 환자의 투병 의지를 꺾을 수도 있고, 가뜩이나 심각한 인명경시 풍조를 부채질할 수 있다.

죽기 전 요망사항

죽음이 피할 수 없는 인간의 운명이라면 죽음을 의미 있는 과
정이자 인생의 완성으로 승화시키려는 노력이 필요하다. 죽음에
대해 진솔하게 이야기하고 어떻게 죽음을 맞이할 것인가를 미리
준비할 때 안락사나 존엄사에 대한 논쟁은 해결의 실마리를 찾을
수 있을 것이다.

여기서 반전주의자이자 자연주의자로 유명한 스콧 니어링(Scott
Nearing)의 삶에 주목할 필요가 있다. 그는 반전운동으로 교수에서
해임된 후 전원생활을 택했다. 그는 90대 중반까지 건강한 삶을
살다가 점차 기력이 쇠약해지자 100살을 눈앞에 둘 무렵에 "이제
부터 아무것도 먹지 않겠다."라고 선언하였고, 그 후 1개월 동안
의 단식을 통해 사망에 이르렀다. 그가 생전에 남긴 유언에 해당하
는 '죽기 전 요망사항'은 어떻게 죽을 것인가에 대한 많은 생각을
하게 한다.

그림 45. 동반자적 삶을 살았던 스콧 니어링과 헬렌 니어링

1. 마지막 순간에 죽을병에 걸리면 나는 죽음의 과정이 다음과 같이 자연스럽게 이루어지기를 바란다.
   ① 나는 병원이 아니고 집에 있기를 바란다.
   ② 나는 어떤 의사도 곁에 없기를 바란다. 의학은 삶에 대해 거의 아는 것이 없는 것처럼 보이며, 죽음에 대해서도 무지한 것처럼 보인다.
   ③ 가능하다면 나는 죽음이 가까이 왔을 무렵에 지붕이 없는 열린 곳에 있기를 바란다.
   ④ 나는 단식을 하다 죽고 싶다. 그러므로 죽음이 다가오면 나는 음식을 끊고, 가능하면 마시는 것도 끊기를 바란다.

2. 나는 죽음의 과정을 예민하게 느끼고 싶다. 그러므로 어떤 진정제, 진통제, 마취제도 필요 없다.

3. 나는 되도록 빠르고 조용하게 가고 싶다. 따라서,
   ① 주사, 심장 충격, 강제 급식, 산소 주입 또는 수혈을 바라지 않는다.
   ② 회한에 젖거나 슬픔에 잠길 필요는 없다. 오히려 자리를 함께하는 사람들이 마음과 행동에 조용함, 위엄, 이해, 기쁨과 평화로움을 갖춰 죽음의 경험을 나누기 바란다.
   ③ 죽음은 광대한 경험의 영역이다. 나는 힘이 닿는 한 열심히, 충만하게 살아 왔으므로 기쁘고 희망에 차서 간다. 죽음은 옮겨가거나 깨어나는 것이다. 모든 삶의 다른 국면처럼 어느 경우든 환영해야 한다.

4. 장례 절차와 부수적인 일들
   ① 법이 요구하지 않는 한, 어떤 장의업자나 시체를 다루는 직업을 가진 사람의 조언을 받거나 불러들여서는 안 되며, 어떤 식으로든 이들이 내 몸을 처리하는 데 관여해선 안 된다.
   ② 내가 죽은 뒤 되도록 빨리 내 친구들이 내 몸에 작업복을 입혀 침낭 속에 넣은 다음, 스프루스 나무나 소나무 판자로 만든 보통의 나무 상자에 뉘기를 바란다. 상자 안이나 위에 어떤 장식도 치장도 해서는 안 된다.
   ③ 그렇게 옷을 입힌 몸은 내가 요금을 내고 회원이 된 메인 주 오번의 화장터로 보내 조용히 화장되기를 바란다.
   ④ 어떤 장례식도 열려서는 안 된다. 어떤 상황에서든 죽음과 재의 처분

사이에 언제, 어떤 식으로든 설교사나 목사, 그 밖에 직업 종교인이 주관해서는 안 된다.

⑤ 화장이 끝난 뒤 되도록 빨리 나의 아내 헬렌 니어링이, 만약 헬렌이 나보다 먼저 가거나 그렇게 할 수 없을 때는 누군가 다른 친구가 재를 거두어 스피릿 만이 내려다보이는 우리 땅의 나무 아래에 뿌려주기 바란다.

5. 나는 맑은 의식으로 이 모든 요청을 하는 바이며, 이러한 요청들이 내 뒤에 계속 살아가는 가장 가까운 사람들에게 존중되기를 바란다.

호스피스의 의미

안락사 혹은 존엄사에 찬성하는 사람이나 반대하는 사람이나 공통적으로 인정하는 것이 있다. 그것은 호스피스(hospice)의 필요성이다. 호스피스는 환자의 질병 치료가 목적이 아니라 치료가 불가능해 임종을 앞둔 사람들이 고통 없이 그 길을 갈 수 있도록 도와주는 행위에 해당한다. 호스피스는 의료인, 사회복지사와 함께 성직자, 자원봉사자 등이 참여해서 환자를 신체적·심리적·영적·사회적으로 보살핀다. 호스피스 프로그램에서는 환자가 더 이상 불필요하거나 지나친 치료를 받지 않고 오로지 편안하고 자연스러운 죽음을 맞이하도록 보살핌을 받는다.

호스피스는 1815년 아일랜드의 더블린에서 채

그림 46. 호스피스는 평화, 위안, 존엄을 지향하고 있다.

리티 수녀원의 수녀들이 거리에서 죽어가던 가난한 환자들을 수녀원으로 데려다가 임종을 준비시킨 데서 유래하였다. 그 후 1967년 영국 런던 교외에 세운 성(聖)크리스토퍼 호스피스가 시초가 되어 세계적으로 보급되었다. 현재 영국에는 약 200개, 미국에 약 1,200개가 넘는 호스피스가 있다. 우리나라에서는 강릉의 갈바니병원에서 1978년에 호스피스 활동을 시작한 것이 최초이며, 1982년부터 서울의 강남성모병원을 중심으로 본격화되어, 현재는 대부분의 가톨릭계 병원에서 실시하고 있다. 우리가 잘 알고 있는 테레사 수녀가 바로 호스피스 활동으로 1979년 노벨 평화상을 수상한 바 있다.

말기 환자들을 도와주는 것은 헌신적인 노력과 고도의 숙련을 요구한다. 환자들은 일반적으로 부인(denial), 분노(anger), 거래(bargain), 우울(depression), 수용(acceptance)의 단계를 밟는다고 한다. 처음에는 자신의 질병 상태를 부인하다가 "왜 하필이면 나를?"과 같은 분노의 단계에 접어든 후, "나를 살려주면 앞으로 ○○○○ 하겠다."는 반응을 보이다가 자아상실의 감정을 거치고 결국은 자신의 죽음을 담담하게 받아들인다는 것이다. 특히, 분노의 단계에 이르면 병원이나 가족의 입장에서는 매우 난처해진다. 의사와 가족을 비난하고 과도한 불평불만을 늘어놓기 일쑤다. 그러나 환자는 분노를 표출함으로써 울적한 심정을 털어내고 최후의 순간을 보다 잘 수용하게 된다.

우리나라의 경우에는 안락사나 존엄사의 문제에 대한 공개적 토론을 꺼리는 분위기가 지속되다가 최근에 중요한 화두로 등장했다. 2009년 있었던 김수환 추기경의 선종, 대법원의 존엄사 인정, 존엄사의 공식적 시행 등을 배경으로 안락사와 존엄사에 대한 사회적 합의를 도출하고 법적·제도적 장치를 구비하자는 주장이 널리 확산되었던 것이다. 특히, 우리나라의 경우에는 고령화가 빠른 속도로 진전되고 있는 반면 의료복지가 충분하지 않기 때문에 이를 감안한 실질적인 대책이 필요하다. 그렇지 않을 경우에는 안락사나 존엄사가 환자의 권리가 아니라 의무로 전락할 수 있기 때문이다.

최근에 우리나라에서는 '존엄사법' 혹은 '웰다잉법'으로 불리는 「호스피스·완화의료 및 임종 과정에 있는 환자의 연명의료 결정에 관한 법」이 마련되었다. 이 법은 2016년 1월 8일에 국회를 통과했으며, 2018년부터 시행될 예정이다. 법의 골자는 회생 가능성이 없고, 치료해도 회복되지 않으며, 급속도로 증상이 악화되어 사망에 임박해 임종 과정에 있는 환자를 대상으로 심폐소생술, 혈액 투석, 항암제 투여, 인공호흡기 착용 등 네 가지 연명의료를 중단하여 존엄하게 죽음을 맞이할 수 있도록 한다는 데 있다. 위의 조건을 충족하는 환자가 '사전연명의료의향서'나 '연명의료계획서'를 통해 연명의료를 원하지 않는다는 점을 명확히 밝혀 두거나, 가족 2인 이상이 환자의 평소 뜻을 확인해 주면 연명치료를 중단할 수 있다. 환자의 뜻을 알 수 없는 경우에는 가족 전원이 합의해야 하며, 미성년 환자는 법정대리인(친권자)이 대신 결정할 수 있다.

제17장 유전자 변형 생물체의 쟁점

유전자 변형 생물체(Genetically Modified Organism, GMO)는 우리에게 점차 일상적인 것이 되어가고 있다. GMO는 DNA 재조합기술을 이용해 새롭게 만들어진 생물체다. 그것이 농작물에 적용되면 유전자 변형 작물(Genetically Modified Crops, GM 작물)이 되고 식품 형태로 가공되면 유전자 변형 식품(Genetically Modified Food, GM

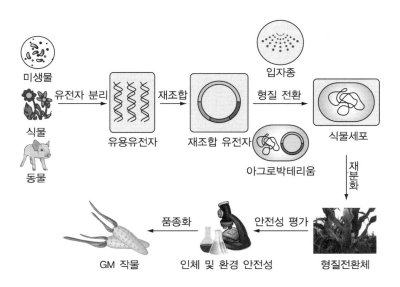

그림 47. GM 작물이 만들어지는 과정

식품)이 된다. GM 식품은 유전자 '조작' 식품이나 유전자 '재조합' 식품과 같은 용어로 사용되기도 한다. GMO 연구자들과 생산자들은 유전자 재조합 식품을 선호하고 있는 반면에 GMO 비판론자들이나 시민단체들은 유전자 조작 식품이란 용어를 주로 사용하고 있다. 이처럼 핵심적인 용어가 아직 통일되지 않을 정도로 GMO에 대한 사회적 논쟁이 치열하다. GMO에 관한 논쟁은 식품의 안전성, 환경에의 영향, 식량 문제, 국제 관계 등을 매개로 전개되고 있다.

GMO, 과연 안전한가

GMO를 둘러싼 가장 큰 논란은 안전성에 관한 것이다. GMO의 안전성 문제는 유전자 재조합의 과정이 정확하게 이루어지는 것이 아니라는 점에서 비롯된다. 원하는 형질을 발현시키는 유전자를 숙주세포 DNA의 원하는 위치에 정확하게 갖다놓을 수 없는 것이다. 인위적으로 만든 벡터가 세포 속으로 통합되는 과정은 무작위적인 것이며 아무리 훌륭한 과학기술자라도 이를 완전히 통제할 수는 없다. 과학기술자는 단지 플라스미드 벡터에 삽입된 표지유전자를 이용해 원하는 유전자를 받아들인 숙주세포를 사후적으로 골라낼 수 있을 뿐이다. 이처럼 유전자 재조합의 과정은 많은 불확실성과 실패의 가능성을 내포할 수밖에 없다.

콩, 옥수수, 감자 등과 같이 현재 유통되고 있는 GM 식품이 인체에 해가 없는 것인지에 대한 안전성 평가는 이른바 '실질적 동등성(substantial equivalence)'의 원칙에 의해 이루어지고 있다. 그것은

GM 식품이 원래의 식품과 주요한 생화학적 구성성분에서 차이를 보이지 않는다면, 이 둘은 실질적으로 동등한 것으로 간주하여 별다른 추가적 테스트를 하지 않는다는 뜻이다. 그러나 앞서 언급했던 바와 같이 유전자 변형의 과정에서는 외래유전자의 삽입에 의해 유전자 네트워크가 교란되어 원하지 않는 유전자가 발현되거나 감지하기 힘든 정도의 새로운 독소를 축적하는 등 예기치 못한 결과가 초래될 수 있다.

여기서 우리는 1998년에 영국 로웨트 연구소의 푸스타이(Arpad Pusztai) 박사에 의해 이루어진 연구결과에 주목할 필요가 있다. 그는 곤충에 독성을 갖는 렉틴(lectin)이라는 단백질을 자연적으로 분비하도록 GM 감자를 쥐에게 먹인 결과, 쥐의 면역체계가 저하되고 주요 장기의 크기가 줄어들었다는 연구결과를 발표하였다. 푸스타이는 그 연구를 수행한 후 직장에서 쫓겨났는데, 2006년에는 몇몇 과학기술자들이 푸스타이의 실험을 재현하여 그의 실험결과를 수용해야 한다고 주장하기도 했다. 푸스타이의 연구가 타당한 것인지에 대해서는 아직도 논란이 계속되고 있지만, 유전자 변형의 과정 자체가 식품의 안전에 문제를 가져올 수도 있으리라는 점에 대해서는 많은 과학기술자들이 동의하고 있다.

이와 비슷한 보고는 여러 차례에 걸쳐 계속되고 있다. 1999년에는 영국의료협회가 GM 식품에 있는 항생제 내성 유전자가 인체에도 항생제 내성을 키울 수 있다고 발표하였다. 2000년에는 독일의 예나 대학 연구팀이 GM 작물의 꽃가루를 먹은 꿀벌의 배설물에서 그 작물에 주입된 유전자를 검출했는데, 그러한 실험은 GM 작물 속의 유전자가 분해되지 않고 이를 섭취한 동물이나 사람에게 전이될 수 있다는 점을 시사하는 것이었다. 그리고 2002년에는 미국 중서부 지역의 농장에서 GM 사료를 먹은 돼지의 출산율이 크게 떨어진다는 보고가 있었다.

GMO의 위험성에 주목하는 사람들은 실질적 동등성의 원칙 대신에 '사전예방의 원리(precautionary principle)'를 강조하고 있다. 사전예방의 원리는 확실한 과학적 증거나 정보가 부족하더라도, 만약 어떤 활동이 건강이나 환경에 심각한 손상이나 위협을 가할 수 있는 경우에는 이에 대한 예방적 조치를 취해야 한다는 점에 주목한다. 이러한 맥락에서 몇몇 과학기술자들은 GMO를 식품이 아니라 의약품처럼 엄격하게 취급해야 한다고 주장하고 있다. 그리고 몇몇 시민단체들은 GMO의 안전성 혹은 위해성 여부를 판정할 수 있는 지식이 어느 정도 축적될 때까지는 GMO의 생산과 유통을 잠정적으로 중단하는 모라토리엄(moratorium)을 제안하고 있다.

환경에 미치는 영향

GMO가 환경에 어떤 영향을 가져올 수 있는가에 대한 논쟁 역시 유사한 대립구도를 지니고 있다. 몇몇 GMO를 생산하여 판매해 온 다국적 기업인 몬산토(Monsanto)의 예를 보자. 몬산토는 자사의 제초제인 라운드업(Roundup)에 저항성을 갖도록 유전자를 변형한 콩인 라운드업 레디 콩(Roundup Ready soybean)을 판매해 왔다. 그리고 일부 곤충의 애벌레에 독성을 갖는 토양 박테리아인 Bt(Bacillus thuringiensis)의 유전자를 도입하여 해충 저항성을 갖도록 만든 옥수수와 면화 등도 개발하였다. 몬산토를 비롯한 다국적 기업들은 이러한 작물들이 제초제와 살충제의 사용을 줄여 환경친화적인 농업을 가능하게 할 것이라고 주장하고 있다.

CLEANER FIELDS, HIGHER YIELDS®

그러나 환경단체와 제3세계 기구들은 이러한 주장이 터무니 없는 것이라고 반박한다. 제초제

그림 48. 라운드업과 라운드업 레디 콩에 대한 광고. 몬산토는 자사의 제품이 "들판을 깨끗이 하고, 생산량을 높인다."라고 선전하고 있다.

저항성 작물을 제초제와 함께 사용하면 오히려 라운드업과 같은 특정 제초제의 사용량이 늘어나게 되고, 그 결과 환경오염과 생태계 파괴는 더욱 가중된다는 것이다. 또한, 제초제 저항성 작물과 잡초들 간의 수평적 유전자 전이의 결과로 제초제 저항성을 지닌 '슈퍼 잡초'가 생겨나 생태계를 교란할 수 있다. Bt를 도입한 해충 저항성 작물의 경우에도 마찬가지인데, 이를 넓은 면적에서 재배할 경우 해충의 개체군에서 유전자 변화에 의해 Bt에 대한 저항성이 광범하게 생겨나 Bt를 무용지물로 만들 가능성이 강력하게 제기되고 있다. 뿐만 아니라 Bt 독소는 간접적인 경로를 통해 인간에게 이로운 곤충인 제주왕나비에게도 영향을 미치는 것으로 드러나 충격을 주고 있다. 이로 인해 생겨날 수 있는 '유전자 오염(genetic pollution)'은 일단 생태계 속에 방출되면 통제가 사실상 불가능하다는 점에서 과거의 화학적 오염과는 비교할 수도 없다.

GM 작물의 재배가 확산됨에 따라 작물의 유전적 다양성이 감소되어 농업 자체에 파탄을 가져올 수도 있다는 주장도 제기되고 있다. 어떤 GM 작물이 많은 수확을 낼 뿐만 아니라 농약의 피해를 입지 않는 특성을 가지고 있다면 농가에서는 그 품종을 선호

하게 될 것이다. 그 결과 다른 품종이 거의 도태되고 세계의 대부분 지역에서 단일품종으로 농사를 짓는 일이 벌어진다. 그러나 점차적으로 병충해를 일으키는 바이러스나 세균도 그 품종에 적응하게 되면 그 품종도 더 이상 병충해에 강한 품종이 아닌 것이 된다. 이러한 상황에서 그 품종이 치명적인 병충해를 입는다면, 전 세계적으로 수확이 급격하게 감소하는 사태가 발생한다. 이처럼 GM 작물이 단일품종의 재배로 이어질 경우에는 특정한 병충해로 인해 파국이 발생할 가능성이 상존하는 것이다.

여기서 우리는 몬산토를 비롯한 다국적 기업의 자세에 주목할 필요가 있다. 몬산토가 개발한 라운드업 레디 콩은 라운드업이라는 제초제에 잘 견디는 종자다. 이로 인해 몬산토는 제초제도 팔고 종자도 팔았다. 하지만 제초제에 잘 견디는 종자를 생산하는 대신에 제초제 없이 성장할 수 있는 종자를 만드는 것이 더욱 바람직한 것은 아닐까?

이와 관련하여 종자불임기술(terminator technology)을 도입하려는 시도도 있었다. 그것은 유전자 변형을 통해 씨앗이 한 번밖에 발아할 수 없도록 제한하는 기술이다. 이를 통해 농부들이 매년 농사를 지을 때마다 종자 회사에서 새로운 씨앗을 사게 만든다는 것이다. 하필이면 이러한 방향으로 기술이 개발되는 데는 이윤 창출에 급급한 천박한 자본주의의 논리가 도사리고 있다.

식량 문제와 국제 관계

GMO를 옹호하는 가장 중요한 근거로 제시되는 것은 인류의 고질적인 식량위기가 해결될 수 있다는 점이다. 세계 인구는 1999년에 60억 명, 2011년에 70억 명을 돌파한 후 2050년이면 90억 명에 이를 것으로 전망되고 있다. 오늘날에도 식량 문제로 고생을 하고 있는 사람들이 적지 않은데, 앞으로 인구가 계속 증가한다면 이러한 문제는 더욱 심각해질 것이다. 사실상 식량을 증산하기 위한 인류의 노력은 지속적으로 전개되어 왔지만, 그것은 매우 힘들고 복잡한 일이었다. 이에 반해 GMO를 활용하면 원하는 특성을 갖는 품종을 단시간 내에 만들어 냄으로써 곡물 및 식품의 수확량과 생산성을 크게 높일 수 있다.

그러나 식량의 증산이 가능해진다고 하더라도 그것이 곧바로 기아 문제의 해결로 직결되지는 않는다. 여기서 우리는 1970년대에 녹색혁명(green revolution)이 전개된 이후에 식량 생산량은 엄청나게 늘어났지만 기아 인구도 동시에 증가했다는 사실에 주목할 필요가 있다. 현재의 식량 생산량은 소비량의 1.5배에 육박하고 있으나 약 10억 명의 인구가 기아로 고생을 경험하고 있는 상태다. 또한 광우병이나 조류독감 등이 문제가 되어 수백만 마리의 소나 오리가 도살되어도 식량이 부족해서 사람들이 굶주리는 일은 없었다. 그렇다면 식량 문제의 진정한 원인은 식량 생산량보다는 불평등으로 인한 구매력의 부재에 있을 것이다. 새로운 작물의 개발이 식량의 증산을 낳고 그것이 기아 문제를 해결한다는 논리는 오늘날과 같은 복잡한 사회구조를 간과한 비현실적인 사고방식이라 할 수 있다.

생명공학기술을 둘러싸고 부자 나라와 가난한 나라의 입장도 부딪히고 있다. 그 대표적인 예로는 유전자 자원에 관한 문제를 들 수 있다. 미국을 비롯한 선진국들은 오랫동안 아시아와 아프

그림 49. 녹색혁명의 기초로 작용한 관개 기술

리카의 유전자 자원을 조사하면서 상업적 가치가 있을 만한 동식물을 말도 없이 가져갔다. 이를 두고 선진국은 "우리가 투자해서 개발했으니 이익을 얻는 것은 당연하다."는 입장을 보이고 있다. 반면 개발도상국이나 저개발국은 토착 동식물의 유전자가 석유와 마찬가지로 자기 나라의 자원이기 때문에 이를 앗아가는 선진국의 행위를 일종의 약탈 행위로 간주하고 있다. 이에 대하여 인도의 여성 환경운동가인 반다나 시바(Vandana Shiva)는 '생물해적질(biopiracy)'이라는 개념을 제안하기도 했다. 개발도상국에서 선진국으로 성장하기 위해 애쓰는 우리나라의 경우에는 어정쩡한 상태에 놓여 있다. 가령 우리나라의 토종 동식물이 외국에 무단 반출되어 이용되는 사례가 알려지면 비판적인 목소리가 거세지만, 우리나라의 기업이 아프리카 같은 곳에서 채취한 성분을 개발하면 '기술력의 개가'라고 높이 사는 분위기다.

선진국의 경우에도 미국과 유럽은 GMO에 대한 대응에서 상당한 차이를 보이고 있다. 미국은 세계 최대의 GMO 생산국으로서 현재 미국인의 식탁에서 GMO가 차지하는 비중은 60~70 %에 이르고 있다. 그러나 대부분의 미국인들은 본인이 먹는 음식이 GMO인지도 잘 모르고 있으며, 문제점도 크게 느끼지 못하고 있다고 한다. 미국과 달리 유럽은 GMO에 대해 강한 거부감을 표현하고 있다. 그것은 영국의 찰스 왕세자가 GM 식품을 '프랑켄슈타인 식품(Frankenfood)'이라고 비난한 데서 단적으로 드러난다. 유럽에서는 GMO에 대한 소비자와 농민들의 문제의식이 확산됨에 따라 선도적인 음식료 회사들과 대형 유통업체들이 GMO를 사용하지 않겠다는 'GM-free'를 선언함으로써 매장과 식탁에서 GMO가 점점 사라지고 있다.

이러한 맥락에서 미국과 유럽 사이에는 GMO를 둘러싼 분쟁이 끊이지 않고 있다. 유럽위원회(EC)는 1998년 10월에 GMO의 유통에 대한 모라토리엄을 선언하면서 미국, 캐나다, 아르헨티나 등에서 GMO를 수입하는 것을 전면적으로 제한하였다. 게다가 시장 출시와 유통이 이미 허가된 GMO의 일부에 대해서도 EC 개별 회원국의 차원에서 유통 및 판매를 금지하는 조치가 취해졌다. 이에 대하여 미국은 EC의 GMO 수입금지 조치가 과학적 근거가 부족한 정치적 이유에 입각하고 있으며 자국이 막대한 경제적 손실을 입고 있다고 주장해 왔다. 결국 그것은 2003년 5월에 미국, 캐나다, 아르헨티나가 EC의 조치에 대한 협의를 세계무역기구(World Trade Organization, WTO)에 요청하는 것으로 이어졌다. 협의에 의한 분쟁 해결이 어렵게 되면서 2004년 3월에는 WTO에 패널이 설치되었고, 2006년 2월에는 미국에 유리한 내용을 담은 잠정보고서가 채택되었다. 흔히 '대서양 분할(Atlantic divide)'로 불리는 미국과 유럽의 대립은 최근 들어 아프리카나 아시아와 같은 다른 지역으로 확산되는 양상을 보이고 있다.

사실상 GMO는 이미 상업화의 단계에 진입하여 국가 간 이동이 시작된 상태이기 때문에 국제적 차원에서 규범 체계를 구축하기 위한 노력도 지속적으로 전개되어 왔다. 그 대표적인 예로는 2000년 1월에 캐나다 몬트리올에서 개최된 유엔환경계획(United Nations Environment Programme, UNEP)의 생물다양성협약(Convention on Biological Diversity, CBD) 특별당사국총회에서 채택된 '바이오안전성에 관한 카르타헤나 의정서(Cartagena Protocol on Biosafety, CPB)'를 들수 있다. 바이오안전성 의정서는 GMO의 여부, 특성, 취급요령, 수출입자 등을 명시할 것을 요구하고 있으며, GMO 수입국이 과학적 불확실성과 사전 예방의 원칙에 의거하여 특정한 GMO의 수입을 제한하는 것을 허용하고 있다. 바이오안전성 의정서는 2003년 9월부터 국제적으로 발효되었지만, 주요 GMO 수출국인 미국, 캐나다, 아르헨티나는 바이오안전성 의정서에 가입하지 않은 상태다.

표시제를 넘어서

GMO가 확실하게 위험하다는 증거도 없고 완벽하게 안전하다는 증거도 없지만, 육성론자와 비판론자가 주목하는 측면은 다르다. 육성론자들은 GMO가 가진 위험성은 잠재적인 것에 불과하지만 우리에게 제공하는 편익이 매우 크기 때문에 GMO를 적극적으로 개발하고 수용해야 한다는 논리를 전개한다. 이와 함께 모든 기술이 초창기에는 위험성을 둘러싼 논란이 있지만 결국에는 극복된다는 점에 주목한다. 이에 반해 비판론자들은 GMO가 기본적으로 불확실성으로 가득 차 있어서 향후에 인체와 환경에 치명적인 영향을 미칠 개연성이 크기 때문에 이에 대한 사회적 통제가 필요하다고 주장한다.

GMO에 대한 대응책으로 널리 채택되고 있는 제도는 표시제 (label system)다. 표시제는 작물이나 가공물에 유전자 변형 원료를 사용했는지의 여부를 밝혀서 소비자들의 알 권리를 충족시킴과 동시에 소비자들이 구매 여부를 스스로 판단하게 하는 제도에 해당한다. 유럽의 전 지역은 2000년부터 GMO에 대한 표시제를 시행하고 있으며, 일본과 우리나라는 2001년에 표시제를 입한 바 있다.

그런데 우리나라의 경우에는 표시제의 대상이 콩, 옥수수, 콩나물, 감자 등에 국한되어 있고, 콩을 원료로 하는 식용유나 콩의 부산물로서 사료용으로 사용되는 대두박은 포함시키지 않고 있는 문제점이 있다. 또한 GMO가 가공 식품의 주요 성분 5순위 안에 들지 않으면 표시제의 대상에서 제외되고 있다. 이와 함께 혼입 비율을 보다 엄격하게 적용하는 방안도 강구되어야 한다. 현재 우리나라는 GMO의 비의도적 혼입 비율이 3 % 이상이면 표시를 하도록 되어 있는 반면, 유럽연합의 경우에는 1 %를 적용하고 있다.

표시제가 소극적인 대응방식에 불과하다는 점도 지적되어야 한다. 우선, 일반 대중이 다국적 기업과 동등한 위치에서 GMO에 대해서 적절한 의사결정을 할 수 있는가의 문제이다. 다국적 기업이 막강한 정보력과 자금력으로 GMO의 안전성을 주장할 경우에 일반 대중이 스스로 설득력 있는 반대 논거를 마련해서 대응하기는 쉽지 않다. 또한, GM 식품이 상대적으로 가격이 저렴하다는 점에서 자칫 경제적 약자에게 그 위험이 전가될 수 있다는 문제점도 제기되고 있다. 표시제가 실시되고 있다 하더라도 제3세계의 빈민층은 경제적 사정이 좋지 않아 GM 식품을 구매할 수밖에 없는 처지에 놓여 있는 것이다.

표시제보다 더욱 중요한 것은 GMO의 위해성 평가와 관련된 절차와 기술을 확보하는 데 있다. GMO의 위해성 평가는 GMO의 특성을 고려하는 가운데 사례별(case by case)로 검토해야 한다. GMO의 종류와 도입된 유전자의 특성에 따라 인체나 환경에 대한 평가 결과가 상이하게 나타날 수 있기 때문에 동일한 평가 방법을 천편일률적으로 적용하는 것은 바람직하지 않다. 또한, GMO의 위해성은 단기간 내에 나타나지 않는 경향을 가지고 있기 때문에 장기적인 차원에서 GMO의 영향을 평가하는 기술을 확보하는 것이 필수적이다. GM 작물이 환경에 미치는 영향에 대한 전(全)주기적 평가체제를 확립하고 GM 식품의 장기적 섭취에 의한 영향을 평가하는 모델을 개발하는 것은 그 대표적인 예다.

더 나아가 GMO에 대한 논의를 '위험 커뮤니케이션(risk communication)'의 관점에서 접근할 필요가 있다. 그것은 위험이나 안전에 대한 정의 자체가 가변적이라는 점을 전제로

그림 50. 유전자 변형 식품의 위험성을 경고하는 옥수수 모형

깔고 있다. 즉, 정부, 전문가, 일반인이 정의하는 위험에는 상당한 차이가 있기 때문에 정부나 전문가가 주요 사안을 결정하고 이를 일반인에게 홍보한다는 관념은 재고(再考)되어야 하는 것이다. 영국의 광우병 사례가 보여주듯이, 정부와 과학기술자가 위험 여부에 관한 의사결정을 독점하고 국민들에게 불확실성을 솔직하게 공개하지 않을 경우에는 수많은 희생자가 발생하고 과학기술에 대한 신뢰가 위기에 봉착할 수 있다. 이러한 사태를 사전에 예방하기 위해서는 의사결정의 투명성을 확보하고 국민의 참여를 보장할 수 있는 방안에 대해 보다 본격적으로 고민해야 할 것이다.

Read the World of Science and Technology

제 **4** 부 　환경과 에너지의 경고

일상이 된 환경문제

제 18 장

20세기 인류의 역사는 '카우보이식 경제개발의 역사'라고 할 수 있다. 개발지상주의의 기치 아래 성장의 단맛에 빠져 앞을 보고 달려온 시대다. 자연을 정복의 대상으로 여겼던 시대에는 환경보호가 배부른 소리에 불과했다. 그러나 이제는 상황이 달라졌다. 자연의 보복은 지구를 죽음의 별로 몰아가고 있다. 지구공동체의 특별한 노력이 없는 한 21세기에도 우리 모두가 지구에서 살 수 있을지 장담할 수 없게 되었다. "21세기는 생태주의의 시대가 될 것이다. 그렇지 않으면 존재하지 않게 될 것이다."라고 말한 어느 환경운동가의 발언이 실감난다.

그림 51. 인간이 버린 각종 오염물질에 몸살을 앓고 있는 자연과 생명

환경오염의 가속화

"하늘은 말갛지, 햇빛은 따뜻하지, 산은 파랗지, 저렇게 시냇물은 흐르지, 그리고 저 풀들은 아주 기운 있게 자라지. 우리들은 그 속에 앉았구려, 아이구 좋아라."

이것은 1917년에 발간되었던 이광수의 『무정』에 나오는 구절이다. 여기서 우리는 당시의 풍족한 자연환경을 상상할 수 있다. '하늘은 말갛지'에서 대기오염이 없는 하늘을 볼 수 있고, '산은 파랗지'에서 산성비의 피해가 없는 푸른 숲을 연상할 수 있으며, '저렇게 시냇물은 흐르지'에서 물의 풍부함과 깨끗함을 느낄 수 있다. 마지막 문장인 '우리들은 그 속에 앉았구려, 아이구 좋아라'는 인간과 자연과의 교감, 그리고 그로 말미암은 희열을 잘 나타내고 있다.

그러나 『무정』이 발표된 지 100년밖에 지나지 않은 지금의 실상은 이와 정반대라 참으로 안타깝다. 지구는 대기, 수질, 토양 등의 모든 영역에 걸쳐 수많은 환경문제로 몸살을 앓고 있다. 물과 공기는 생태계의 자정(自淨)능력(self purification capacity)이 상실될 정도로 오염되었고, 농약과 비료의 과다한 사용으로 토양도 황폐화되었다. 절제할 줄 모르는 화석연료의 소비 때문에 기후변화 혹은 지구온난화가 가속화되고 있고, 그것은 해마다 엄청난 기상이변을 속출시켜 천문학적인 비용의 피해를 야기하고 있다. 이와 함께 오존층의 파괴와 환경호르몬의 등장은 많은 사람들의 건강을 크게 위협하고 있다.

19세기 이후 급속히 진행된 산업화가 환경에 미치는 부정적인 영향은 20세기에 들어서 본격적으로 나타나기 시작하였다. 게다가 20세기에는 발전소와 자동차를 비롯한 환경오염물질을 다량으로 배출하는 기술시스템과 방사능물질 및 합성화학물질과 같은 지구생태계에 존재하지 않는 인공물질이 등장함으로써 환경문제가 더욱 광범위하고 복잡해졌다. 1952년에 발생한 런던 스모그 사건은 4,000명이 넘은 사람의 목숨을 앗아갔고, 로스앤젤레스에서는 1960년대부터 '광화학 스모그'라는 새로운 현상이 인식되었다. 1962년에 카슨(Rachel L. Carson)이 발간한 『침묵의 봄(Silent Spring)』은 DDT라는 살충제의 역기능을 폭로하였고, DDT의 위력은 베트남 전쟁을 통해 뚜렷이 확인되었다.

환경문제를 폭로하고 이에 대한 각성을 요구하는 운동은 1970년대부터 본격적으로 전개되었다. 1970년 4월 22일에는 미국에서 2,000만 명이 참여한 가운데 제1회 지구의 날 행사가 개최되었으며, 같은 해 12월에 미국 정부는 환경문제를 전담하는 기구로 환경보호청(Environmental Protection Agency, EPA)을 창설하였다. 1972년에는 스톡홀름에서 제1회 유엔 환경회의가 소집되었고 로마클럽은 「성장의 한계(The Limits to Growth)」라는 보고서를 출간하였다. 그 후 다양한 입장과 활동영역을 가진 수많은 단체들이 환경운동에 참여했으며, 오존층 파괴, 지구온난화, 환경호르몬 등의 새로운 환경문제가 인지되기 시작하였다. 이러한 맥락에서 세계 각국의 정부는 환경문제를 담당하는 기구를 설치하여 환경오염에 대한 규제를 강화해 왔으며, 특정한 지역에 국한되지 않은 환경문제의 성격 때문에 국제적 차원의 노력도 강화되고 있다.

이와 같은 환경운동의 전개와 함께 이색적인 실험도 시도되어 왔는데, 그 대표적인 예로 인공생태계의 조성을 들 수 있다. 1991년부터 미국의 애리조나 사막에서는 3만여 평의 온실 속에 열대

그림 52. 미국 애리조나 주에 있는 인공 생태계 실험장인 생물권 2. 실험이 실패로 끝난 후 지금은 관광지로 활용되고 있다.

우림부터 사막과 바다까지의 모든 생태계의 축소판을 집어넣은 '생물권 2(Biosphere 2)'에 대한 실험이 추진되었다. 지구가 생물권 1이라면 이를 본떠 인공적으로 만든 생태계는 생물권 2라는 것이다. 2억 달러가 투자되었던 그 실험은 2년 뒤에 끝났지만, 자급자족의 생태계를 구성하려는 시도는 무참히 실패하고 말았다. 새와 곤충들이 번창하기는커녕 대부분 죽어 버렸고, 바퀴벌레와 개미들이 생물권을 점령했다. 가장 치명적이었던 것은 인간이 충분히 숨 쉴 수 있는 산소가 충분히 공급되지 못했다는 데 있었다. 생물권 1인 지구가 60억 명의 인구에게 산소를 공짜로 제공하고 있다는 점과 극명하게 대비되는 대목이다.

이러한 실험은 자연생태계를 인공적으로 만드는 것이 매우 어렵다는 점을 보여주고 있다. 결국은 자연생태계를 보존하는 길밖에 없다는 것이다. 또한, 그 실험은 자연생태계가 우리에게 얼마나 많은 서비스를 제공해주고 있는가를 암시하고 있다. 한 연구에 따르면, 인간 사회에 직접 제공되는 자연의 서비스를 돈으로 환산하면 연간 36조 달러에 이른다고 한다. 그것은 지구 전체의 연간 생산액에 육박하는 수치다. 만약 이만한 서비스를 원금이 아닌 이자로 생산하려면 자연자본의 크기는 400조~500조 달러가 되어야 할 것이다. 인구 한 명당 수만 달러씩 감당해야 하는 막대한 금액이다.

여기에 지구환경의 위기에 접근하는 새로운 시각이 있다. 자연은 자본인 것이다. 자본주의 사회에서는 돈 없이 살 수 없다. 우리가 돈에 대해 취하는 태도를 자연에게도 동일하게 적용한다면 자연의 중요성을 실감할 수 있을까?

이와 관련하여 1999년에 출간된 『자연자본론(Natural Capitalism)』이라는 책은 새로운 산업체제가 기존의 자본주의와는 철저히 다른 사고방식과 가치체계에 근거한다고 지적하면서 다음과 같은 4가지 핵심전략을 제시하고 있다. 첫째, 자연 이용의 효율을 극대화하여 자원 고갈을 늦추고 공해 발생을 줄인다. 둘째, 생물이 가진 경이로운 에너지 효율과 창의성을 생산공정에 구현한다. 셋째, 상품의 구입을 중시하는 경제에서 서비스의 흐름을 고려하는 경제로 전환한다. 넷째, 자연자본을 유지, 복구, 확대하는 투자를 늘려 생물권의 서비스를 증가시킨다.

환경친화적 산업과 기술의 모색

이러한 점은 환경산업이라는 새로운 산업의 발전에 대한 모색을 요구하고 있다. 1994년에 제정된 '환경기술 개발 및 지원에 관한 법률'은 환경산업을 '환경의 보전 및 관리를 위하여 환경시설 및 환경측정기기 등을 설계, 제작, 설치하거나 환경기술에 관한 서비스를 제공하는 산업'으로 정의하고 있다. 환경산업이 인간의 의식주 활동과 다른 산업에서 발생하는 오염물질을 처리하는 부수적인 산업으로 인식되어서는 곤란하다. 환경산업은 그 자체가 충분한 성장 잠재력을 가진 산업으로서 환경산업의 시장 규모는 1990년의 3,400억 달러와 2000년의 5,400억 달러를 거쳐 2008년에는 1조 달러를 넘어섰다.

환경오염 문제를 해결하기 위한 지금까지의 방법은 오염물질이 발생된 다음에 이를 처리하는 사후처리기술(end-of-pipe technology)에 의존하여 왔다. 사후처리기술은 지속적으로 강화되는 환경 규제를 만족시키기 어렵고 나날이 고갈되고 있는 자원의 효율적 이용의 측면에서도 적합하지 않다. 이에 따라 오염물질을 사후적으로 처리하는 방식에서 오염물질의 발생을 사전에 극소화하는 방식으로 바뀌어 가고 있는 것이 세계적인 추세다. 이러한 기술을 총칭한 것이 바로 청정기술(clean technology)로서, 그것은 청정연료, 청정공정, 청정제품의 생산 및 활용을 도모하고 있다.

청정기술에 대한 몇 가지 사례를 제시하면 다음과 같다. 강물을 취수하여 음용수를 생산하는 경우에는 응집, 침전, 여과와 같은 복잡한 정수공정을 거치지만, 고분자 분리막을 만들어 활용하면 화학약품 사용량도 감소시키고 음용수의 질도 향상시킬 수 있다. 냉장고의 냉매로 사용되는 프레온 가스는 오존층 파괴의 주범으로 알려져 이에 대한 규제가 강화되면서 프레온 가스를 대체하는 물질을 모색하고 개발하는 작업이 적극적으로 추진되고 있다. 청정기술과 관련하여 가장 주목을 받고 있는 것은 '에코 카'로 불리는 저공해 자동차의 개발이다. 하이브리드 자동차는 이미 도로를 누비고 있고 전기 자동차는 실용화 단계에 접어들었으며 수소 자동차의 개발도 추진되고 있다. 청정기술은 환경오염에 대한 규제가 새로운 과학기술의 개발을 촉진하는 대표적인 사례에 해당한다.

기업이 환경문제에 대응하는 자세에도 많은 변화가 나타나고 있다. 환경문제에 대해 기업이 취하는 입장은 다음의 세 가지로 구분할 수 있다. 첫째는 '위기지향적 환경관리(crisis-oriented environmental management)'다. 이러한 입장을 취하는 기업은 대부분 환경문제를 전담하는 직원을 배치하지 않고 있으며, 로비를 벌이거나 벌금을 지불하는 것이 환경문제에 자원을 투입하는 것보다 효과적이라고 생각한다. 둘째는 '비용지향적 환경관리(cost-oriented environmental management)'로서 환경문제를 전담하는 직원을 배치하긴 하지만 정부의 환경 규제에 대한 법규를 준수하는 것에 만족한다. 셋째는 '계몽된 환경관리(enlightened environmental management)'다. 여기에 해당하는 기업에서는 환경문제에 대응하는 것이 전사적 차원에서 지지를 받고 있으며 환경보호 활동을 활발히 전개하여 정부당국 및 지역 사회와 좋은 관계를 유지하고 있다.

계몽된 환경관리와 관련하여 미국의 화학제조업협회(Chemical Manufacturers Association, CMA)는 1990년에 '책임 있는 배려: 공공에 대한 기여(Responsible Care: A Public Committment)'라는 프로그램을 수립하여 회원사들에게 다음과 같은 정책들을 권고하고 있다.

첫째, 화학물의 안전한 제조, 수송, 사용, 처리를 증진시키는 것, 둘째, 잠재적으로 영향을 받을 대중과 다른 사람들에게 안전과 환경적 위험에 대해 신속히 알려주는 것, 셋째, 환경적으로 안전한 방법으로 공장을 가동하는 것, 넷째, 환경, 건강, 안전(Environment, Health and Safety, EHS)에 관하여 화학물질을 개선하는 연구를 진척시키는 것, 다섯째, 정부와 함께 화학물질을 규제하는 책임 있는 법규를 만드는 데 참여하는 것과 이러한 목표를 증진하는 데 유용한 정보를 다른 사람들과 공유하는 것이다.

최근에는 적지 않은 기업들이 '환경경영' 혹은 '녹색경영'의 기치를 내걸면서 환경문제에 적극적인 자세를 보이고 있다. 이스트만 코닥은 필름 제조에 쓰이는 유기 용제의 사용량을 줄이기 위해 거래 현상소로부터 용제를 재활용하고 폐기된 카메라를 거둬들여 부품을 다시 사용하고 있다. 제록스는 복사기가 고장을 일으키거나 수명이 다할 경우에 부품 중에서 쓸 만한 것을 재활용하기 위하여 부품을 용접하지 않고 나사로 죄는 새로운 방법을 도입하였다.

3M의 경우에는 테이프 코팅에 사용하던 유독성 화학 용매를 물로 만든 안전한 제품이나 고체 코팅으로 대체하여 폐기물 발생률을 현격히 감소시키고 있다. P&G는 종이 기저귀에 고분자 흡수제를 사용함으로써 천연 펄프의 사용량을 절반으로 줄였으며, 한 그루의 나무를 벨 때마다 세 그루의 묘목을 심는 운동을 전개하고 있다.

환경문제에 대한 논점과 자세

이제 환경보호는 선택이 아닌 필수의 문제가 되었다. 인류의 특별한 노력이 없이는 인류가 지구에서 계속 살아갈 수 있다고 보장할 수도 없는 형편이다. 이러한 맥락에서 많은 국가나 단체들은 지속가능한 발전(sustainable development) 혹은 지속가능한 개발이라는 개념에 주목하고 있다. 지속가능한 발전은 1987년에 세계

환경개발위원회(World Commission on Environment and Development)가 발표한 「우리 공동의 미래(Our Common Future)」라는 보고서에서 처음으로 언급되었으며, 1992년에 브라질 리우데자네이루에서 개최된 유엔환경개발회의(UN Conference on Environment and Development, UNCED)에서 공식적으로 채택되었다. 지속가능한 발전은 두 가지 의미를 내포하고 있다. 첫째는 자연환경이 수용할 수 있는 범위 내에서만 개발을 추구해야 한다는 것이며, 둘째는 미래 세대가 누릴 수 있는 자연환경을 보존하면서 현재 세대의 수요를 충족시키는 개발을 추구해야 한다는 것이다.

지속가능한 발전은 인류가 지향해야 할 좌표를 제안하고 있지만, 이에 대해서도 논쟁은 끊이지 않고 있다. 환경과 개발은 어느 정도 양립할 수 있는가? 지나치게 인간 중심적으로 환경문제를 바라보는 것은 아닌가? 환경오염이 어느 정도 해소되어야 깨끗하다고 할 수 있는가? 우리가 생각하는 환경이나 자연은 도대체 무엇인가? 인간의 개입이 전혀 없는 자연은 어떤 의미를 가질 수 있는가?

이와 관련하여 환경문제의 해결을 과학기술의 발전에만 맡길 수 없다는 주장도 상당한 설득력을 얻고 있다. 지구환경의 위기는 과학기술의 개발을 통해 해결될 수 없는 보다 근본적인 문제로서 문명 전환 운동의 차원에서 새로운 생활양식을 창출하는 것이 중요하다는 것이다. 이러한 입장을 가진 사람들은, 물질적으로 덜 소유하고 덜 소비하지만 더 행복한 삶이 가능하며, 새로운 문명으로의 전환은 인간이 우주의 다른 모든 생명체와 함께 이어져 있다는 의식을 되살리는 데서 시작되어야 한다고 주장한다. 또한, 환경문제를 매개로 새로운 권력관계가 배태하고 있다는 주

그림 53. 유럽과 미국에서 아프리카로 수입된 재활용 컴퓨터들

장도 제기된다. 엄청난 빈부 격차로 인하여 부유층은 깨끗한 환경상품을 즐기는 반면, 국민의 절대 다수인 빈곤층은 궁핍과 오염의 더미 속에서 살아간다. 국제적으로는 제3세계라 불리는 저개발국들과 제4세계라 불리는 원주민 사회가 선진국과 신흥공업국에 의해 수많은 자원을 착취당해 왔다. 이러한 측면에서는 과학기술적 차원에서 제시되고 있는 환경문제에 대한 해결책이 환경불평등과 환경제국주의를 더욱 강화시키는 것으로 이해될 수 있다.

이상의 주장을 고려한다면, 환경문제는 단순히 과학기술의 문제로 환원될 수 없으며, 정신적·사회적 차원의 오염요소를 동시에 풀어나가는 지혜가 필요하다. 그러나 과학기술을 환경오염의 주범으로 간주하고 그것에 제동을 걸려고 하는 것은 현실적이지 않다. 물론, 그동안 과학기술은 환경문제를 유발하고 심화시키는 원인으로 작용해 왔지만, 과학기술의 발전이 본질적으로 환경적 가치와 대립하는 것은 아니다. 과학기술과 환경에 관한 가장 핵심적인 문제는 과학기술의 발전을 중단시키는 데 있는 것이 아니라 과학기술의 경로를 환경에 친화적인 방향으로 재정립하는 데 있는 것이다.

환경문제는 많은 손들의 문제(the problem of many hands)에 관한 대표적인 예로 간주되고 있다. 누구나 환경문제를 일으킨 책임이 있기 때문에 책임의 소재를 가리기 어렵다는 것이다. 그러나 이 것이 "모든 사람의 책임은 누구의 책임도 아니다."는 논변으로 이어져서는 곤란하다. 에너지를 덜 사용하고 환경에 덜 부담을 주는 방향으로 우리가 생활하는 방식과 태도를 개선해야 할 책임은 누구에게나 있는 것이다. 사실상 우리가 조금만 관심과 주의를 기울인다면, 음식 남기지 않기, 쓰레기 분리수거 잘하기, 적절한 냉·난방 온도 유지하기, 산불 예방하기 등은 우리의 일상생활에서도 어렵지 않게 실천할 수 있다.

이와 관련하여 1992년부터 자동차 중심의 교통현황을 개혁하는 운동을 벌이고 있는 앨보드(Katie Alvord)는 "당신의 차와 이혼하라!"라고 외치고 있다. 자동차를 팔고 대중교통이나 자전거를 이용함으로써 자동차로부터 자유로워지자는 것이다. 물론 자동차와의 인연을 끊는 것은 쉬운 일이 아니지만, 자동차를 덜 사용하는 방법은 얼마든지 있다. 다른 사람과 자동차를 공동으로 이용할 수도 있고, 자동차를 소유하지만 꼭 필요할 때만 사용할 수도 있는 것이다. 최근에는 자동차를 이용하는 대신에 자전거 타기, 전철 이용하기, 걸어 다니기를 촉진한다는 의미에서 BMW(Bike, Metro and Walk)라는 용어도 유행하고 있다.

그림 54. 제2차 세계대전 때 미국에서 카셰어링(car sharing)
을 권고한 포스터

이와 함께 환경문제에 대한 발상을 전환할 필요도 있다. 환경
문제를 에너지 공급의 차원이 아닌 에너지 수요의 차원에서 접근
하는 것이다. 에너지 소비량과 관련해서는 흥미로운 계산 결과가
있다. 인류가 출현한 후 1850년까지의 에너지 소비량을 100으로
잡을 때, 1850년부터 1950년까지의 에너지 소비량은 100이 되는
반면, 1950년에서 2050년까지의 에너지 소비량은 1,500이 된다는
것이다. 미국인의 경우에 할아버지 세대는 하루에 110 kW, 아버
지 세대는 하루에 150 kW를 썼으나, 현 세대는 250 kW라야 하루
를 살고, 다음 세대는 하루에 350 kW를 쓰면서도 성이 차지 않을
것이라는 보고도 있다. 국가별로도 상당한 차이가 있는데, 2005
년을 기준으로 국민 1인당 에너지 소비를 석유로 환산하면, 우리
나라는 4.43톤으로서 미국의 7.84톤보다는 낮지만 독일의 4.22톤,
일본의 4.18톤, 영국의 3.91톤보다는 높은 상태다. 또한 2008년을

기준으로 우리나라의 국내총생산(GDP) 대비 전력사용량이 경제협력개발기구(OECD) 평균의 1.7배에 달한다는 보고도 있다.

　이러한 점에 비추어볼 때, 새로운 에너지원을 개발하여 에너지 공급량을 증가시키는 것에 못지않게 에너지 수요량 자체를 감소시키기 위해 노력하는 것이 중요하다. 에너지 소비량에 비례해서 사람의 능률이 향상되고 생활이 풍요해지는 것은 결코 아니다. 또한 에너지를 많이 쓸수록 자연환경은 더욱 나빠지게 되어 있다. 무엇보다도 적정량의 에너지 범위 내에서 생활하는 것을 익히려는 의지와 실천이 필요한 것이다. 우리는 이러한 지혜가 절실히 요구되는 에너지 전환기를 살고 있다.

정점을 맞이한 석유시대

제19장

　인류의 역사는 에너지 사용의 역사라고 해도 과언이 아니다. 거친 자연으로부터 자신을 보호하기 위해서 최초의 에너지인 불을 사용하였으며, 사회적 편리와 물질적인 풍요를 증대시키기 위해 다양한 형태의 에너지를 사용하고 통제해 왔다. 에너지가 없는 우리의 일상생활은 상상하기 힘들 정도로 에너지는 인간 삶의 필수요소로 자리하고 있다. 인류의 에너지 소비는 산업화와 함께 증대되어 주요 에너지원인 화석연료의 소비량은 지난 반세기 동안 전 세계적으로 5배 이상 증가해 왔다. 그러나 화석연료는 오래전 지구상에 존재했던 동식물의 유해가 수백만 년 동안의 세월을 통해 변화된 것으로서, 매장량에 한계가 있고 사용 후 재생이 불가능하기 때문에 고갈의 위험이 있다.

　화석연료의 사용은 여러 가지 형태의 환경문제와도 맞닿아 있는데 이러한 쟁점의 중심에 석유가 있다. 석유의 공급과 수요를 둘러싼 국가 간 사회계층 간의 갈등은 환경문제와 더불어 중요한 사회문제로 작용하고 있으며, 우리나라와 같이 한 방울의 석유도 나오지 않는 나라에서는 더욱 심각한 문제가 아닐 수 없다. 모든 국가들은 저마다 풍부하고 값싼 에너지를 안정적으로 공급하고자

노력하고 있으며 이러한 맥락에서 석유의 공급과 수요를 둘러싸고
자국의 이익과 국제 관계를 고려한 치열한 접전을 벌이고 있다.

검은 주술에서 생활 속으로

석유를 증류하면 가스, 가솔린, 등유, 경유, 중유, 피치 등의 순
서로 나온다. 그중 가스는 액화석유가스(liquefied petroleum gas, LPG)
로, 가솔린은 가솔린엔진의 연료로, 등유는 가정용으로, 경유는
디젤엔진의 연료로, 중유는 산업용으로, 피치는 아스팔트의 원료
로 주로 사용된다. 석유에서 버릴 것이 하나도 없는 셈이다. 그러
나 인류가 석유의 다양한 용도를 알아가는 데에는 많은 세월이
필요했다.

석유는 오래전부터 사용된 것으로 알려져 있는데 고대인들은

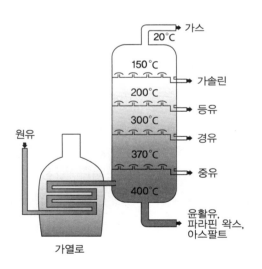

그림 55. 석유의 분별증류에 대한 개념도

이 물질을 검은 고래의 피나 유황이 응축된 이슬로 생각하기도 했다. 헤로도토스(Herodotos) 이래 고대 역사학자들의 기록에 의하면 그 당시에는 연료로서가 아니라 주로 바르는 약으로 사용되었다고 한다. 당시의 의료 행위가 상당히 주술적이었던 점을 감안하면 식용으로 사용할 수 없는 이 악취 나는 검은 기름이 고대인들에게는 꽤나 신비롭고 주술적인 것으로 인식되었던 것 같다. 석유는 액체나 고체, 기체로 모습을 바꾸며 사람을 현혹시키는 마법의 물질로 기원전 2000년경의 수메르(Sumer) 마법사들은 석유가 분출되고 가스가 분사되는 형상을 통해 미래를 점치기도 하였다.

석유는 주술적이면서도 꽤나 실용적으로 사용되었는데 기원전 4000년경에 제작된 것으로 추정되는 고대 수메르의 모자이크 판의 접착에 석유의 잔류물인 아스팔트가 사용된 것이 발견되었다. 메소포타미아에서는 기원전 3000년 이전에 길을 만들고 건물을 지을 때나 방수용 배를 제작할 때 아스팔트를 사용했다고 하며, 고대 이집트에서는 미라를 싸는 천에 사용하기도 하고 지혈이나 열을 내리는 목적으로도 사용했다. 석유는 '역청(pitch)'으로 불려왔는데 성경에도 바빌론의 시멘트 벽 건물과 노아의 방주에 방수용으로 역청을 사용했다는 기록이 있을 정도로 오래되었다. 기원을 명확히 알 수는 없지만 아주 오랜 세월 동안 인류의 역사와 함께해 오며 점차 그 사용이 증대되었다.

연료로서 석유의 사용은 불을 밝히는 등유로 시작되었는데 동식물의 기름이나 석탄유 대용으로 사용되며 전 세계적으로 퍼져나갔다. 석유는 천연광유로부터 얻어지는데 1850년을 전후해서 이 천연광유로부터 등유를 얻기 위한 연구가 활발히 진행되었다. 최초의 유전은 1859년 드레이크(Edwin Drake)가 서부 펜실베이니아의 세네카(Seneca) 인디언이 의료용 석유를 얻던 천연광유를 시추한 데서 시작되었다. 유전의 깊이는 약 21 m였으며 하루에 15배럴(약 2,384 ℓ)을 생산하였다. 그 지역의 유전은 순식간에 개발되었고 이로부터 현대 석유산업의 시대가 열리기 시작하였다. 석유산업으로 가장 성공한 사람은 '석유 왕'으로 불리는 록펠러(John D. Rockefeller)였는데, 그는 1870년에 설립한 스탠더드 오일(현재의 엑슨 모빌)을 통해 미국 석유산업의 80 % 이상을 장악했다.

19세기 후반만 해도 석유의 주된 용도는 가정용이었다. 가정에서 조명, 난방, 취사 등을 위해 등유를 사용했던 것이다. 이와 함께 석유는 각종 기계의 윤활유로 사용되기도 했다. 그러던 중 1879년에는 에디슨에 의해 백열등이 상업화됨으로써 석유산업은 일시적인 불황을 맞이했다. 이러한 위기는 얼마 지나지 않아 석유를 활용하는 내연기관이 등장함으로써 극복될 수 있었다. 1886년에 가솔린 자동차가 개발되고 1893년에 디젤 엔진이 등장하면서 자동차산업이 번창하기 시작했던 것이다. 가솔린 엔진과 디젤 엔진의 개발로 인류 사회는 석유에 크게 의존하는 사회로 변모하는 양상을 보였다.

석유는 수송연료뿐만 아니라 석유화학제품의 원료로도 광범위하게 사용된다. 석유화학의 발달과 함께 각종 생활필수품의 기초소재로 이제 우리 생활에서 없어서는 안 될 존재가 되었다. 나일론을 비롯한 합성 섬유, 마모가 심한 금속제를 대체하는 신소재인 엔지니어링 플라스틱, 채소의 재배에 사용되는 화학비료, PC나 TV와 같은 전자제품, 그리고 각종 화장품과 의약품의 원료로 널리 사용되고 있는 것이다. '아스피린에서 지퍼까지(from Aspirin to Zipper)'라는 표현이 있을 정도로 석유는 무수히 많은 물건을 만드는 데 필요한 원료로 자리 잡고 있는 셈이다.

석유 정점의 경고

석유는 우리 생활에 없어서는 안 될 에너지원인 것은 분명하지만 매장량에 한계가 있기 때문에 현재처럼 사용하다가는 언젠가는 고갈될 것이다. 다만 그 시기가 언제인가에 대해서는 아직도 논란의 여지가 많다. 1800년대 중반 석유산업이 시작될 시기만 하여도 석유는 무한정 터져 나올 것만 같은 마르지 않는 샘이었다.

이에 대해 처음으로 경고를 한 사람은 미국 텍사스의 쉘(Shell) 연구소에서 일하던 허버트(M. King Hubbert)였다. 허버트는 저명한 지구물리학자로서 석유와 천연가스의 매장량에 대한 연구로 유명하다. 그는 1956년에 열린 미국석유협회(American Petroleum Institute)의 회의에 참석하여, 모든 지역의 개별 유전뿐 아니라 지구 전체의 석유 생산량의 비율이 시간에 따라 종모양의 곡선을 그릴 것이며 미국의 석유 생산량은 1960년대 말에서 1970년대 초 사이에 최고 정점에 달한 후 점차 감소할 것이라는 예측을 내놓았다. 그의 예측은 석유업계에 큰 반향을 불러일으켰지만 동시에 혹독한 비판을 받았다. 그러나 석유 생산량이 1980년에 정점에 달한 후 다음 해부터 점차 줄어들기 시작하면서 허버트의 예상이 적중했음이 밝혀졌고, 지금도 미국의 연간 석유 생산량 곡선은 허버트가 제시한 종 모양을 그리며 점차 감소하고 있다.

석유산업계는 여전히 허버트의 견해를 인정하지 않으려 하였지만, 몇몇 학자들은 허버트 곡선(Hubbert curve)과 허버트 정점

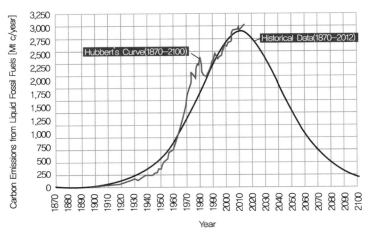

그림 56. 허버트 곡선과 역사적 데이터를 비교한 그래프

(Hubbert peak)에 사용된 이론을 토대로 전 세계 석유 매장량과 생산량을 분석하여 석유 정점(peak oil)에 대한 예측을 내놓았다. 이들 비관론자들은 2010년 전후에 세계 석유 생산량이 최대 정점에 도달하여 이후 해마다 3 % 정도씩 감소할 것이라고 전망한다. 이들의 주장에 의하면, 유전에서의 생산은 탐사, 채굴, 생산이라는 오랜 기간에 걸쳐 이루어지는데 유전의 발견은 점차 줄어들고 있기 때문에 석유 생산의 정점이 곧 올 수밖에 없다는 것이다.

그러나 지금도 여전히 석유산업의 주류는 낙관적인 견해를 표방하고 있다. 이를 대표하는 기관인 미국지질연구소(American Geological Institute, AGI)와 에너지정보청(Energy Information Administration, EIA)은 다른 기관에 비해 석유 매장량을 낙관하고 있으며, 석유 매장량과 생산 증가율 등에 따라 석유 정점이 나타날 시기를 매우 다양하게 전망하고 있다. 사실상 석유 정점은 2006년 구글 검색어 1위를 차지하기도 했지만, 지금은 이에 대한 논의가 다소 수그러든 상황이다.

　석유 매장량과 생산량에 대한 이 같은 견해 차이로 인해 전 세계 석유 정점에 대한 예측은 여전히 논란의 여지가 있다. 그러나 석유의 생산과 공급이 낙관론자들의 주장처럼 당분간은 문제가 없다고 하더라도 이미 세계는 두 차례의 석유 파동(oil shock)을 경험하였고 중동을 제외한 대부분의 지역이 석유 정점의 징후를 나타낸 이상 다음에 올 석유 파동은 이전보다 훨씬 심각하고 오래 지속될 것이라는 불안을 떨쳐내기 어렵다.

　1973년에서 1974년에 걸친 제1차 석유 파동은 중동에서 생산되는 석유의 안정적인 수급을 낙관하고 있던 국가에게는 그야말로 엄청난 충격과 혼란이었다. 석유수출기구인 OPEC의 회원국이 미국과 유럽의 이스라엘 지원을 철회할 것을 요구하며 석유 수출을 중단한 데서 시작된 석유 파동은 국제 석유 가격을 5배 이상 상승시켰으며 이로 인해 전 세계적인 경기침체와 함께 석유 소비국은 경제적 위기와 일대 혼란을 경험하였다. 그리고 1978년에서 1980년 동안의 제2차 석유 파동은 이란의 내전으로 인한 석유 생산의 감축과 수출 중단이었기 때문에 제1차 파동에 비해 석유 수급의 부족이 크지 않았으나 이전의 경험에 대한 불안이 결국 세계적인 석유 확보 경쟁으로 이어졌고 이로 인해 석유 가격은 3배 정도 치솟았다. 우리나라의 경우 제1차 석유 파동 동안 다른 나라에 비해 큰 피해를 받지 않았으나, 제2차 석유 파동에는 심각한 영향을 받아 1979년 6.4%였던 경제성장률이 1980년 −5.7%로 급락하였다.

　석유 파동으로 인한 경기침체나 경제적 혼란은 석유 생산을 하지 않고 소비만 하는 국가에 치명적일 수밖에 없다. 만일 석유

그림 57. 제1차 석유파동 때 미국 오리건 주의 한 주유업체가 깃발을 통해 석유 판매에 관한 방침을 밝히고 있다.

비관론자들의 예측대로 가까운 미래에 세계의 석유 생산량이 정점에 도달한다면 그 이후로 석유 부족의 문제는 석유 파동과는 비교할 수 없을 정도로 전 세계 석유 소비국의 경제를 뒤흔들 것이며 점차 감소하는 석유 생산량과 맞물려 끝없는 가격경쟁과 경제적 혼란이 야기될 것이다. 이러한 이유에서 세계열강은 세계를 지배하기 위해 이제 영토가 아닌 석유를 차지하기 위한 전쟁을 벌이고 있다. "석유를 지배하면 세계를 지배한다."는 논리가 작동하고 있는 셈이다.

석유가 있는 곳에 전쟁이 있다

중동, 카스피 해, 아프리카의 공통점은 무엇일까? 첫째는 분쟁과 내전이 끊이지 않는 곳이며, 둘째는 바로 그곳에 석유가 있다는 것이다. 특히 중동지역은 전 세계 석유자원의 약 60%가 편중되어 있기 때문에 석유의 개발과 배분을 둘러싼 다양한 국가 간, 지역 간의 갈등이 심화될 수밖에 없는 곳이다. 중동의 석유는 하늘이 내려준 부(富)이기도 하지만 동시에 국제적인 분쟁과 내전의 원천이기도 하다. 이란-이라크 전쟁, 이라크의 쿠웨이트 침공, 미국-이라크 전쟁 등 제2차 세계대전 이후 벌어진 많은 전쟁이 석유와 관련되어 있다.

미국이 아프가니스탄을 장악하고 다시 이라크에 손을 뻗친 이유는 표면적으로는 '악의 축'을 축출하고 세계 평화와 정의를 실현하기 위해서였다. 그러나 그 이면의 의도는 중동지역의 석유 이권을 얻기 위한 것이라는 설도 있다. 즉, 이미 미국의 석유 생산량은 정점을 지났고 당장에 석유 의존도를 낮출 수 없는 만큼 명분을 내세워 자국의 석유산업을 지키기 위한 길을 만들 필요가 있었다는 주장이다. 당시 부시(George W. Bush) 대통령은 스스로를 오일맨(oilman)이라 불렀으며 부통령이었던 딕 체니(Richard Bruce Cheney, Dick Cheney로 불림)를 포함하여 선거운동 당시 핵심 지지자이자 후원자였던 25명 중 14명이 석유산업과 관련된 인물이었을 정도로 석유산업과 이해관계를 함께 하고 있었다. 이러한 이해관계는 전쟁특수를 통한 이권의 창출과 함께 이라크와의 전쟁에 더 큰 동기를 부여하게 만들었다.

석유와 전쟁의 연관성은 세계대전에서도 잘 드러난다. 제1차 세계대전 당시 석유는 전쟁 물자의 운송에 필수적인 요소였기 때문에 전쟁의 승리를 위해서는 안정적인 석유의 확보가 보장되어야 했다. 독일은 루마니아 유전과 카스피 해 연안의 바쿠 유전을 확보하였고 연합군의 석유 보급을 차단하기 위해 중동지역에서 대서양을 지나 이동하는 유조선을 공격하였다. 그러나 결국 독일의 거점이 되었던 루마니아 유전과 바쿠 유전이 연합군에 의해 완전히 파괴됨으로써 독일은 전쟁수행능력을 상실하고 항복할 수밖에 없었다. 제2차 세계대전 당시에도 독일은 바쿠 유전을 얻기 위해 소련과의 조약을 파기하고 소련을 침공하였다. 그러나 결국 소련의 완강한 저항으로 바쿠 유전은 얻을 수 없었고 연합군과의 전쟁에서도 패하게 되었다. 독일은 석유를 지배하지 못하여 세계를 지배하지 못하게 된 것이다.

이스라엘과 팔레스타인의 대립으로 인한 정치적 긴장감은 중동지역에 대한 석유 의존도가 높은 우리나라의 에너지 체제에 큰 위협요인이 되고 있으며 실제적인 전쟁의 발발은 석유 파동을 넘어서는 악몽을 현실화시킬 수도 있을 것이다.

석유의 대안

우리나라에서 석유 의존도가 높아진 것은 그리 오래전 일이 아니다. 1960년대의 우리나라 주 에너지원은 석탄과 신탄이었으나 연탄공급 파동을 겪으면서 1970년대 이후에는 석유 위주의 에너지 공급 정책으로 전환하였다. 그러나 1973년에 석유파동이 벌어지자 또다시 에너지 장기 수급 정책을 긴급하게 대폭 수정해야만 했고, 1974년 다시 석탄의 수요를 높여 석유 수입의 비중을 낮추고 국내의 에너지 자원을 최대 개발하는 방안을 마련하는 등 석유의 대안을 찾고자 고심하였다. 이 과정에서 우리나라의 대체에너지 정책이 첫걸음을 내디뎠다. 태양에너지를 이용한 냉난방시스템의 연구개발 사업을 시작으로 태양열 집열판 기술이 개발되고 1970년대 말에는 주택정책과 연계한 태양열 정책이 마련되기에 이르렀다.

그러나 성급하게 시행된 태양열 주택 사업은 기술개발의 수준과 시공업자의 품질관리가 제대로 확보되지 않은 상태에서 양적 성장만을 추진했기 때문에 결국 실패로 돌아갈 수밖에 없었다. 이런 상황에서 1978년에 준공된 고리 원자력발전소의 가동률이 60 %에 이르자 정부의 에너지 기술개발 정책은 원자력 기술개발로 방향을 옮겨갔다. 결국 석유 파동에 대한 위기의식에서 시작된 우리나라의 재생에너지 기술개발 정책은 지방의 보조에너지 기술개발에 머물고 말았으며 1990년까지 국내 에너지 공급에서 재생에너지의 비율은 0.4 %를 넘지 못했다.

1990년대 천연가스의 수요가 확대되면서 석유의 소비 비중이 오히려 점차 감소되는 현상을 보이기도 하였으나, 우리나라 1차 에너지 가운데 석유가 차지하는 비중은 2008년 43 %로 OECD 평균인 40.4 %나 세계 평균 34.8 %보다도 높은 것으로 나타났다. 우리나라 국민 1인당 석유 소비량은 세계 7위이며 경제규모 대비 석유 소비 비중을 따지면 단연 세계 1위 수준이다. 석유 파동 직후 석유를 대체하는 에너지원에 대해 잠시 관심을 가졌지만 석유 가격이 하락하자 대체에너지 개발에 대한 관심은 사라지고 수입 에너지원에 대한 의존을 지속적으로 높여온 셈이다. 우리나라는 현재 1차 에너지 공급량의 97 %를 수입에 의존하고 있기 때문에 에너지원의 고갈과 환경 문제가 더욱 치명적일 수밖에 없다. 21세기 초부터 불안하던 석유 가격이 급격히 상승하다 다시 소폭 하락하며 요동치고 있다. 유가가 상승하였다가 일시적으로 하락하는 현상이 반복될 수는 있으나 장기적인 관점에서 보면 유가 상승 추세는 앞으로도 지속될 것이 자명하다. 석유의 시대가 언제 막을 내릴지는 모르겠지만, 저렴한 석유의 시대가 끝났다는 점은 분명한 사실이다.

 석유 위기에 대비하는 유일한 길은 석유 의존도를 낮추는 방법뿐이다. 2005년 유엔환경계획(United Nations Environment Program, UNEP) 사무총장을 지낸 퇴퍼(Klaus Töpfer)는 석유 위기가 국제적으로 많은 갈등을 불러올 것이며, 여러 가지 문제와 분쟁을 해결하기 위한 유일한 해답은 석유에서 해방되는 것뿐이라고 주장했다. 주요 선진국들은 이미 오래전부터 에너지원을 다변화하고 기후변화에 대응하기 위한 전략의 하나로 재생(가능)에너지의 개발과 보급에 주목해 왔다. 우리나라의 경우에는 2003년을 재생에너지 보급의 원년으로 선포하고 2011년까지 재생에너지 5 % 달성을 목표로 삼은 바 있다. 그러나 2011년을 기준으로 EU의 재생에너지 비중은 13 %를 넘어선 반면, 우리나라는 아직 1~2 % 내외에 머물러 있다.

기후변화를 막아야 산다

제**20**장

사계절의 특성이 분명했던 우리나라의 기후도 이젠 변화되고 있다. 겨울이 점점 따뜻해지고 여름은 점점 더워지고 있을 뿐 아니라 봄과 가을은 점점 짧아지고 있다. 그리고 세계 도처에서 '기후변화'의 징후들이 아주 잔인하게 나타나고 있다. 2003년 유럽에는 살인적인 더위 때문에 무려 3만 5,000명이 목숨을 잃었다. 대부분의 피해자가 노약자였지만, 여름이 점점 더워지면서 우리의 생명까지도 위협하고 있는 것이다. 온도가 올라가면 대륙뿐 아니라 바닷물도 데워지고, 바다의 온도 상승으로 인하여 더 강력한 폭풍이 더 빈번하게 발생한다는 이론도 등장했다. 2004년 미국 플로리다 주에는 이례적으로 허리케인이 4번 발생했다. 같은 해 일본도 태풍 발생 횟수에서 최고기록을 세웠는데, 무려 10개의 태풍이 일본을 휩쓸고 지나갔다.

또한 지구온난화로 인해 토양이 가지고 있는 수분이 대량 증발되면서 지구의 사막화가 진행되었다. 최근 들어 전 세계의 연간 평균 사막화가 더 빠르게 진행되고 있다. 세계에서 여섯 번째로 크다고 알려진 아프리카의 차드 호가 지금은 거의 말라 초원지대로 변한 것은 지구온난화에 따른 결과라는 의심을 지우기 힘들다.

라이너스(Mark Lynas)는 『지구의 미래로 떠난 여행』에서 각 지역의 사람들을 만나고 인터뷰하면서 지구온난화로 인하여 세계 곳곳에 발생한 재앙들을 생생하게 전해주고 있다. 그는 대표적으로 태평양에 몇 개의 섬으로 이루어진 나라 투발루가 점점 가라앉고 있는 실상과 함께 하루아침에 섬들 중 하나가 사라지는 현실에 대해서도 말하고 있다. 기온이 상승하면서 남극에 있는 빙하들이 녹아 엄청난 양의 물이 갑작스럽게 바다로 유입되면서 전 세계의

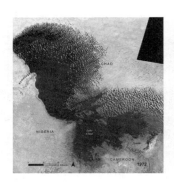 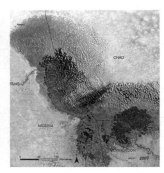

(a)

(b)

그림 58. (a) 사라지는 차드 호(1972년과 2007년 비교)
(b) 밀물 때마다 침수 피해를 입는 투발루

해수면이 상승하고 있다. 특히 투발루는 대륙의 해발고도가 낮아 바로 그 피해의 대상이 된 것이다. 투발루의 한 관리는 자신들의 정체성이 점점 사라질 수 있다는 고민을 하면서도 매년 일정 주민을 뉴질랜드로 대피시키는 계획을 세울 수밖에 없다고 말했다.

현실로 다가온 기후변화

일반적으로 지구온난화로 대변되는 기후변화는 그 징후가 단순하게 온도의 상승만이 아니라 지역에 따라 다양한 현상으로 발생할 수 있기 때문에 좀 더 일반적으로 표현한 것이다. 영화 <투모로우>를 보면 쉽게 이해할 수 있다. 영화 속에서 기후학자는 급격한 지구온난화로 인하여 남극과 북극의 빙하가 녹아 대량의 차가운 물이 해양으로 유입되어 해류의 흐름을 바꾸고 이로 인해 기온이 갑자기 떨어져 빙하시대가 올 것이라는 예측을 한다. 이런 '엉뚱한 발상'을 주변 사람들과 정부의 관계자는 믿지 않고 무시하지만 결국 이러한 예측은 현실이 되어 전 세계는 순식간에 빙하로 뒤덮인다. 이 경고가 허무맹랑한 것처럼 들리겠지만 실제로 지역에 따라서 유사한 상황이 발생할 수 있다. '기후변화'는 온실가스로 인하여 지역에 따라 기온이 올라가거나 내려가면서 이상 현상이 일어나는 것을 의미한다.

온실가스란 이산화탄소(CO_2), 메탄(CH_4), 이산화질소(N_2O), 수소불화탄소(HFCs), 과불화탄소(PFCs), 육불화항(SF_6) 등의 기체를 말한다. 이러한 기체들은 햇빛이나 다른 열을 받게 되면 그 열을 품고 내놓지 않는 성질을 지닌다. 즉, 대기 중에 이러한 온실가스가 증

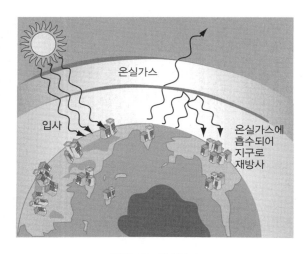

그림 59. 온실효과

가하면 지구로부터 나가는 에너지를 흡수하여 지구 대기의 온도
를 상승시키는 '온실효과'를 일으킨다. 인위적으로 배출되는 온실
가스 중에서도 이산화탄소가 기후변화를 일으키는 주요한 기체로
간주되는데, 대부분 화석연료 연소 과정에서 발생한다.

기후변화는 몇몇 국가 혹은 특정 지역에 국한된 문제가 아니
다. 1988년에 기후변화와 관련된 지구적 위험에 대한 대책을 마
련하기 위해 유엔 산하에 정부간기후변화패널(Intergovernmental Panel
on Climate Change, IPCC)이 설립된 것도 이러한 사정을 반영하고 있
다. IPCC가 2007년에 발간한 4차 보고서는 인류가 화석연료를
현재와 같은 속도로 사용할 경우에 2100년에는 20세기 말에 비
해 기온이 최고 6.4 ℃가 상승할 것이고, 바다의 높이는 최고 59
cm 상승할 것이라고 분석한 바 있다. 이에 따라 멸종하는 생물
이 급격히 늘어나고, 해수 온도 상승으로 인하여 산호가 전멸하
며, 물속에 잠기는 나라와 지역 들이 속속 생겨날 것으로 예상된다.

교토의정서에서 파리협정으로

지구온난화가 현실로 나타나고 이에 대한 과학적 근거가 쌓여감에 따라 국제적 차원의 대응이 필요하다는 인식이 확산되고 있다. 그 신호탄은 1992년 브라질의 리우데자네이루에서 열린 유엔환경개발회의에서 채택된 기후변화에 대한 기본협약(United Nations Framework Convention on Climate Change, UNFCCC)이었다. 그리고 이에 대한 구체적인 이행 방안으로 1997년 일본 교토에서 개최된 기후변화협약 제3차 당사국총회(Conference of the Parties, COP)는 '교토의정서(Kyoto Protocol)'를 채택했다.

교토의정서는 감축 대상이 되는 온실가스로 앞서 언급한 6가지를 선정했다. 의무이행 대상국은 오스트레일리아, 캐나다, 미국, 일본, 유럽연합(EU) 회원국 등 총 37개국으로, 각국은 2008~2012년을 제1차 감축공약기간으로 하여 온실가스 총배출량을 1990년 수준보다 평균 5.2 % 감축하기로 합의했다. 각국의 감축 목표량은 차별화되었는데, 예를 들어 유럽연합은 8 %, 일본은 6 %로 설정되었다.

이와 함께 교토의정서는 공동이행(Joint Implementation), 청정개발체제(Clean Development Mechanism), 배출권거래(Emission Trading) 등의 제도를 도입했다. 공동이행제도는 의무대상 국가들이 온실가스 감축 사업을 공동으로 수행하는 것을 인정하는 제도다. 한 국가가 다른 국가에 투자하여 감축한 온실가스 감축량의 일부분을 투자국의 감축 실적으로 인정한다는 것이다. 청정개발체제는 선진국이 개발도상국에 가서 온실가스 감축사업을 수행하면, 달성한 실적을 투자 당사국의 감축량으로 인정해 주는 시스템이다. 청정

개발체제를 통해 의무대상국은 온실가스 감축량을 확보하고 개발도상국은 선진국으로부터 자금과 기술을 지원받는 셈이다. 배출권거래제도는 의무 감축량을 초과 달성한 국가가 그 초과분을 의무 감축량을 채우지 못한 국가에 판매할 수 있도록 허용하는 것에 해당한다.

그러나 교토의정서가 실제로 채택되는 과정에서는 온실가스 감축에 대한 목표치와 일정, 그리고 개발도상국의 참여 등과 같은 문제를 매개로 심한 의견 차이가 표출되었다. 심지어 2001년에는 당시 온실가스 최대 배출국이던 미국이 자국의 경제적인 피해와 중국 등 개발도상국의 불참을 이유로 들면서 교토의정서 탈퇴를 선언했다. 다행히 러시아가 비준에 동참한 덕분에 2005년에는 교토의정서가 공식적으로 발효되기에 이르렀다. 이어 2012년에 카타르 도하에서 열린 제18차 당사국총회는 온실가스 의무감축 유효기간을 2020년까지 연장하기로 했지만, 러시아, 일본, 캐나다 등이 자국 산업의 보호를 이유로 합의를 거부하는 사태가 빚어지기도 했다.

2015년 11월 30일에는 교토의정서가 종료되는 2020년 이후의 기후변화 대응체제를 마련하기 위해 UN 회원국 195개국이 참여한 제21차 당사국총회가 프랑스 파리에서 열렸다. 2주간의 협상 끝에 12월 12일에는 협약 당사국이 '국가결정기여(Nationally Determined Contribution, NDC)'의 방식을 통해 온실가스 감축 의무에 동참하는 데 합의했는데, 이는 '파리협정(Paris Agreement)' 혹은 '신(新)기후체제'로 불리고 있다. 선진국만 온실가스 감축 의무가 있었던 교토의정사와 달리 파리협정은 195개 당사국 모두가 참여한 최초의 보편적인 기후합의라는 의의가 있다.

파리협정을 통해 당사국들은 장기 목표로 "산업화 이전 대비 지구 평균 온도 상승폭을 2 ℃보다 훨씬 작게 제한하며, 1.5 ℃까지 제안하기 위해 노력한다."라고 합의했다. 파리협정은 각국이 온실가스 감축에 대한 목표를 자율적으로 정할 수 있게 했고, 대신 5년마다 상향된 목표를 제출하도록 했다. 또한 정기적인 이행 상황 및 달성 경과에 대한 보고를 의무화했으며, 이를 점검하기 위한 종합적 시스템을 도입해 2023년에 최초로 실시한다는 원칙도 도출했다. 이와 함께 차별적 책임의 원칙에 따라 온실가스를 오랫동안 배출해 온 선진국이 더 많은 책임을 지면서 개발도상국의 기후변화 대처를 돕기로 했다. 감축목표의 유형에서도 선진국은 절대량 방식을 유지하며, 개발도상국은 절대량 방식과 배출 전망치 대비 방식 중 하나를 선택하도록 했다.

파리협정이 발효되기 위해서는 55개국 이상의 국가가 비준한다는 조건과 세계 온실가스 배출량의 총합 비중이 55 % 이상에 해당하는 국가가 비준한다는 조건이 모두 충족되어야 한다. 그러나 2017년 6월 1일에 트럼프 미국 대통령이 파리협정 탈퇴를 공언하면서 파리협정 자체가 유명무실해질 수도 있다는 관측도 나오고 있다.

기후변화의 은폐와 왜곡

기후변화의 원인이 인간의 활동으로 인한 이산화탄소라는 것은 현대 과학계에서 거의 일치하는 의견이다. 미국의 한 대학 교수는 10년 동안 과학 저널에 발표된 논문의 약 10 %에 해당하는

그림 60. 앨 고어의 『불편한 진실』

928건의 논문을 분석한 결과, 기후변화의 원인이 인간이라는 전제를 부정하는 논문을 찾을 수 없었다고 보고하기도 했다.

IPCC와 함께 2007년 노벨 평화상을 수상한 미국의 전 부통령 앨 고어(Al Gore)는 2006년에 발간한 『불편한 진실』에서 대중과 과학계의 의견 차이를 이해관계가 있는 기업과 정부의 기후변화에 대한 과학적 사실의 은폐와 왜곡에서 찾았다. 마치 담배회사들이 과학적으로 너무나 자명한 담배의 유해성을 교묘히 왜곡해 온 것처럼, 거대 석유회사, 석탄 회사, 전력 회사가 기후변화의 원인이 인간이라는 사실을 하나의 가설로 격하시키는 시도를 하고 있다는 것이다. 더욱이 미국의 부시-체니 행정부는 기후변화의 위험성을 경고하는 과학자들의 의견을 은폐하고, 과학자들에게 대중매체에 이와 관련된 의견을 내지 말라는 지침까지 내렸다는 것이다.

이와 관련된 일화가 있는데, 부시 대통령의 환경정책 담당 보좌관인 필립 쿠니(Philip A. Cooney)는 연방 정부 기관들에서 올라오는 공식 평가를 검열하고 편집할 수 있는 권한을 가지고 있었고, 이를 이용하여 기후변화에 대한 위험성을 알리는 내용을 삭제하다가 「뉴욕타임스」에 의하여 이 사실이 폭로되었다. 이 사건으로 필립 쿠니는 사임하였고, 이후 그가 출근한 곳은 거대 석유회사인 엑슨 모빌이었다.

대중매체를 통하여 기후변화에 대한 지식을 얻는 일반 시민은 혼란스러울 수 있다. 기후변화가 어느 정도로 심각한지 다양한 논점에서 논의되고, 심지어 기후변화가 실제로 일어나고 있는 것인지 의심하는 기사도 있다. 한 조사에 의하면 「뉴욕타임스」, 「워싱턴포스트」, 「월스트리트저널」에 실린 관련 636건의 기사 중 53 %가 기후변화를 의심하는 기사였다는 것이다. 이러한 상황에서 무엇을 그리고 누구의 말을 믿어야 할지 판단하기 힘들다. 일반 시민은 문제가 분명하지 않은 상태에서는 어떤 행동에도 나서지 않는 특성을 지닌다. 실제로 일어나지도 않는 기후변화를 막기 위하여 나의 삶의 질을 낮추어 가며 살아야 할 이유가 무엇이겠는가?

기후변화에 대한 다양한 의견

우리 주변에서 일어나는 기이한 기후변화가 과연 인간 때문인가? 지구가 온난화되고 있는 것은 사실이지만 그렇게나 심각한 수준일까? 기후변화를 막기 위해 우리가 해야 할 일이 많은 돈을 들여 이산화탄소를 감축하는 것일까?

기후변화는 인간의 활동으로 생산되는 이산화탄소가 주요한 원인이고, 기후변화로 인한 재앙은 아주 심각한 수준이라서 지금 당장 전 세계가 의견을 모아 이산화탄소 감축을 위하여 노력해야 한다는 주장이 대부분의 매체에서 보도되는 '기후변화'에 관련된 글의 주요 골자라고 파악된다. 물론 이해관계가 있는 석유회사 혹은 정부조차도 기후변화에 대하여 자신의 이익을 보호하기 위하여 정당치 않은 방법으로 사실을 조작한 경우도 있을 것이다. 대중매체에서는 지구온난화 사실 자체를 부정하거나, 지구온난화는 인간에 의한 것이 아닌 태양의 활동변화에 따른 자연적인 현

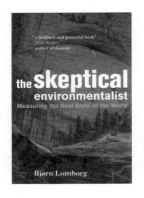

그림 61. 롬보르의
『회의적 환경주의자』

상 혹은 현재 지구가 온난화 주기에 있기 때문에 정상적인 변화라는 주장도 있다.

덴마크의 통계학 교수 롬보르(Bjørn Lomborg)가 쓴 『회의적 환경주의자』는 세계적으로 환경운동에 대한 반성과 반향을 일으킨 책이다. 우리는 다양한 매체를 통하여 환경파괴와 이에 대한 비관적인 소식을 매일 접하고 있다. 그런데 정말로 얼마나 심각한 것인지, 무엇을 해야만 문제가 해결될 수 있는지 분명한 지침이 없다. 이 책은 수많은 통계자료를 토대로 여러 환경문제에 대한 우리의 분명한 위치를 파악하고자 하였다. 특히 기후변화에 대한 논쟁에서는 이산화탄소를 감축하는 것으로 문제가 효율적으로 해결될 수 있을지 의심한다. 따라서 얼마 되지 않는 이산화탄소의 배출량을 줄이는 데 사용되는 엄청난 양의 재원을 더 심각한 문제에 사용하거나, 개발도상국에 직접적인 원조를 하는 것이 문제를 해결하기 위한 더 효율적 방법이라고 주장한다. 혹은 장기적으로 온실가스를 줄일 수 있도록 연구개발에 투자하는 것이 더욱 바람직하다고 말한다.

과학기술의 불확실성에 대한 태도

많은 사람들은 과학기술이 문제에 대하여 확실하고 분명한 답을 줄 것으로 기대한다. 과학시간에 풀던 문제들은 모두 깔끔하게 답이 나오곤 했으니까 더욱 그럴 것이다. 실험을 통하여 결과를 얻는 과학기술에 불확실성이란 수식어는 어울리지 않아 보인다. 그러나 우리 주변에서 벌어지는 과학기술에 대한 여러 가지 이슈들과 문제들은 더 이상 확실성을 담보하지 않는다. 물론 우리가 매년 한 장소에서 이산화탄소 양을 측정하면 그 값은 정확하게 나온다.

실제로 1958년부터 48년 동안 미국의 레벨(Roger Revelle) 교수는 하와이의 거대한 화산 마우나의 꼭대기에서 매년 이산화탄소의 양을 측정하였고, 측정치를 그래프에 표시했을 때 이산화탄소 농도가 증가하는 것을 확인할 수 있었다. 이러한 결과의 확실성을 보증하기 위해서는 관측기구가 잘 작동하고 관측자가 거짓말을 하지 않는 등의 여러 전제가 필요하다. 그러나 우리가 더 관심을 가져야 하는 부분은, 이러한 과학적 관측 결과는 인간이 이산화탄소를 발생시켜 급격한 기후변화를 불러일으켰으므로 당장 이산화탄소를 줄여야 한다는 가치판단까지는 이어지지 않는다는 것이다.

이에 우리는 어떤 태도를 지녀야 할까? 롬보르 교수는 더 많은 과학적 증거와 확실한 데이터를 바탕으로 행동해야 하고, 그 행동의 방향도 더 효율적인 방향으로 향해야 한다고 주장한다. 반면에 교토 의정서의 예를 들면, 온실가스가 얼마나 빠르게 증가하고 있으며 그것의 효과가 어떨지에 대한 확실하고 모두가 합의하는 결론은 없지만 '사전예방 원칙(precautionary principle)'에 의하여 온실가스 감축이라는 정책으로 행동을 취했다. 사전예방 원칙은 과학적으로 충분한 증거가 없다는 이유로 그 피해가 심각하고 되돌릴 수 없는 환경파괴에 대하여 방관하는 것이 아니라 우선 가치 판단과 사회적 · 정치적 정책판단을 내려 행동을 취해야 한다는 것을 의미한다. 우리 각자의 선택은 무엇인가? 현대 과학기술 사회에서는 과학기술이 한 가지의 답을 제시하지 않는다. 이러한 상황에서 무엇을 믿고 어떻게 행동해야 하는지는 우리의 현명한 판단에 달려 있다.

원자력발전은 언제까지

우리나라의 전력 시스템이 원자력에 크게 의존하고 있다는 것은 주지의 사실이다. 원자력에 대해서는 찬반 논쟁도 뜨겁게 전개되고 있다. 원자력발전소(원전)의 신규 건설은 물론 원전의 수명 연장과 방사성폐기물처분장(방폐장)의 설치 등을 둘러싸고 사회적 갈등이 빚어지고 있는 것이다. 우리나라 사람들의 원자력에 대한 태도는 이중적이다. "원자력이 필요한가?"라는 질문에는 2/3가량이 긍정적인 답변을 보이는 반면, "원자력이 안전한가?"라는 질문에는 2/3가량이 부정적인 답변을 보이고 있는 것이다.

원자력발전의 원리

원자력발전은 원자핵의 분열에 의해 발생하는 에너지를 발전이나 동력으로 이용하는 것으로, 1942년 미국의 핵무기 개발을 위해 페르미(Enrico Fermi) 등이 핵분열 연쇄반응을 이용한 원자로를 만들었던 것으로부터 그 역사가 시작되었다고 할 수 있다. 핵분열 연쇄반응이란 우라늄이 분열할 때 나오는 중성자들에 의해서 핵분열이 연쇄적으로 일어나는 현상을 말한다. 이러한 연쇄반응이

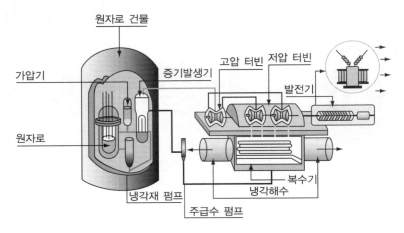

그림 62. 원자력발전소의 구조

급격히 일어나도록 할 경우 원자폭탄이 되고, 연쇄반응이 천천히 일어나도록 하면 원자력발전이 된다. 원자력발전의 경우 우라늄이 분열할 때 나오는 열을 이용하여 증기를 발생시키고, 발생된 증기의 힘으로 터빈을 돌려 발전을 하게 된다. 이때, 원자로는 핵분열 연쇄반응이 서서히 일어나도록 하여 필요한 만큼의 에너지를 안전하게 사용할 수 있도록 중성자와 핵분열의 속도를 조절해 주는 역할을 하게 된다. 중성자의 속도를 늦춰주는 감속재로는 경수(H_2O), 중수(D_2O), 흑연 등이 사용되고, 원자로 속에 설치되어 있는 제어봉은 핵분열을 제어하는 기능을 담당한다.

원자로의 유형은 크게 경수로(light water reactor)와 중수로(heavy water reactor)로 구분된다. 경수로는 경수를 감속재와 냉각재로 사용하는 원자로이다. 중수로의 경우에는 감속재로 중수를 사용하고, 냉각재로는 중수나 경수를 모두 사용할 수 있다. 경수로는 다시 비등수로(boiling water reactor, BWR)와 가압경수로(pressurized water reactor, PWR)로 나뉜다. 비등수로는 원자로 속의 물이 핵에너지를 흡수하여 바로 수증기가 된 다음 터빈실로 전해지는 형태로 되어 있다. 이와 달리 가압경수로는 원자로에 높은 압력을 가해 핵연료와 접촉하는 물이 끓지 않도록 하고, 이 물이 증기발생기를 통과하게 함으로써 수증기를 만드는 방식이다. 현재 우리나라의 경우에는 월성에서 중수로를 사용하고 있고, 다른 지역에서는 가압경수로를 사용하고 있다.

역사 속의 원자력발전

제2차 세계대전 이후에 과학자들은 핵에너지를 평화적으로 이용할 수 있다는 믿음을 피력하였다. 그것은 미국의 아이젠하워 대통령이 1953년 12월에 유엔 총회 연설에서 '평화를 위한 원자(Atoms for Peace)' 프로그램을 선언함으로써 구체화되기 시작했다. 1954년에는 소련이 원전을 가동했고 1956년과 1957년에는 영국과 미국이 이를 뒤따랐다. 소련의 오브닌스크 원전, 영국의 콜드홀 원전, 미국의 시핑포트 원전이 그것이다. 당시에 원전 건설에 사용된 예산은 군사 목적에 사용된 예산의 1/3에 지나지 않았지만, 1960년대에 들어서는 원자력이 '제3의 불'로 불리면서 원전 건설 붐이 조성되었다.

그러나 1958년에 있었던 미국 원자력위원회의 '채리엇 프로젝트(Project Chariot)'와 같은 사건은 인류의 원자력에 대한 조절 능력을 의심하기에 충분하였다. 이 프로젝트는 미국 원자력위원회가 북극과 인접한 알래스카에 있는 툰드라의 해안 절벽을, 원자폭탄

그림 63. '평화를 위한 원자' 선언을 기념하여 1955년에 미국에서 발행된 우표

을 사용해 부수고 그곳에 대규모의 항구를 건설하려 했던 것이다. 개발 이익에 관심 있었던 알래스카 주 정부의 지지를 얻기는 하였으나 그곳에 사는 원주민들을 비롯한 미국과 전 세계의 지식인들의 반대로 전격 취소되었다.

1979년 3월 28일에는 미국 펜실베이니아 주 스리마일 아일랜드(Three Mile Island)의 원자력발전소에서 냉각장치 파열로 인한 노심용융 사고가 일어나면서 원자력발전의 안전성에 심각한 의문이 드리웠다. 당시 발전소 운전 중, 증기발생기로 물을 공급하는 펌프에 고장이 났고, 이에 따라 경수로 안을 냉각시키는 긴급 노심 냉각장치가 작동하였으나 운전원의 실수로 일시적으로 작동이 멈추었다. 결국 냉각장치는 파열되었고 원자로가 녹아내려 대량의 핵연료가 외부로 누출되었던 것이다. 사고가 난 후 발전소 운영자와 정부는 방사능 유출이 심각하지 않다고 주장하였으나 주민들은 기형아 출산과 암 발생 증가 등 각종 방사성 재해에 시달려야 했다. 이는 미국 원자력발전 사상 최대의 사고로 원자력발전의 심각성에 대해 인식하는 계기가 된 사건이었다.

1986년 4월 26일에는 구소련 우크라이나의 체르노빌 원자력발전소에서 원자로 정지 실험과정 중 생긴 문제로 인한 화재가 있었는데, 세계 원자력발전 사상 최악의 원전 사고였다. 체르노빌 원전에는 격납용기도 없었고, 비상노심냉각장치도 가동되지 않았다. 핵연료가 녹아내리면서 핵폭탄 수백 개 분량의 방사능이 전 세계로 퍼져나갔으며 참사가 발생한 후에 대피령마저 뒤늦게 내려져서 그 피해는 훨씬 더 심각하였다. 심지어 20여 년이 지난 지금도 체르노빌 원전 근처의 거주금지구역에서는 여전히 높은 수치의 방사능이 검출되고 있다.

사고가 발생한 지 3년 뒤인 1989년에 이 참사로 인한 방사능 오염 실태가 처음 공개되었는데, 그 시점까지 현장 관리에 동원된 군인 80만 명 중에서 30만 명은 기준치의 500배에 이르는 방사선에 노출되었다고 한다. 누출된 방사성 물질에는 세슘, 플루토늄 등 40여 종의 핵물질이 포함되었는데, 이 물질들은 화재로 인해 뜨거워진 가스를 타고 1,500 m 상공까지 상승한 후 인근 유럽 여러 나라로 확산되기까지 하였다.

현재 체르노빌 원전에는 두터운 콘크리트 석관이 덮여 있지만 인근 지역에 대한 방사능 영향은 계속되고 있다. 사고 인접 지역에 거주하는 어린이의 갑상선암 발생률은 사고 뒤 30배나 높아졌고, 주민의 면역체계 및 내분비계통의 손상, 심혈관 질환, 기형아 출산, 염색체 이상, 노화 촉진, 정신병 등이 다수 보고되고 있다. 게다가 영국의 BBC 보도 등에 따르면 통제구역 안에는 사고 때 발생한 100만 톤 이상의 핵폐기물이 버려져 있다고 한다. 사고 때 다량 유출된 세슘 등은 토양에 스며들어 식물에 다량 흡수되었고 오염된 건초 등을 먹은 가축의 고기와 우유 또한 오염되었다. 우크라이나에 있는 인근 강이나 하천 역시 다량의 방사능에 오염된 채 흘러 인근 농지에서는 농작물의 발아가 잘 되지 않거나 광합성 능력이 저하되고, 돌연변이 식물들이 대거 나타났다.

35만 명에 이르는 이주민들의 사회적·경제적 충격 또한 적지 않았다. 거주하던 곳을 강제로 떠나거나 가족, 친지, 친구 등과도 헤어져야 했으며, 기형아 출산에 대한 우려 등으로 피폭자와의 결혼을 꺼리는 사회적 현상까지 겪어야 하는 상황이 되었다.

1979년의 스리마일 아일랜드 사고와 1986년의 체르노빌 사고가 터지면서 원자력발전은 심각한 위기에 봉착하였다. 특히, 체르노빌 사고를 계기로 선진 각국은 원자력에 대한 전면적인 재검토에 돌입하였고, 원자력의 위험성은 물론 경제적·환경적 차원의 문제를 제기하였다. 원자력은 화력보다 경제적인 것으로 평가되어 왔지만 나중에 발생할 폐기물 처리비용과 원전 폐기비용을 고려한다면 그렇지 않으며, 원자력은 대기오염 물질을 거의 배출하진 않지만 방사성물질과 폐기물처리로 인해 새로운 차원의 환경오염을 유발한다는 것이었다.

그림 64. 스리마일 아일랜드 사고 직후에 독일의 본에서는 12만 명의 인파가 집결한 가운데 대대적인 반전운동이 벌어졌다.

우리나라의 원자력발전

한편, 우리나라는 1957년 국제원자력기구에 가입하면서 원자력의 평화적 이용을 통해 국민생활 향상과 복지 증진에 기여함을 목표로 원자력법을 제정하였다. 이후 연구용 원자로인 TRIGA MARK-II 의 건설과 함께 원자력발전을 시작하였다.

1978년에 국내 최초의 원자력발전소인 고리 1호기가 상업운전을 시작한 이래, 2016년 12월을 기준으로 총 25기의 원전이 운전 중에 있다. 우리나라의 원전은 부산시 기장군과 울산시 울주군, 경북 울진군, 경북 월성군, 전남 영광군 등에 밀집되어 있고, 설비용량은 총 23,116 MW로 세계 5위에 해당하는 수준이다. 2014년 12월을 기준으로 원자력, 석탄, 가스 3대 전원의 설비 비중은 각각 22 %, 29 %, 33 %, 각 전원의 발전량 비중은 30 %, 39 %, 22 %로 집계되고 있다.

또한 우리나라는 원자력발전소의 고장이나 정지 횟수가 평균 0.6건 이하로서 세계적인 수준의 운영과 관리 능력을 보이고 있다. 이는 대부분의 원전 운영 국가들이 원전 1기당 평균 1건 이상인 것에 비하면 괄목할 만한 수치다. 더불어 최신 원전시공기술 표준화를 통해 경제성 및 국제경쟁력을 확보하고 있다. 이러한 장점을 살려 우리나라는 2009년 12월에 아랍에미리트(UAE)에게 한국형 원전을 수출하기도 했다.

그러나 우리나라에서는 원전을 추가적으로 건설하는 것이 점점 어려워지고 있다. 신규 원전 부지를 확보하기가 쉽지 않은 데다 후보 지역에 거주하는 주민들의 거부와 갈등이 빈번히 발생하고 있는 것이다. 이러한 가운데 우리나라 최초 원전인 고리 1호기가 설계 수명을 다하는 시점을 맞이하기도 했다. 고리 1호기의 설계 수명은 30년으로, 1978년 최초 가동한 이래 30년 후인 2007년에 수명 연장을 허가받았다. 하지만 이 과정에서 원자력발전의 운영주체는 지역주민들의 동의를 충분히 얻는다거나 특별히 정보를 제공하는 등의 노력을 소홀히 하는 등 원전 인근 지역에 거주하는 주민들과의 소통에 있어 많이 부족한 면을 보였다.

원자력은 우리의 미래가 될 수 있는가

2000년대에 들어와 원자력은 일종의 르네상스를 맞이하기도 했다. 유가가 급등하고 석유정점이 논의되면서 원자력이 다시 주목받기 시작했던 것이다. 게다가 지구온난화의 주범으로 이산화탄소가 지목되면서 원자력에 무게가 실린 것도 부인할 수 없는 사실이다. 그러나 2011년 3월 11일에 후쿠시마 원전 사고가 터지면서 원자력이 과연 인류의 미래를 담보할 수 있는가에 대해 근본적인 의문이 제기되고 있다. 원전을 건설하고 사용할 때는 좋

그림 65. 2011년에 발생한 후쿠시마 원전 사고의 광경

앉지만, 원전이 노후해지거나 원전을 폐기할 때에는 예상치 못한 문제가 발생할 수 있는 것이다.

최근에는 고준위 방사성폐기물에 대한 문제가 도마 위에 오르고 있다. 핵분열 반응에 의해 에너지를 얻고 난 후, 그 부산물로 남는 사용후 핵연료에는 방사성 핵종이 다량으로 포함되어 있어 이것이 외부에 유출될 때에는 심각한 문제가 발생하는 것이다. 이와 함께 원자력의 경우에는 군사적 목적으로 전용될 수 있는 가능성이 태생적으로 존재하기 때문에 이를 방지할 수 있는 정치적·기술적 차원의 대응도 강화되어야 한다.

우리나라의 첫 원전인 고리 1호기의 영구정지 선포식이 2017년 6월 19일에 열렸다. 행사에 참석한 문재인 대통령은 원전 정책 전면 재검토를 언급하며 탈핵시대로 가겠다고 선언했다. 그는 수명 연장으로 가동 중인 월성 1호기를 가급적 빨리 폐쇄할 것이라고 언급했으며, 현재 건설 중인 신고리 5, 6호기에 대한 건설 중단 가능성도 시사했다. 앞으로 폐쇄되는 원전이 계속 등장하면 고준위 폐기물에 해당하는 사용후 핵연료를 처분하는 문제가 매우 심각해진다. 우리나라에서는 2013년 10월에 사용후 핵연료 공론화위원회가 설치되었지만, 논란만 거듭한 채 2015년 6월에 운영을 종료한 바 있다.

무엇보다도 원자력을 둘러싼 사회적 갈등을 슬기롭게 풀어가는 일이 중요하다. 사실상 우리나라는 신규 원전의 건설, 방사성폐기물처분장의 건설, 노후 원전의 수명연장 등을 매개로 상당한 사회적 갈등을 경험해 왔으며, 그러한 갈등은 지금도 계속되고 있다. 이러한 갈등을 해소하기 위해서는 정부와 사업자가 충분한 정보를 투명하게 공개하고, 이에 대한 사회적 공론화를 통해 적절한 합의를 도출하는 것이 필수적이다.

이러한 점을 고려해볼 때, 앞으로도 새로운 원전을 계속해서 건설하는 것이 좋은 정책인지는 의문이다. 이미 건설된 원전을 조기에 폐쇄하기는 어렵다 하더라도 기존 원전의 수명을 연장하거나 새로운 원전을 건설하는 데에는 신중에 신중을 기해야 한다. 지금부터라도 원전의 비중을 점차적으로 줄이면서 재생에너지의 비중을 지속적으로 증가시키려는 실질적인 조치가 이루어져야 한다. 그리고 정책 형성이나 대학 교육에서 원자력에 몰입된 논의를 할 것이 아니라 '에너지 전환(energy transition)'의 관점에서 전체적인 에너지 포트폴리오에 접근하는 것이 필요하다.

신재생에너지를 찾아서

현재 사용하고 있는 에너지의 95 % 이상은 석유, 석탄, 천연가스 등의 화석연료가 차지하고 있다. 화석연료는 연소될 때 열을 방출함과 동시에 이산화탄소와 수증기를 발생시키며 지구온난화를 유발한다고 알려져 있다. 따라서 최근의 에너지 문제는 단순히 화석연료의 고갈과 같은 문제에 국한되지 않으며, 생태계 질서를 근본적으로 뒤흔들면서 인류의 생존까지 위협하는 환경의 위기와 관련되어 있다. 이러한 배경 속에서 세계 각국은 과거의 에너지 시스템에 대한 전반적인 혁신을 요구받고 있으며, 그 일환으로 신재생에너지의 개발이 매우 강조되고 있다.

우리나라에서는 2004년에 「신에너지 및 재생에너지 개발·이용·보급 촉진법」이 제정되었다. 같은 법 제2조는 신재생에너지를 '기존의 화석연료를 변환시켜 이용하거나 햇빛, 물, 지열, 강수, 생물유기체 등을 포함하여 재생 가능한 에너지를 변환시켜 이용하는 에너지'로 정의하고 있다. 기존의 화석 연료를 새로운 형태로 변환시켜 이용하는 '신에너지'에는 수소, 연료전지, 석탄 액화·가스화 등이 포함되며, '재생에너지'에는 태양열, 태양광, 풍력, 해양, 지열, 수력, 바이오매스, 폐기물 등이 있다.

신에너지의 종류와 특성

물 또는 유기물질을 원료로 하여 제조할 수 있고 사용 후에는 물로 재순환되어 무한 청정 에너지원으로 손꼽히는 수소는 대표적인 신에너지다. 수소는 연소할 때 극소량의 질소가 생성되는 것을 제외하고는 공해물질이 배출되지 않으며, 연료전지나 직접 연소를 위한 연료로 간편하게 사용할 수 있다. 또한 무한정인 물을 원료로 하여 제조할 수 있으며, 가스나 액체로 쉽게 저장·수송이 가능하다. 그러나 수소를 만들어 내고 저장하는 데 있어 아직은 경제성과 안정성이 낮아 미국, 일본, 독일 등의 선진 각국은 수소의 제조와 저장 그리고 이용에 관한 연구개발에 힘을 쏟고 있다. 우리나라의 경우 1980년대부터 기초 연구에 착수하여 현재 중장기적인 연구가 수행되고 있다.

연료전지(fuel cell)는 수소와 같은 연료를 산소와 전기화학적으로 반응시켜 그 반응에너지를 전기에너지로 변환하는 장치를 말한다. 1960년대 초 미국 우주선에 탑재되면서 알려졌고 이후 발전용이나 우주항공용으로만 활용되었다. 그러나 1990년대 이후 환경오염 규제 강화와 분산형 전력 공급시스템의 보급에 힘입어 연료전지 자동차 개발과 발전설비 개발 등을 중심으로 다수의 글로벌 기업들이 적극적으로 연구개발에 참여하고 있다. 아직은 발전시설의 크기가 크고 몇천만 원대에 이르는 고가의 비용이 부담이지만 배출가스가 거의 없고 고효율의 장점이 있다. 현재 가정용 연료전지도 연구가 진행되고 있어 연료전지 하나면 가정 내 충분한 열과 전기를 확보할 수 있는 연료전지 시대가 올 것으로 예측된다.

(a)   (b)

그림 66. (a) 연료전지(서울대학교 내에 설치된 건물용 연료전지시스템)
(b) 가스화복합발전(충남 태안)

석탄 가스화는 석탄이나 원유 정제 잔류물인 중잔유(heavy residual oil) 등의 저급 시료를 고온·고압하에서 불완전연소 또는 가스화 반응을 시켜 가연성 가스를 얻는 것을 말하며, 이때 얻은 가스를 이용하여 가스터빈 및 증기터빈을 돌림으로써 발전이 가능하다. 기후변화와 환경오염을 막기 위한 온실가스의 감축은 이제 의무 사항이 되어, 화석연료를 사용하더라도 중간 과정에서 온실가스 배출을 최소화할 수 있는 기술이 지속적으로 연구되고 있다. 그 중에서도 고체형태인 석탄원료를 중간 처리함으로써 이산화탄소의 발생을 감소시킬 수 있는 가스화 복합발전기술(Integrated Gassification Combined Cycle, IGCC)이 가장 현실적인 대안으로 주목받고 있으며, 기존 방식에 비해 발전 효율도 비교적 높아 미국과 유럽 등을 중심으로 활발히 사용되고 있다.

재생에너지의 종류와 특성

태양열발전은 태양으로부터 복사되는 에너지를 흡수, 저장하여 열변환 등을 통해 에너지를 얻는다. 현재 가정용으로 널리 보급되어 있는 태양열 온수급탕시스템도 태양열을 모아 물을 가열하거나 예열하는 것이다. 주로 남쪽의 창문이나 벽면 같은 건물 구조물을 활용하여 집열하며, 집열기를 별도로 설치해서 펌프와 같은 열매체 구동장치를 활용해서 태양열을 집열하기도 한다.

한편, 빛을 흡수하여 기전력을 발생시키는 광전효과를 이용하여 태양광에너지를 전기에너지로 변환시키기도 한다. 1954년 미국 벨연구소에서 실리콘 태양전지가 개발된 이래로 인공위성을 비롯한 장거리 무인시설에 주로 활용되었다. 1970년대 석유위기 이후 연구개발 투자가 활성화되었으며, 1980년대에 태양전지를 사용한 계산기가 출현하면서 일상생활에도 등장하게 되었다. 태양광이 있는 곳이라면 어디서든지 무제한 발전이 가능하고, 발전 과정에서 온실가스를 배출하지 않는 장점이 있다. 반면에 전력생

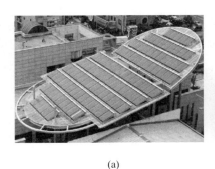 

(a)   (b)

그림 67. (a) 태양열발전(광주광역시 서구문화센터 냉난방시스템)
(b) 풍력발전(강원도 풍력발전 49기)

산량이 지역별 일사량에 의존하며, 태양전지를 설치하는 데 상당한 면적이 필요하다는 단점이 존재한다.

풍력발전은 바람의 힘을 이용해 터빈을 돌려 전기를 생산하는 것을 말한다. 무한 대체에너지로서 환경오염이 없는 청정에너지라는 장점은 있으나 발전기 출력이 기상 조건이나 지리적 조건에 따라 달라지며, 발전에 소요되는 비용이 높고, 설비가 미관을 해치거나 소음 발생과 라디오 전파장애를 유발할 수 있다는 단점이 있다. 풍력에너지는 현재까지 개발된 신재생에너지 중에서 가장 경제성이 높은 것으로 인정되면서 적극적인 투자가 이루어져 높은 성장세를 이루기도 했다. 현재 덴마크를 비롯하여 독일, 스페인, 일본 등이 관련 분야의 기술선진국이다. 전 세계 풍력발전 산업에 관련해서 인도와 중국에서 풍력에너지에 대한 수요가 급부상하고 있으며, 우리나라의 경우 최근 강원도와 제주도, 남해안 등지에 대규모 풍력단지가 조성되고 있다.

해양에너지는 조력, 파력, 해수 온도차 등 다양한 형태로 해양에 존재하는 에너지원으로, 우리나라와 같이 삼면이 바다로 둘러싸인 나라에서는 경제성 측면에서 개발 가치가 매우 크다고 볼 수 있다. 조력발전은 달의 인력에 의해 바닷물이 해안으로 밀려왔다가 빠져나가는 현상을 이용하는 것으로 하구 또는 만을 방조제로 막아 해수를 가두어 수위차를 이용하여 발전하는 방식이다. 그러나 유효 낙차가 작은 지역이거나 해수면의 높이가 일정한 시간에는 발전할 수 없다는 단점이 있다. 전 세계적으로 조차가 큰 곳이 산재해 있어 조력발전의 잠재력이 풍부하다고 인식되고 있으며, 우리나라의 경우에는 서해안 중부해역이 조차가 크고 해안이 잘 발달되어 조력발전소 입지로 유망하다.

파력발전은 파도로 인한 수면의 주기적 상하운동을 기계적인 회전운동 또는 축방향운동으로 전환시킨 후 전기에너지로 변환시키는 방식으로, 일본, 영국, 노르웨이 등에서 활발하게 추진되고 있다. 국내에서는 아직 구체적인 연구가 없으나 파랑이 심하다고 알려진 일부 해역을 대상으로 타당성 검토를 선행시킬 필요성은 높다고 할 수 있다.

　해수 온도차 발전은 해수 표면의 온도와 심해수의 온도차를 이용하여 발전하는 방식이다. 암모니아나 프레온처럼 끓는점이 낮은 물질을 표층의 온수로 증발시킨 후 심층의 냉각수로 다시 응축시켜 그 압력차로 터빈을 돌리게 된다. 이는 에너지 공급원이 무한하고 발전설비 비용이 저렴한 반면에, 발전설비를 바닷물에 부식되지 않는 재료로 만들어야 하며 총효율이 다른 에너지원에 비해 낮은 편이다. 미국의 경우 1980년대 초에 해수 온도차 발전에 대한 실증 실험을 거쳐 현재 하와이에 발전소가 가동 중이고, 일본도 일찍부터 해수 온도차 발전기술을 개발하여 동남아지역에 관련 기술을 수출하고 있다. 우리나라에도 동해 남부해역에 표층수와 심층수 사이에 상당한 온도차가 나타난다고 알려져 있어 이 분야에 대한 연구개발이 요청되고 있다.

　지열발전은 물, 지하수 및 지하의 열 등의 온도차를 이용하여 냉·난방에 활용하는 방식이다. 태양열의 약 47 %가 지표면을 통해 지하에 저장되며, 이는 열펌프를 이용하는 냉·난방시스템에 이용될 수 있다. 우리나라 일부지역의 땅 속 온도는 80 ℃ 정도에 달해 난방에 직접 이용할 수도 있다.

　수력발전은 물의 위치에너지와 운동에너지를 이용해서 전기를 얻는 발전방식으로, 특히 신재생에너지 연구개발 및 보급은 주로 설비용량이 10,000 kW 이하인 소수력(small hydro power)발전을 대상으로 하고 있다. 소수력발전소는 하천 또는 기존의 댐에 주로 설치되어 있으며, 저수지 및 하수처리장에도 일부 설치되어 있다. 소수력은 공해가 없는 청정에너지로, 다른 에너지원에 비해 개발가치가 큰 자원으로 평가되어 미국, 중국, 프랑스, 독일 등을 중심으로 기술개발과 개발지원 사업이 활발하게 진행되고 있다. 우리나라에서는 1982년 '소수력 개발 활성화 방안'이 발표되면서 소수력발전이 본격적으로 추진되었으며, 2008년을 기준으로 국내 신재생에너지의 전체 공급량 중 폐기물에 이어 두 번째로 높은 비중을 차지하고 있다.

한편, 바이오매스란 태양에너지를 받은 식물과 미생물의 광합성에 의해 생성되는 식물체나 균체, 그리고 이를 먹고 살아가는 동물체를 포함하는 모든 생물 유기체를 말한다. 이러한 바이오매스를 바이오에탄올, 바이오가스, 바이오디젤 등으로 변환하면 바이오에너지를 얻을 수 있다. 바이오에너지의 변환과정에서 바이오매스의 수분함량이 적은 경우에는 태워서 열과 가스를 발생시키는 방식을 활용하고, 수분함량이 많은 경우에는 특수한 균주를

(a)   (b)

그림 68. (a) 바이오에너지 변환시스템(경기도 평택 바이오디젤 생산공장)
(b) 폐기물에너지 변환시스템(충남 계룡 소각열 발생 시설)

투입하거나 특정한 화학공정을 거쳐 알코올 성분이나 메탄가스 등을 얻는 방식을 사용한다. 현재 국내의 바이오에너지 이용시설로는 경기도 평택의 바이오디젤 생산공장, 경북 군위군에 위치한 비료공장 등이 있다.

끝으로, 폐기물발전은 가정이나 사업장에서 배출되는 가연성 폐기물 중에서 에너지 함량이 높은 폐기물을 열분해에 의한 오일화기술, 성형고체연료의 제조기술, 가스화에 의한 가연성 가스 제조기술, 소각에 의한 열회수기술 등을 통해 연료와 폐열 등을 생산하여 산업에 이용하는 방식이다. 이 방식은 특히 상용화 기간이 비교적 짧은 편이고, 폐기물의 재활용으로 환경오염을 줄일 수 있다는 장점이 있다. 현재 우리나라에서는 충청도와 울산시, 강원도, 전라남도 등지의 시설원예 농가들을 중심으로 관련 시설이 보급되어 있다.

앞에서 살펴본 다양한 신재생에너지는 모두 심층적인 연구를 통해 개발된 신기술에 의해 대체에너지 자원을 확보한 기술적 자원이다. 이들은 화석연료에 의한 이산화탄소 발생을 획기적으로 감소시킬 수 있는 환경친화적인 자원이며, 대부분 무한재생이 가능한 비고갈성 자원이다.

하지만 초기 투자의 부담이 크고, 기존의 에너지원에 비해 가격 경쟁력 확보가 선행되어야 하는 등의 단점을 포함하고 있기도 하다. 때문에 신재생에너지는 정부 주도의 장기적 선행 투자가 요구되는 공공성을 띤 미래 에너지원으로 평가되기도 한다.

좋은 에너지의 조건

에너지 소비량의 증가, 석유 연료의 고갈, 지구온난화의 진전 등은 미래 사회에 더욱 심화될 것으로 예측되고 있다. 유럽연합(EU)을 포함한 여러 선진국들은 환경친화적인 기술의 육성과 환경의 규제를 통해 관련 산업의 성장을 이끌어 내는 동시에, 새로운 산업 분야를 선점하고 관련 분야의 일자리까지 창출하는 등 발 빠른 행보를 보이고 있다.

우리나라는 세계 10대 에너지 소비국이지만, 사용하는 에너지의 95 % 이상을 해외 수입에 의존하고 있는 실정이다. 게다가 세계적으로 기후변화의 문제가 심각해질수록 국제사회는 점차 강한 규제를 통해 각국의 탄소배출을 강제할 것이며 우리 또한 그로부터 자유로울 수 없다. 이러한 상황에서 재생에너지의 중요성은 아무리 강조해도 지나치지 않을 것이다.

그러나 재생에너지의 장점과 필요성에도 불구하고 비용 문제는 큰 숙제로 남아 있다. 비용의 범위를 어디로 정하느냐에 따라 논란이 있기는 하지만, 아직은 신재생에너지가 기존 에너지에 비해 경제성이 떨어진다는 것이 중론으로 판단된다. 물론 이러한 점은 재생에너지에 관한 기술이 발전하면서 상당 부분 극복될 수 있을 것이다. 이와 함께 재생에너지가 새로운 환경문제를 유발하는 사례도 목격되고 있다. 풍력 발전의 경우에는 조류 피해와 소음 문제가 보고되고 있고, 태양광 발전의 경우에는 입지 선정을 둘러싼 갈등의 소지가 있다. 이에 따라 때로는 환경운동가들이 재생에너지 설비를 설치하는 데 반대하는 상황이 빚어지기도 한다.

그렇다면 어떤 에너지가 좋은 에너지일까? 좋은 에너지의 조건으로는 경제성, 안정성, 환경친화성, 안전성 등이 거론되고 있다. 사실상 현재로서는 네 가지 조건을 모두 만족시키는 에너지가 존재하지 않는다. 에너지 문제에 대한 대책은 이러한 조건 중에서 무엇을 중요한 가치로 삼을 것인가 하는 데서 출발할 수밖에 없다. 중요한 가치가 무엇인지에 대해 사회 구성원들의 합의를 도출하고 해당 기술과 제도를 지속적으로 혁신하면서 바람직한 에너지 포트폴리오를 만들어가는 지혜가 필요한 시점이다.

생명을 교란하는 환경호르몬

제**23**장

몇 해 전 컵라면 용기에서 나오는 환경호르몬이 이슈가 되면서 컵라면의 소비가 일시적으로 줄어든 적이 있다. 그러나 우리는 또다시 컵라면을 먹고 있고, 플라스틱 용기에 담긴 더 다양해진 인스턴트식품에 유혹되고 있다. 이제 환경호르몬의 위협에서 벗어난 것일까? '새집에서도 환경호르몬이 풀풀~'이라는 기사가 등장하고, 최근에 유아에게 빈번하게 나타나는 성조숙증의 인자로 환경호르몬이 지적되기도 한다. 생필품인 플라스틱 용기, 비닐, 랩, 쿠킹호일, 캔, 심지어 유아용 분유통 젖꼭지에서도 환경호르몬이 검출되었다고 보도된다. 그뿐만이 아니다. 조선 산업에서 사용하는 유기주석, 농작물 재배를 위한 농약, DDT를 비롯한 살충제에도 환경호르몬이 포함되어 있으며, 쓰레기 소각장에서 나오는 다이옥신도 환경호르몬의 일종이다. 우리 주변에 있는 거의 모든 것에서 환경호르몬이 발견되고 있는 셈이다.

환경호르몬이란

환경호르몬은 내분비계에서 호르몬의 정상적인 기능을 방해하는 화학물질을 뜻하는데, 전문용어로는 '내분비계 교란물질(endocrine disrupters)'이라고 한다. 생물체는 살아가는 데 필요한 다양한 기능을 수행하기 위해서 신호전달 물질인 호르몬을 만드는데, 주로 혈액을 매개로 해서 각 기관에 영향을 주며 생리현상을 조절한다. 이 호르몬을 분비하는 체계가 내분비계이다. 그런데 우리 주변에 널려 있는 화학물질 중에는 생물체 내에 유입되어 진짜 호르몬처럼 작동하는 유사 화학물질이 존재한다. 호르몬과 유사한 이 화학물질의 여러 문제점이 발견되면서 일반인의 이해를 돕기 위해 '내분비계 교란물질'이라는 전문용어를 대신하여 환경 속에 있는 유사 호르몬이라는 의미로 '환경호르몬'이라는 용어를 사용하고 있다.

호르몬의 기작을 이해시키기 위하여 가장 많이 드는 비유가 열쇠와 자물쇠이다. 호르몬 열쇠는 혈액을 따라 각 기관으로 옮겨 다니다가 자신과 맞는 수용기 자물쇠가 있는 기관에서 결합하면서 적절하게 생물학적으로 작동한다. 환경호르몬은 정상호르몬을 대신하여 수용기와 결합하면서 비정상적인 생리작용을 야기하는데 이것이 유사작용이다. 환경호르몬이 수용기와 결합하여 정상호르몬의 결합을 방해하는 것은 봉쇄작용이다. 이러한 방법으로

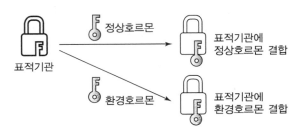

그림 69. 호르몬 기작을 열쇠와 자물쇠 비유를 통해 설명

환경호르몬은 정상호르몬이 생성되는 것을 저해하거나 과대 생성되도록 만든다.

도둑맞은 미래

1996년에 『도둑맞은 미래(Our Stolen Future)』의 발간은 환경호르몬에 대한 경각심을 불러일으키는 계기가 되었다. 이 책은 미국의 동물학자 콜본(Theo Colborn)과 두마노스키(Dianne Dumanoski), 마이어(John Peterson Myers)가 함께 저술했는데, 콜본이 등장인물이 되어 수많은 과학적 증거들을 기반으로 환경호르몬에 대한 가설들을 시대순으로 논의하며 환경호르몬에 대한 수수께끼를 풀어나가는 형식이다. 특히 서문에 당시 미국의 부통령 앨 고어의 글이 실리면서 더 주목받았고, 궁극적으로는 미국의 환경보호국(EPA)에서 환경호르몬에 대한 규제가 발의되었다. 이에 따라 관련 연구가 확장되면서 국가의 정책에도 영향을 주었다. 또한 이 책의 저자들은 책명과 동일한 웹사이트(www.ourstolenfuture.org)를 개설하여 지속적으로 환경호르몬에 대한 연구를 모니터하고 있다.

그림 70. 『도둑맞은 미래』

『도둑맞은 미래』는 콜본이 미국 5대호 주변에 서식하는 야생조류의 일부가 생식 및 행동장애를 겪고 있다는 사실을 지적하면서 이것의 주범이 환경호르몬일 수 있음을 체계적으로 밝히고 있다. 콜본은 환경호르몬이 야생동물뿐만 아니라 인류의 멸종을 위협하고 있다고 말한다. 무분별한 화학물질로 인한 환경 오염의 심각성은 1962년 레이첼 카슨(Rachel L. Carson)이 쓴 『침묵의 봄』에서도 지적되었다. 이름 모를 질병이 발생하면서 봄이 와도 새들의 우는 소리가 들리지 않는 미국의 어느 마을에 대한 우화를 서두로 『침묵의 봄』은 인간이 저지른 화학물질의 심각한 남용 행위를 고발하고 있다. 특히 살충제 DDT의 오염문제를 다루면서 그 화학물질이 남겨놓은 심각하고 가시적인 상처를 보여주었다. 그러나 환경호르몬에 대한 증거들은 카슨이 DDT를 통하여 보여주었던 증거처럼 분명하게 눈에 보이는 것이 아니다. 환경호르몬으로 인해 벌어지는 일들은 보다 은밀하고 복잡하다.

DES: 엄마로부터 자녀에게

1938년 최초의 합성 에스트로겐 DES(diethylstibestrol)가 개발되어 초기에는 위장 장애, 피부발진, 혹은 여드름 치료제로 사용되다가 유산 방지의 기능으로 30여 년 동안 임산부들에게 권장되었다. '크고 건강한 아이'를 낳게 한다는 선전문구로 인해 임산부들은 의심 없이 DES를 복용했고, 의사들은 유산 위험이 없는 여성에게도 DES를 처방하곤 하였다. 그러나 1930년대부터 1940년대에 이미 동물대상으로 한 DES 실험에서 생쥐가 유방암에 걸리거나 비정상적인 생식기관의 발달 및 간암이 발견되는 등 안정성에 대한 문제가 발견되었다. 의사들은 동물대상 실험의 결과가 인간에게는 동일하게 적용되지 않을 것이라고 믿었는지 모른다. 그러나 결국 1970년대에 DES를 복용한 임산부들에게서 태어난 아이들은 성인이 되면서 투명세포 질암, 기형자궁, 고환암과 같은 이상 징후가 발견되었다. 환경호르몬은 즉각 발현되는 것이 아니라 오랜 시간에 걸쳐 일어날 수 있다. 이것이 환경호르몬이 갖는 은밀한 위험성이다.

린드세이 벅슨(D. Lindsey Berkson)은 DES의 딸이라고 할 수 있다. 그녀는 태어날 때 정상적인 아이였다. 아름답게 자라난 그녀는 패션모델로 일하며 자신의 꿈을 향해 열심히 일했다. 그러나 사춘기에 접어들면서 과다한 생리혈로 고통을 받았으며, 20대 초반에는 하혈과 자궁이상으로 여러 차례 수술을 받기에 이르렀다. 그러다가 그녀는 자신의 어머니가 보다 안전한 임신을 위하여 합성 에스트로겐 DES를 복용했다는 것을 알게 되었다. DES는 어머니에게는 별 영향을 미치지 않았지만, 자궁 속에 있던 태아에게 전해졌고 출산 후 성장한 뒤에야 그 영향을 서서히 발휘한 것이다.

환경호르몬은 성체보다 태아에게 더 치명적인 영향을 미친다. 인간의 탯줄이 어떤 나쁜 물질이라도 걸러내어 태아를 보호해줄 것이라는 믿음은 거짓이었다. 태아에게 치명적인 영향을 미칠 수 있는 환경호르몬의 양은 우리가 생각하는 것보다 훨씬 소량에 불과하다. 동물을 대상으로 실험을 하였을 때 1 pg(피코그램), 즉 1조분의 1 g에 해당하는 양으로도 발생 과정 및 이후에 비극적인 결과를 초래할 수 있다는 사실이 밝혀졌다. 특히 태아의 발생 과정 중 어느 시기에 환경호르몬에 노출되었느냐에 따라 그 결과는 많이 달라진다. 임신 10주 이전에 DES에 노출된 아이들은 질암이나 자궁암의 비율이 훨씬 높았다. 그래서 환경호르몬의 영향은 그 용량에 의존하기보다는 시점이 중요하다는 특성이 있다.

PCB: 청정지대의 북극곰에게도

노르웨이 스발바르 군도의 북극곰들의 출생률이 다른 지역에 비해 현저히 낮았다. 먹이 공급이 원활하지 않아서일까? 얼음 상태나 기후 때문일까? 노르웨이 연구자들은 북극곰의 체지방에서 폴리염화비페닐(polychlorinated biphenyl, PCB) 같은 공업 화학물질, 살충제 DDT 등이 생물학적으로 유용한 용량을 초과하여 검출되었다고 보고했다. 어떻게 지구 끝에 있는 스발바르 군도가 환경호르몬으로 오염이 되었을까?

콜본의 연구로 전기 절연체로 사용되는 PCB가 생태계 먹이사슬을 거쳐 상위 포식자인 재갈매기에 이르러서는 2,500만 배의 농도로 축적된다는 것이 밝혀졌다. 환경호르몬 중 PCB 같은 화학물질은 시간이 지나도 자연적으로 거의 분해되지 않는다. 즉, 한 번 만들어진 PCB는 생태계의 먹이사슬을 통하여 축적되고 지속적으로 해를 미친다. 1929년에 개발된 PCB는 아주 안정한 화합물로 비인화성의 특성을 지니고 있기 때문에 건물의 변압기, 윤활제, 인조목재 그리고 플라스틱 등에 널리 활용되었다. 당시에는 PCB가 어떤 위험성도 발견되지 않은 산업적으로도 아주 유용한 물질이었다. 그러나 PCB의 화학물질로서의 안정성이 되레 문제가 되었다. 스톡홀름 대학교의 분석화학 연구소에서 일하는 옌센(Soren Jensen)은 1964년 PCB가 위험한 오염물질이라는 사실을 알아냈고, 1966년 영국의 과학잡지 「뉴 사이언티스트」에 이를 보고하였다. 1976년 미국은 PCB의 생산을 중단시켰고, 다른 나라들도 차례로 이 물질의 생산과 사용을 금지시켰다. 그러나 문제는 아직도 PCB가 우리 주변에서 발견된다는 것이다.

심지어 PCB는 오염과는 관련 없어 보이는 북극곰에게도 영향을 미치고 있다. PCB 같이 안정한 환경호르몬은 다양한 경로와 먹이사슬을 통해 축적되면서 세계 어느 곳에든 갈 수 있을 것이다. 환경호르몬을 피해 우리가 갈 수 있는 청정지역은 어디에도 없다.

비스페놀A: 우리 주변의 생필품에서

현대인의 삶에서 깡통에 든 음료수나 식품, 플라스틱 병을 사용하지 않는다는 것은 상상하기 힘들다. 캔 용기와 플라스틱 용기는 편의점에도 우리 집에서도 너무나 일반화된 물건이다. 그런데 1998년 일본 내분비교란화학물질학회 심포지엄에서 이러한 용기에서 환경호르몬의 일종인 비스페놀A(bisphenol A)가 검출되었다는 보고가 있었다. 캔 용기의 안쪽에는 금속이 상하여 식품에 영향을 주는 것을 방지하려고 얇은 플라스틱 코팅을 하는데 대부분 여기에 비스페놀A가 포함되어 있다. 심지어 비스페놀A는 유아들이 사용하는 젖병에서도 검출되었다. 특히 이 화학물질은 강한 세제나 고온 상태의 플라스틱 용기에서 녹아나와 식품을 통해 인체에 유입될 수 있었다.

플라스틱 제조업자들과 여러 국가에서는 비스페놀A의 함량이 적어 인체에 해를 끼칠 정도는 아니라고 주장하고 있다. 또한 그들은 우리가 사용하고 있는 플라스틱 제품이 너무나 많고, 가볍

그림 71. 비스페놀A는 플라스틱 제품을 만드는 데 널리 사용되고 있다.

고 편리한 플라스틱 용기를 대체할 만한 제품이 없다고 말한다. 이 화학물질이 흡수되면 배출되지 않고 지속적으로 축적된다는 생리학적인 사실 이외에도 비스페놀A와 같은 환경호르몬 논란에서 우리가 되짚어보아야 할 것이 있다.

현재 산업현장에서는 새롭고 다양한 화학물질이 하루에도 수십 개씩 만들어지고 있다. 그리고 이러한 화학물질은 다양한 제품을 만들기 위하여 사용된다. 그야말로 우리는 수천 가지의 새로운 화학물질 속에서 살아가는데, 이중에서 어떠한 것이 유해한 것인지 그리고 얼마만큼 섭취하고 있는지에 대한 대강의 윤곽을 잡기도 힘들다. 이는 물질 개발이 빨리 이루어진다는 것에도 기인하지만 제조업체들이 지적재산권이나 산업기밀이라는 이유를 들어 그들이 사용하는 화학물질에 대한 정보를 제공하지 않기 때문이다. 비스페놀A가 환경호르몬의 일종이라는 것도 제조업체가 산업기밀이라는 이유로 자신의 플라스틱 제품에 사용한 화학물질 성분을 공개하지 않아 오랜 시간이 지난 이후에 밝혀졌다. 공공의 알권리보다 산업체의 법적 특권이 법원에 의해 보호받고 있는 것이다.

환경호르몬에 대처하는 우리의 자세

환경호르몬이 우리 주변 깊숙이 들어와 우리에게 해를 끼치고 있지만, 명확하게 그것의 피해가 어떤 것인지, 또한 얼마만큼의 용량이 치명적인 것인지에 대한 논란은 아직도 분분하다. 더욱이 환경호르몬 의심 물질로 추정되는 화학물질도 많다. 이러한 상황에서 우리가 할 수 있는 대처 방법에는 뭐가 있을까?

환경호르몬의 미묘하고 복잡한 특성으로 인하여 문제를 해결할 수 있는 분명하고 명쾌한 방법은 없는 것 같다. 개인의 차원에서는 환경호르몬의 특성을 정확히 인지하고 환경호르몬의 환경에 노출을 최소화하는 것이 최선이다. 일례로 일회용 용기의 사용을 자제하고 쓰레기 배출을 최소화하는 것 등이 있다.

한편, 환경호르몬은 개인적 차원에서 해결될 수 없는 환경문제이므로 정부적인 차원에서 체계적인 대책이 필요하다. 환경호르몬의 위해성에 따라 화학물질들을 분류하고 환경과 인간에게 어떤 영향을 미치고 있는지를 지속적으로 모니터링하면서 그 폐해가 확인되면 사용금지 등의 신속한 조치가 필요하다. 또한, 환경 친화적인 물질을 개발할 수 있는 장려책을 마련하거나 비스페놀A에서 지적되었던 것처럼 산업체의 지적재산권과 공공의 안전을 위한 대결 구도에서도 균형 있는 조율이 필요하다. 산업체와 연구계에서는 환경호르몬에 대한 역학조사와 위해성 평가를 철저하게 수행해야 할 뿐 아니라 환경호르몬이 없는 대체 물질을 적극적으로 연구하여 생산하는 것 또한 필요하다.

환경호르몬이 갖는 특성과 우리의 환경에 미치는 폐해의 양상을 살펴보면 과학기술에 대한 비관적인 입장을 갖게 하기에 충분해 보인다. 그러나 현대 과학기술을 거부하고 원시인의 삶으로 돌아가고자 하는 것이 아니라면 과학기술의 부정이 아닌 과학기술을 통한 해결방안을 찾아보아야 할 것이다. 사실 청정지역이라 불리는 노르웨이 스발바르 군도의 곰이 환경호르몬의 영향을 받았다는 것은 우리에게는 더 이상 물러날 곳이 없다는 의미다. 1991년에 콜본과 마이어를 포함한 여러 분야의 과학자들이 모여 환경호르몬에 대한 우려를 표명하며 낭독한 '윙스프레드 선언문(Wingspread Statement)'은 환경호르몬에 대해 반성하고 과학기술을 통하여 해결방안을 찾고자 한 대표적인 사례일 것이다. 이는 과학자들만의 선언문으로 끝나는 것이 아니라 정책입안자와 환경호르몬의 피해자인 우리 모두에게 방향성을 제시해주고 있다.

Read the World of Science and Technology

제 **5** 부

과학기술의 재구성을 위하여

과학기술자의 책임과 윤리

제24장

　'과학기술자의 사회적 책임'이라고 하면 무엇을 떠올리게 될까? 사회 발전의 기초는 과학기술에 있으므로 과학기술자들이 책임의식을 가지고 연구개발 활동에 총력을 기울여야 한다는 것을 의미할까? 아니면, 오늘날 과학기술은 수많은 사회적·윤리적 차원의 문제와 결부되어 있으므로 과학기술자들이 자신의 연구개발 활동과 그 결과물에 대해 일정한 책임을 져야 한다는 것을 의미할까? 여기서는 주로 후자(後者)를 중심으로 과학기술자의 책임과 윤리에 관한 주요 쟁점을 살펴보고자 한다. 이러한 과학기술자의 책임은 기존의 과학기술을 재구성할 수 있는 중요한 매개물이 될 것이다.

전문직으로서의 과학기술

　과학기술자의 사회적 책임이 강조되는 주체적인 조건은 과학기술자가 전문직업인의 일종이라는 점에서 찾을 수 있다. 전문가 집단에 속한 사람들은 일반인보다 뛰어난 능력을 가지고 있으며 이에 따라 전문가에 대한 사회적 기대도 크기 마련이다. 즉, 전문가는 일반인보다 더 많은 보수와 존경을 받으며 이에 상응하는 역할과 책임을 지녀야 하는 집단으로 여겨지는 것이다.

그렇다면 전문직업은 어떤 조건을 갖추어야 하는가? 우선 전문직업(profession)은 일반적인 직업(occupation)과 마찬가지로 그 직업으로 인해 생계를 유지할 수 있어야 한다. 동시에 전문직업은 단순한 직업을 넘어 적어도 다음과 같은 세 가지 조건을 만족시켜야 한다.

전문직업이 되기 위한 첫 번째 요소로는, 지식과 기술을 들 수 있다. 전문직업에 필요한 지식과 기술은 공식적인 교육훈련을 통해 획득될 수 있으며 특정한 문제에 대하여 신중하게 판단할 수 있는 능력을 포함한다. 두 번째, 전문직업은 그 분야에 속한 사람들로 특정한 조직을 형성하며 그것은 한 사회로부터 일정한 자율성을 가지고 있다. 전문직업 조직은 회원의 권리 및 의무에 대한 규정을 보유하고 있으며 그러한 규정은 내부적으로는 회원들을 결속시키고 외부적으로는 해당 전문직업을 대변하는 역할을 담당한다. 세 번째, 전문가들은 개인적인 이익을 넘어 공공선(公共善, public good)을 위해 행동할 것을 요구받고 있다. 한 사회가 특정한 조직에 전문직업이라는 지위를 허용하는 것은 그 조직과 구성원들이 공익을 증대시키는 방향으로 행동할 것이라고 간주하기 때문이다.

과학기술은 흔히 전문직업으로 간주되고 있으며 앞에서 제시된 조건을 대체로 만족시키고 있다고 볼 수 있다. 우선 원활한 과학기술 활동을 위해서는 상당한 지식이 필요하다. 적어도 4년 동안의 고등교육은 과학기술자가 되기 위한 필수적인 조건으로 작용하고 있다. 또한 과학기술자는 전문적인 조직을 매개로 활동하고 있다. 과학기술은 분야별로 학회 혹은 협회를 구성하고 있으며 그러한 조직은 회원의 권리 및 의무에 대한 규정을 보유하고 있는 것이다. 공공선을 추구한다는 특징은 전문직이 사회로부터 인정을 받기 위한 전제조건 중의 하나다. 이를 위하여 선진국에서는 대부분의 과학기술자단체들이 윤리강령을 제정하여 자신들의 활동이 공익의 증진을 목적으로 삼고 있다는 점을 명문화하고 있다.

미국의 대표적인 공학단체인 전국전문엔지니어협회(National Society of Professional Engineers, NSPE)의 윤리강령은 다음과 같은 여섯 가지를 기본 규범으로 삼고 있다. ① 공공의 안전, 건강, 복지를 가장 중요하게 고려한다. ② 자신이 감당할 능력이 있는 영역의 서비스만을 수행한다. ③ 객관적이고 신뢰할 수 있는 방식으로만 공적 발언을 한다. ④ 고용주나 고객에 대하여 충실한 대리인 또는 수탁자로 행동한다. ⑤ 기만적인 행위를 하지 않는다. ⑥ 명예롭고 존경받으며 윤리적이고 합법적으로 행동함으로써 전문직의 명예, 평판, 유용성을 향상시킨다.

과학기술은 전문직업으로서의 일반성과 함께 다른 전문직업에서 찾아보기 어려운 특수한 성격도 가지고 있다. 과학기술자의 특수성은 고전적인 전문직업인인 의사 및 변호사와 비교하면서 검토될 수 있다. 첫째, 우선 과학기술활동에서는 자격증이 담당하는 역할이 상대적으로 미미하다. 의사와 변호사는 국가검정시험 혹은 국가고시를 통해 인증을 받아야 활동할 수 있지만 과학기술자로 활동하는 데는 인증 여부가 필수적인 조건이 되지 않는다. 둘째, 과학기술자는 피고용인의 신분을 가지는 경우가 많다. 대다수의 의사와 변호사는 개인사업자로 활동하고 있지만 대다수의 과학기술자는 기업을 비롯한 조직체에 고용되어 있는 것이다.

이러한 과학기술자의 특수성은 전문직업인으로서의 지위를 하락시키는 것으로 해석될 소지를 가지고 있다. 그러나 과학기술의 특수성을 다른 각도에서 접근한다면 과학기술자의 사회적 책임에 대한 근거가 더욱 강화될 수 있다. 그것은 과학기술자가 제공하는 서비스가 의학이나 법률에 비해 공공성이 크다는 점과 직결된다. 의학과 법률이 개별 고객의 필요에 맞추어 제공되는 반면 과학기술의 경우에는 고객은 물론 일반 대중에게까지 영향력을 미친다. 이와 함께 오늘날 과학기술 프로젝트는 국민의 세금에 의존하여 추진되기 때문에 직접적 혹은 간접적 형태로 국민의 동의를 받아 이루어지고 있다. 이처럼 과학기술은 한 사회의 모든 구성원에게 상당한 영향력을 미치고 대체로 국민의 세금에 의존하고 있다는 점에서 다른 전문직업에 비해 훨씬 강한 공공성을 가지고 있는 것이다.

바람직한 연구실천

연구윤리(research ethics)는 연구의 계획, 수행, 보고 등과 같은 연구의 모든 과정에서 책임 있는 태도로 바람직한 연구를 실천하기 위해 지켜야 할 윤리적 원칙이라 할 수 있다. 연구윤리의 키워드는 '진실성'으로 번역되는 'integrity'에 있으며, 연구 진실성과 대비되는 개념은 연구 부정행위(research misconduct)다. 연구 진실성은 바람직한 연구가 무엇인지를 압축해서 표현한 단어로서, 내용적 정직성과 절차적 투명성을 포괄하고 있다. 연구 진실성과 유사한

그림 72. 황우석 사건은 우리 사회의 윤리에 대한 수준을 되돌아보는 계기
로 작용했다.

의미를 가진 용어로는 책임 있는 연구수행(responsible conduct of research,
RCR)과 바람직한 연구실천(good research practice, GRP)이 있다. 전자
는 미국에서, 후자는 유럽에서 널리 사용되고 있는데, 전자는 무
책임한 연구에 대한 처벌에 초점을 두고 있는 반면 후자는 좋은
연구를 진작시키는 데 초점을 두고 있다.

연구윤리가 포괄하는 범주는 ① 연구수행의 과정, ② 연구결과
의 출판, ③ 실험실 운영, ④ 생명윤리, ⑤ 연구자의 사회적 책임
등과 같은 다섯 가지로 종합할 수 있다. 여기서 ①, ②, ③은 주
로 연구계 내부의 윤리적 쟁점에 해당하며 모든 분야에 해당하는
통상적인 의미의 연구윤리라 할 수 있다. ④는 동물이나 사람을
대상으로 하는 생물학, 의학, 심리학 등의 특정한 분야에 적용되
는 윤리에 해당한다. ⑤는 연구자 혹은 연구계가 외부 사회에 대
하여 적절한 역할과 책임을 수행하고 있는가에 대한 쟁점에 해당
한다.

연구수행의 과정에 대한 윤리는 정직하게 충분한 주의를 기울여 충실한 연구를 수행했는지, 아니면 부주의, 의도적인 속임수, 자기기만(self-deception) 등으로 인해 부적절한 연구결과를 산출했는지에 대한 문제에 해당한다. 특히, 연구수행의 과정에서 데이터 혹은 이론을 위조, 변조, 표절(fabrication, falsification and plagiarism, FFP)하는 행위가 가장 큰 문제가 되고 있다. 이와 함께 연구과정에서 도출된 원 자료(raw data)를 일정기간 이상 충실히 보관해 두는 것과 데이터의 분석에서 통계기법을 오용하지 않는 것도 중요한 문제로 간주되고 있다.

여기서 실제적인 문제 중의 하나는 FFP를 어떻게 정의할 것인가 하는 데 있다. 이와 관련하여 미국 백악관의 과학기술정책실(Office of Science and Technology Policy, OSTP)은 1999년에 FFP를 다음과 같이 정의한 바 있다. 위조는 존재하지 않는 데이터나 연구결과를 인위적으로 만들어내서 그것을 기록하거나 보고하는 행위에 해당한다. 변조는 연구와 관련된 재료, 장비, 공정 등을 허위로 조작하는 것, 또는 데이터나 연구결과를 바꾸거나 삭제하는 것을 통해 연구의 내용이 정확하게 발표되지 않도록 하는 행위다. 표절은 다른 사람의 아이디어, 연구과정, 연구결과, 말 등을 적절한 인용 없이 도용하는 행위에 해당하는 것으로서 상당 부분은 적절한 인용을 통해 해소될 수 있다.

학술지에 연구결과를 발표하는 것은 모든 분야의 연구에서 매우 중요한 부분을 차지하고 있다. 어떤 학술지에 어느 정도의 논문을 출판했는가 하는 것이 연구자로서 인정을 받고 성장하는 데 필수적인 잣대로 작용하기 때문이다. SCI(Science Citation Index), SSCI(Social Science Citation Index), A&HCI(Arts and Humanities Citation

Index), 인용지수(impact factor), 제1저자(the first author, FA), 교신저자(corresponding author, CA) 등과 같은 용어가 널리 사용되는 것도 이러한 맥락에서 이해할 수 있다. 학술지에 논문을 발표하는 경우에는 일정한 자격을 갖춘 사람에게만 저자표시(authorship)를 허용해야 하며, 실질적으로 기여한 정도에 따라 저자의 순서를 정함으로써 공로(credit)를 합당하게 배분해야 한다.

연구결과의 출판에 대한 윤리는 저자가 연구의 실행과 출판에 직접적으로 기여한 사람으로서 해당 연구결과에 대한 권리를 가짐과 동시에 그에 대한 책임을 진다는 점에서 출발한다. 여기서 문제가 되는 것은 부당한 저자표시인데, 부당한 저자의 대표적인 유형에는 명예저자(honorary author) 혹은 선물저자(gift author)와 유령저자(ghost author)가 있다. 명예저자는 학술적인 기여 없이 논문에 편승한 공짜저자를 말하며, 유령저자는 연구에 중요한 역할을 했지만 부당하게 배제된 저자를 의미한다. 또한 동일하거나 거의 유사한 연구결과를 학술지에 다시 발표하여 연구업적을 부풀리는 중복게재(duplicate publication)를 피해야 한다. 이와 함께 연구자가 동료심사(peer review)를 거치지 않은 연구성과를 기자회견 등을 통해 발표해 대중적 명성이나 금전적 이익을 추구하는 것도 중요한 문제로 대두되고 있다.

오늘날의 연구 활동은 대부분 연구실이나 실험실에서 이루어지고 있다. 연구실에서는 많은 사람들이 오랜 시간 함께 생활하게 되며, 그러한 관계 속에서 다양한 차원의 윤리적 문제들이 발생하게 된다. 무엇보다도 실험실에서는 멘토(mentor)와 훈련생(mentee)의 관계가 중요한 문제가 된다. 멘토에 해당하는 지도교수나 연구책임자는 대학원생이나 연구원과 같은 훈련생을 활용 가능한 노동력으로만 보지 말고 적절한 지도를 해주어야 한다. 또한 여성을 비롯한 사회적 소수자 집단(social minorities)에 대한 차별이나 괴롭힘이 없어야 한다. 실험노트나 연구노트를 적절히 작성·관리하는 것, 실험실의 안전을 보장할 수 있는 조치를 강구하는 것, 내부고발자 혹은 제보자(whistleblower)를 보호하는 것 등도 중요한 쟁점에 해당한다.

우리나라의 경우에는 황우석 사건을 계기로 연구윤리에 대한 집중적인 학습이 이루어지면서 본격적인 대책이 강구되기 시작하였다. 예를 들어, 2007년 2월에는 과학기술부가 연구진실성을 검증하는 기준과 절차를 명시한 <연구윤리 확보를 위한 지침>을 제정하여 공표한 바 있다. 여기서 주목할 것은 그 지침이 규정하고 있는 연구 부정행위의 범위에는 위조, 변조, 표절과 함께 '부당한 저자표시', '본인 또는 타인의 부정행위 혐의에 대한 조사를 고의로 방해하거나 제보자에게 위해를 가하는 행위', '각 학문 분야에서 통상적으로 용인되는 범위를 심각하게 벗어난 행위'가 포함되어 있다는 점이다. 이에 반해 현재 미국에서는 연구부정행위가 위조, 변조, 표절에 국한되어 있다.

그것은 연구 부정행위의 범위 자체가 가변적이라는 점을 의미한다. 연구 부정행위의 범위는 해당 국가나 분야의 문화적 차이와 연구윤리가 정착된 정도에 따라 달라질 수 있는 것이다. 사실상 연구 부정행위와 바람직한 연구 실천 사이에는 수많은 연구 부적절행위(research misbehavior) 혹은 의심스러운 연구수행(questionable research practice, QRP)이 존재하고 있다. 안타깝게도 우리나라의 경우에는 2015년 11월에 <연구윤리 확보를 위한 지침>이 개정되면서 '부당한 중복게재'도 연구 부정행위에 추가된 바 있다.

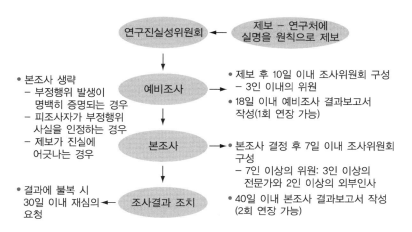

그림 73. 서울대학교 연구진실성위원회의 조사 절차

이와 함께 연구 부정행위를 검증하기 위한 기구와 절차도 마련되었다. 대학, 정부출연연구기관, 연구관리전문기관 등이 연구진실성위원회(office of research integrity, ORI) 혹은 연구윤리위원회를 설치하면서 연구 부정행위에 대한 자체 검증시스템을 구축했던 것이다. 연구 부정행위에 대한 조사는 예비조사(inquiry), 본조사(investigation), 판정(adjudication), 이의제기(appeal)의 네 단계로 이루어져 있다. 예비조사에서는 연구 부정행위에 관한 제보 내용에 실체가 있는지를 검토하여 본조사의 실시 여부를 결정하고, 본조사에서는 사실 관계에 대한 공식적 조사를 통해 연구 부정행위의 성립 여부를 판단한다. 판정 단계에서는 본조사 결과를 토대로 적절한 제재 조치를 결정하며, 이에 승복하지 못할 경우에는 적절한 절차에 따라 이의를 제기할 수 있다.

연구실 밖의 과학기술자

　과학기술과 사회의 관계가 밀접해지면서 오늘날의 주요한 사회문제를 과학기술과 분리하여 생각하기는 어렵게 되었다. 이에 따라 과학기술자는 연구실 외부의 사회에서 벌어지는 문제에 대해서도 적절히 대응할 것을 요구받는다. 물론 연구에만 전념하는 것이 과학기술자의 본분이라고 주장할 수도 있지만 그것은 과학기술자가 사회 문제에 대응하는 한 가지 유형에 불과하다. 게다가 과학기술자가 사회적 문제에 관심을 가지고 참여함으로써 생기는 즐거움도 연구에서 얻는 만족감에 못지않은 경우도 많다.

　과학기술자의 활동은 연구실에 국한되어 있지 않다. 과학기술자는 일반 대중의 과학기술에 대한 이해를 촉진하기도 하고, 주요한 사회적 이슈에 대해 전문가로서 소정의 역할을 담당하기도 하면서, 과학기술의 부정적 측면에 문제를 제기하기도 한다. 물론 모든 과학기술자가 모든 시기에 이러한 활동에 관여할 의무는 없지만, 연구실 밖에서 벌어지는 사회적 문제를 인식하고 이에 적극적으로 대처하는 것은 매우 중요하다. 그것은 과학기술자가 자신의 존재적 기반을 성찰하고 과학기술을 보다 바람직한 방향으로 개발하고 활용할 수 있는 출발점으로 작용할 것이다.

　일반 사람들의 생활은 과학기술에 의해 많은 영향을 받고 있지만 과학기술이 고도로 전문화됨에 따라 일반 사람들이 과학기술에 대해 잘 모르게 되는 기이한 현상이 발생하고 있다. 특히, 문과와 이과가 고등학교 2학년 때부터 분리되는 우리나라의 경우에는 일반 사람들의 과학기술에 대한 이해가 매우 부족한 형편이다. 여기에 과학기술자의 중요한 사회적 역할이 있다. 일반 대중에게 과학기술을 쉽게 설명해줌으로써 과학기술에 대한 관심과 이해를 촉진하고 과학기술을 잘 활용할 수 있도록 도와주어야 하는 것이다. 이러한 활동은 과학기술에 친화적인 이미지를 형성하고 과학기술자가 존경받을 수 있는 사회적 분위기를 조성하는 데도 기여할 수 있다.

그러나 과학기술에 대한 대중의 관심을 충족시키는 것은 쉬운 일이 아니다. 무엇보다도 과학기술자는 일반인들과 눈높이를 맞출 줄 알아야 한다. 이와 관련하여 아인슈타인(Albert Einstein)은 "당신이 아는 것을 할머니가 이해할 수 있도록 설명하지 못한다면 당신은 그것을 진정으로 아는 것이 아니다."라는 경구를 남긴 바 있다. 또한 일반인의 입장에서 과학기술을 바라보는 것도 중요하다. 과학기술자가 이미 가지고 있는 지식을 단순히 전달하는 것이 아니라 일반 대중이 무엇을 요구하고 있는지를 파악하고 그것에 따라 자신의 지식을 재구성함으로써 상호이해를 촉진해야 하는 것이다.

오늘날 과학기술은 수많은 사회문제와 결부되어 있으며, 이러한 문제들이 발생할 때 과학기술자들은 전문가로서 발언하거나 증언하는 기회를 가지게 된다. 여기서 '전문가 증언(expert witness)'은 "어떤 것이 지금까지 알려져 있는 사실이고, 어떤 것이 아직 알려지지 않은 것이며, 사실에 따르는 불확실성은 무엇이고, 지금 연구가 진행되고 있는 것은 무엇이며, 노력하면 알 수 있는 것은 무엇이고, 또 필요한 지식을 얻기 위해서는 어느 정도의 연구를 수행해야 하는가 등에 대하여 전문가로서의 능력을 나타내 보이는 것"을 의미한다. 이처럼 전문가의 증언은 활용 가능한 자료에 근거해야 하며 정직하면서도 현실적인 내용을 담고 있어야 한다.

그림 74. 전문가 증언을 위해서는 무엇이 필요할까?

전문가 증언은 주로 공청회나 법정을 통해 이루어진다. 과학기술에 대한 전문가로서 사실을 말하고 정보를 분석하는 것이다. 필요한 경우에는 특정한 사안에 대해 전문가로서의 입장을 개진할 수도 있다. 전문가로서 증언할 때는 자신의 의견을 상대방과 충실히 교류하는 것이 관건으로 작용한다. 과학기술자는 특정한 문제점을 평가하고 의사결정을 내리는 과정에서 자신이 분석하고 제안한 내용을 효과적으로 전달함으로써 그것이 적절히 수용되고 활용될 수 있도록 해야 한다.

전문가로서 증언하는 과학기술자는 자신이 거의 모르는 사람들에 의해 둘러싸여 있다는 점을 인식해야 한다. 이와 같이 위험 부담이 큰 자리에서 의미 있게 공헌하기 위해서는 상당한 지식과 경험을 가지고 있어야 한다. 또한 공청회나 법정에서 과학기술자는 일종의 '연출가(performer)'라는 점을 인식해야 한다. 자신이 전문가로서 증언하는 정당성을 강조해야 하며 필요 이상으로 아는 체하거나 독단적인 태도를 보여서는 곤란하다. 자신이 감당할 수 없는 사안에 대해서는 개인적인 견해라고 분명히 밝히는 것도 중요한 일이다.

과학기술은 한편으로는 인식의 지평을 확장하고 일상생활을 편리하게 하고 있지만 다른 한편으로는 전쟁무기, 환경오염, 안전사고, 생명윤리 등을 매개로 우리의 삶을 위협하고 있다. 과학기술에는 긍정적 측면과 부정적 측면이 공존하기 마련이다. 전자를 극대화하고 후자를 최소화함으로써 과학기술의 건전한 발전을 도모하는 것은 과학기술자의 중요한 책임이다. 과학기술자의 책임이 특별히 강조되는 이유는 과학기술자가 일반 대중과 달리 과학기술에 대한 전문적 지식을 보유하고 있거나 그것을 쉽게 확보할 수 있는 위치에 있기 때문이다.

무엇보다도 과학기술자는 자신의 양심에 벗어나는 부도덕한 행위에 대해 문제를 제기할 줄 알아야 한다. 이와 관련하여 1981년 노벨화학상 수상자인 호프만(Roald Hoffmann)은 『같기도 하고 아니 같기도 하고』라는 수상록에서 과학자가 진짜와 가짜를 정확히 구별하지 못할 때에 엄청난 재난이 유발될 수 있다고 경고한 바 있다. 1950년대에 독일의 그뤼넨탈(Grünenthal) 사는 다른 진정최면제와 분자 구조가 유사하다는 근거로 탈리도마이드(thalidomide)가 진정최면 효과를 가지고 있다고 주장했다. 당시 그뤼넨탈 사의 연구진은 진정최면 효과를 실제로 확인하지 못했음에도 불구하고 회사의 조처에 공개적으로 의문을 제기하지 않았다. 이후 10년 동안 널리 시판된 탈리도마이드는 유럽 지역에 약 8,000명의 기형아를 유발한 주범으로 밝혀졌다.

탈리도마이드는 가짜 약품이라 할 수 있는데, 이에 대한 호프만의 견해가 무척 흥미롭다. 화학물질의 미세한 차이는 과학자만이 알 수 있는 것이기 때문에 과학자들은 자신의 창조물이 어떻게 이용 혹은 오용되는가에 대해서 책임을 져야 한다는 것이다. 이를 위한 기본적인 작업으로 호프만은 과학자들이 새로운 물질의 위험성과 오용 가능성을 사회에 알려야 할 의무가 있다고 주장한다. 여기서 화학약품이 사람에게 해를 입히는 경우보다는 인명을 구하는 데 사용되는 경우가 훨씬 많다고 주장할 수도 있다.

하지만 호프만의 손익계산법에 따르면, 한 명의 기형아가 감내하는 손해의 크기가 구제된 수백 명의 생명이 가지는 이익의 크기를 훨씬 능가한다.

과학기술의 건전한 발전을 위하여 과학기술자들이 해야 할 일은 1948년에 세계과학자연맹이 채택한 과학자헌장에 잘 나타나 있다. 그 헌장에는 "과학자라는 직업에는, 시민이 일반적인 의무에 대해 지는 책임 외에 특수한 책임이 따른다."는 점을 자각하고, "특히 과학자는 대중이 가까이 하기 어려운 지식을 갖고 있든지 혹은 그것을 쉽게 가질 수 있기 때문에 이런 지식이 선용(善用)되도록 전력을 다하지 않으면 안 된다."라고 되어 있다. 이러한 책임을 다하기 위해 과학자는 과학, 사회, 세계라는 세 가지 측면에서 적극적인 노력을 기울여야 한다. 과학에 대하여 과학자는 과학연구의 진실성을 유지하고, 과학적 지식의 억압과 왜곡에 대해 저항하며, 과학적 성과를 완전히 공표해야 한다. 사회에 대하여 과학자는 자신의 분야가 당면한 경제적·사회적·정치적 문제들이 지니는 의미를 연구하고, 모든 지역의 생활여건과 노동조건을 평등하게 개선하기 위한 연구를 진척시켜야 하며, 그러한 지식이 실행에 옮겨질 수 있도록 노력해야 한다. 세계에 대하여 과학자는 자신의 노력이 전쟁준비의 방향으로 전환되는 것을 반대해야 하며, 평화를 위해 안정된 기반을 구축하고자 하는 세력을 지원해야 한다.

과학기술에서 발생하는 윤리적 문제를 미리 생각해보는 것은 예방의학에 비유될 수 있다. 심각한 병을 앓기 전에 우리의 건강에 필요한 것들을 주의 깊게 살펴봄으로써 그러한 병을 예방할 수 있는 것이다. 더 나아가 예방의학은 건강한 삶을 영위하는 데 필요한 좋은 습관을 형성하게 함으로써 사후적인 치료를 최소화시키는 역할을 담당한다. 이러한 개념을 과학기술에 적용하여 건강한 공동체를 형성하고 보다 올바른 방향으로 과학기술이 발전할 수 있도록 노력하는 것이 바로 과학기술자가 실천해야 할 책임의 요체인 것이다.

과학기술에 대한 이해와 참여

과학기술이 전문가의 전유물이 아니라 일반인도 함께 누려야 한다는 주장이 널리 확산되고 있다. 우리나라에서는 '과학문화' 혹은 '과학기술 문화'라는 이름으로 대중과 과학기술을 연계하기 위한 다양한 활동이 전개되고 있다. 과학기술 문화는 과학적 사고방식의 확산, 과학기술에 대한 소양의 제고, 과학기술에 대한 지지기반의 확보, 과학기술의 사회적 책임성 강화, 과학기술에 대한 문화적 서비스의 제공 등과 같은 다양한 차원을 포괄한다. 이와 같은 과학기술 문화가 제대로 뿌리를 내리기 위해서는 대중과 과학기술의 관계에 대해 어떤 식으로 접근해야 할까?

과학기술과 대중의 상호작용

과학기술과 대중에 대한 전통적인 논의는 과학대중화(Popularization of Science, PS)의 관점에 입각하고 있다. 그것은 대중이 과학에 대하여 무지하므로 전문가인 과학자가 대중을 계몽하여 과학의 지식과 방법을 체득시키게 해야 한다는 인식을 깔고 있다. 비유적으로 표현하자면 "대중은 잠자는 숲속의 미녀이고, 과학자라는 왕자가 나타나서 키스를 해주면, 대중은 무지라는 오랜 잠에서 깨어난다."는 것이다. 그것은 무지몽매한 대중에게 마치 시혜를 베풀 듯 과학을 전파시켜야 한다는 계몽적 관점의 전형이라 할 수 있다. 대중은 과학에 대하여 무지하므로 과학전문가가 대중을 계몽하여 과학의 지식과 방법을 체득시키게 한다는 엘리트주의적 인식을 깔고 있는 것이다.

과학대중화는 흔히 '결핍 모형(deficit model)'으로 불리며 다음의 3가지 전제를 깔고 있다. 첫 번째는 과학이 단일하고 보편적이면서도 자명한 것이라는 전제이고, 두 번째는 일반인들에게 그러한 과학이 결핍되어 있다는 전제이며, 세 번째는 일반인들에게 더 많은 과학지식이 공급되면 사람들이 더욱 합리적으로 행동할 것이라는 전제다. 결핍 모형에 입각할 경우에 과학은 과학자 사회에서 대중에게 일방적(one-directional)으로 전달되며, 대중은 아무런 기반도 없는 진공 상태에서 과학지식을 수동적으로 수용할 뿐이다. 과학과 대중 사이에 간격이 생기게 된 책임은 대중에게 돌아가며 대중들은 '인지적 결핍(cognitive deficit)'이라는 질병을 치유받아야 할 대상으로 간주된다.

과학기술과 대중 사이의 관계가 자생적으로 발전하지 못한 우리나라의 경우에는 결핍 모형에 대한 의존도가 서구 사회보다 훨씬 심각하다고 할 수 있다. 그동안 과학대중화에 관심을 갖는 소수의 과학기술자들이 선구적인 활동을 해 온 것은 우리의 척박한 환경에서 크나큰 행운이었다고 볼 수 있지만, 우리나라의 전체적인 상황은 아직도 경제주의적 발상에 입각한 계몽적 관점에서 크게 벗어나지 못하고 있다. 국가 경쟁력의 제고를 위해서는 과학기술의 발전이 필수적이며 이에 대한 국민적 지지를 확보하기

그림 75. 국내 최초의 '우주인 탄생'을 주제로 한 2008년 크리스마스 씰

위해서는 과학기술을 대중에게 전파하는 것이 필요하다는 것이다. 이러한 방식의 과학대중화는 대중과 과학 사이의 간격을 좁히는 것이 아니라 오히려 과학을 신비화 혹은 특권화시킬 우려가 높다. 즉, 대중은 과학기술의 중요성에 대해서는 어느 정도 인식하면서도 과학기술이 자신의 문제가 아니며 전문가의 문제일 뿐이라는 이중적 태도를 가지게 되는 것이다.

　과학대중화에 대한 기존의 관점은 대중과 과학기술을 둘러싼 상황이 크게 달라짐으로써 일종의 위기를 맞이하게 되었다. 첫 번째 배경으로는 환경오염과 원자력발전으로 대표되는 과학기술의 사회적 문제들이 점차 대중적 관심영역으로 자리잡게 되었다는 점을 들 수 있다. 1970년대를 거치면서 미국을 비롯한 서구 사회에서는 과학기술과 관련된 다양한 쟁점을 둘러싸고 숱한 논쟁들이 벌어졌다. 이러한 논쟁 중에서 일부는 전문가들 사이의 의견대립의 형태를 띠는 기술적 차원의 논쟁으로 그치기도 하였으나 많은 경우에는 이해 당사자인 일반인들이 직접 참여하는 대중적 차원의 논쟁으로 확산되었다. 이러한 다양한 논쟁의 전개는 한편으로 사회과학자들에게 논쟁에 직접 참여하면서 이를 연구할 수 있는 기회를 제공해주었고, 다른 한편으로 정책담당자들에게 일반인들이 과학기술에 대해 갖고 있는 생각들을 조사·탐구할 필요가 있다는 인식을 심어주는 계기로 작용하였다.

두 번째 배경으로는 '사회구성주의(social constructivism)'로 통칭되는 새로운 과학기술학의 출현과 정착을 들 수 있다. 사회구성주의는 과학기술이 사회와 무관하게 발전하는 것이 아니라 다양한 사회적 요소와 끊임없이 상호작용하는 가운데 변화하는 것임을 보여주고 있다. 즉, 과학기술의 변화의 방향과 내용은 미리 정해진 것이 아니라 과학기술의 변화에는 관련된 사회집단들의 갈등과 협상이 수반되는 복잡한 과정이 매개된다는 것이다. 어떤 과학기술이 특정한 시공간에서 개발 혹은 선택된 이유는 무엇이고 그러한 과학기술이 어떠한 조건에서 어떤 방식으로 변화하고 있는가를 탐구한다는 것이다. 이러한 과학기술학의 새로운 흐름은 과학기술의 변화에서 과학기술자 혹은 과학기술자 집단이 담당하는 역할을 상대화함으로써 일반 대중이 과학기술의 구성과정에 관여할 수 있는 가능성을 확장하는 효과를 유발하였다.

이러한 배경에서 1980년대 중반을 전후하여 등장한 개념이 '대중의 과학이해(Public Understanding of Science, PUS)'다. 1985년에 영국의 왕립학회는 「대중의 과학이해」라는 보고서를 발간했는데, 그 보고서는 생활과 문화로서의 과학을 강조하면서 과학과 관련된 의사결정에 대중의 관심사가 고려되어야 한다는 점에 주목하고 있다. 이와 함께 그 보고서는 대중의 과학이해가 필요한 새로운 근거로서 대중적 이슈에 대한 의사결정, 일상생활 속에서 과학적 이해의 중요성, 현대 사회의 위험과 불확실성에 대한 이해, 당대의 사상과 문화로서의 과학의 성격 등을 제시하고 있다.

PUS 연구자들은 결핍 모형 대신에 '맥락 모형(contextual model)'을 강조하면서 구체적인 상황 속에서 대중이 과학을 어떤 방식으로 이해하고 어떤 행동을 취하는가에 대해 탐구해 왔다. PUS에서는 '대중'이란 단어에서 출발하는 반면, PS에서는 '과학'이 먼저 나온다. 대중이 PUS에서는 주체이지만 PS에서는 대상으로 간주되는 것이다. PUS는 주체인 대중이 과학을 어떻게 이해하는가에 일차적인 관심을 둔다. PUS에서 가장 중요한 것은 "대중이 어떤 지식을 가지고 있는가?"가 아니라 "대중이 무엇을 알고 싶어 하는가?"에 있다. PUS는 대중에 대한 과학적 이해(Scientific Understanding of the Public, SUP)를 전제로 하는 것이다.

PUS를 표방한 맥락 모형은 과학, 대중, 이해의 각 측면을 대중이 처한 상황과 대중의 능동성을 바탕으로 새로운 각도에서 접근하고 있다. 첫째, PUS에서 대중은 이질적인 집단'들'로 해석된다. 대중은 성(性), 연령, 직업, 지역, 인종, 계층 등에 따른 나름대로의 역사성과 정체성을 갖는 무수한 존재로 이루어져 있는 것이다. 이에 따라 대중이 과학에 관심을 갖게 되는 계기와 과학지식을 습득할 때 동원하는 준거틀(frame of reference)은 과학자의 경우와 달라진다. 둘째, 대중이 단일한 실체가 아니듯이, '과학'이라는 개념도 단일한 것이 아니다. 과학은 특정한 과학지식을 의미할 수도 있지만 과학활동이 전개되는 제도적 측면이나 과학이 사회

속에 자리 잡은 형태를 지칭할 수도 있다. 또한, PUS에서는 공식적 지식(formal knowledge) 이외에도 암묵지(tacit knowledge), 민간지(lay knowledge), 무지(ignorance) 등이 새로운 각도에서 평가된다. 셋째, 대중과 과학의 관계는 대중이 과학을 재구성하면서 이해하는 것으로 파악되어야 한다. 대중은 자신의 경험에 입각한 구체적인 맥락 속에서 과학지식을 다른 지식들과 비교하고 그것의 신뢰성을 평가한다. 특히, 대중적 논쟁에서는 전문지식에 대한 집단적인 학습과 평가가 끊임없이 계속되며 이를 통해 전문지식의 지위와 효과가 규정된다.

과학기술에도 시민권이 있다

과학기술과 대중의 상호작용에 관한 논의는 과학기술에 대한 '이해'에서 '참여'로 변화되고 있다. PS와 PUS에 이어 대중의 과학관여(Public Engagement in Science, PES) 혹은 대중의 과학참여(Public Participation in Science, PPS)가 거론되고 있는 것이다. 이러한 관점은 영국 상원의 특별위원회가 2000년 2월에 발간한 「과학과 사회」라는 보고서에서 채택된 바 있다. 그 보고서는 광우병 파동으로 과학에 대한 신뢰가 위기 국면을 맞이했다는 점을 지적하면서 과학과 사회의 대화를 촉진시킬 것을 강조하고 있다. 특히, 그 보고서는 과학의 불확실성을 기본적인 전제로 인정하고 있으며 과학과 관련된 의사결정의 과정에 대중이 직접적으로 참여하는 것이 필수불가결하다는 점에 주목하고 있다. 그 보고서는 대중의 과학이해를 촉진하기 위해 적극적인 활동을 벌이는 것은 물론 과학의 불확실성과 위험성에 대한 커뮤니케이션을 강화하고 과학연구의 초기 단계에서부터 과학과 대중의 대화를 일상화시켜야 한다고 강조하고 있다.

이처럼 과학기술에 대한 참여가 강조되면서 대중은 과학기술에 관심을 가지고 그것을 익히는 존재를 넘어 과학기술이 가진 문제점을 인식하고 새로운 대안을 탐색하는 시민으로 재조명되고 있다. 지금까지 과학기술에 대한 의사결정은 주로 정부, 기업, 과학기술 부문의 전문가들에 의존해 왔다. 일반 시민은 그들이 결정한 정책을 홍보하는 대상이거나 과학기술의 산물을 소비하는 역할을 해왔을 뿐이다. 이러한 의사결정 구조에서는 안전, 건강, 복지, 환경, 윤리 등과 같이 삶의 질을 추구하는 시민의 가치관과 이해가 반영되기보다는 자본의 논리나 맹목적인 효율성에 봉사하는 과학기술이 재생산될 가능성이 많다.

이러한 문제점을 자각하고 사회적으로 건전한 과학기술을 촉진하기 위하여 제안된 개념이 '기술 시민권(technological citizenship)' 혹은 '과학기술 시민권'이다. 그것은 기존의 시민권을 과학기술의 영역에 확장한 것으로서 지식 혹은 정보에 대해서 자유롭게 접근할 수 있는 권리, 의사결정이 합의에 기초해야 한다고 주장할 수 있는 권리, 과학기술 정책을 결정하는 과정에 참여할 권리, 집단이나 개인들을 위험에 빠지게 할 가능성을 제한시킬 권리 등으로 이루어져 있다.

과학기술에 시민의 참여를 증진시켜야 하는 근거로는 과학기술이 일반인의 생활에 커다란 영향을 미친다는 점, 많은 연구개발 프로그램이 국민의 세금에 의존한다는 점, 과학기술이 사회적으로 구성되는 성격을 가진다는 점, 기존의 과학기술에 존재하는 편견을 제거하기 위해서 다양한 관점이 증진되어야 한다는 점, 모든 사람이 자유롭게 참여할 수 있는 권리를 가지고 있다는 점 등이 거론되고 있다.

그중에서 과학기술 시민권이 필요한 핵심적인 이유는 과학기술의 공공성에서 찾을 수 있다. 우선, 대부분의 과학기술은 그 영향의 범위가 국지적이지 않고 매우 포괄적이다. 한 사회의 대다수 시민들은 자신이 원하든 원하지 않든 간에 과학기술로부터 지대한 영향을 받는 것이다. 또한, 오늘날에는 적지 않은 과학기술이 시민의 세금에 의해 추진되고 있다. 시민의 세금으로 추진되는 국가적 차원의 과학기술 프로젝트는 한정된 집단의 협소한 이익이 아니라 국민 모두의 이익을 향상시키는 데 그 목적을 두어야 한다. 이처럼 과학기술은 기본적으로 공공적 성격을 띠고 있기 때문에 과학기술 시민권은 민주사회에서 자연스럽게 제기될 수 있는 권리라고 할 수 있다.

일반인이 과학기술과 같은 전문적인 영역에 대한 의사결정에 참여하는 것을 바람직하지 않다고 간주하는 견해도 있다. 그러나 사회적으로 이슈가 되는 과학기술에 대한 논쟁에서 전문가들의 의견이 항상 일치하는 것은 아니며, 그러한 문제들이 전문적인 과학기술 지식만으로 해결되어야 할 성격을 띠는 것도 아니다. 오히려 일반 시민들이 일상적인 삶의 경험과 통찰을 통해 축적한 지식이 문제해결에 더욱 효과적일 수도 있다.

서유럽을 비롯한 선진국들은 오래전부터 과학기술 시민권을 확보하기 위하여 다양한 형태의 제도를 개발해 왔다. 주요 과학기술 사업에 투자하기 전에 그것이 미칠 사회적 영향을 미리 평가해보는 기술영향평가(technology assessment), 일반인 패널과 전문

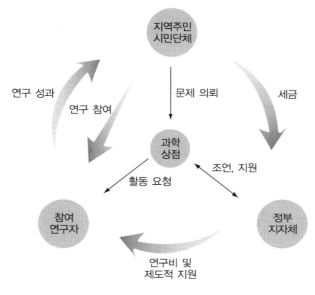

지역주민
시민단체

연구 성과

연구 참여

문제 의뢰

세금

과학
상점

조언, 지원

활동 요청

참여
연구자

정부
지자체

연구비 및
제도적 지원

그림 76. 과학상점의 개념도

가 패널의 토론을 통해 과학기술과 관련된 사회적 이슈에 대하여
합의된 의견을 도출하려는 합의회의(consensus conference), 대학이나
연구소가 지역사회의 요구에 부응하는 과학기술 연구를 담당하는
과학상점(science shop), 연구개발과 설계의 과정에 시민이 직접 참
여하여 자신의 필요와 아이디어를 반영하는 참여설계(participatory
design) 등은 그 대표적인 예다. 최근에는 우리나라에서도 이러한
제도들을 실험해보려는 시도가 이루어지고 있다.

  과학기술 시민권이 우리 사회에 뿌리를 내리려면 자금과 인력
만 투입되면 과학기술이 발전하고 그러한 과학기술이 우리의 삶
을 편리하게 해준다는 단순한 사고방식이 불식되어야 한다. 또한
토론과 학습을 통해 서로를 이해하고 문제를 해결해 감으로써 사
회적으로 유용한 과학기술을 기획하고 추진하는 선진적인 문화가

필요하다. 결국 과학기술 시민권이 정착하는 과정 자체가 과거의 잘못된 관행을 성찰하고 개혁하는 과정과 맞물려 진전되어야 하는 것이다.

시민이 주도하는 숙의적 포럼

합의회의는 '선별된 일단의 보통 사람들이 정치적으로나 사회적으로 논쟁적이거나 관심을 유발하는 과학적 혹은 기술적 주제에 대해 전문가들에게 질의하고 전문가들의 대답을 청취한 다음 이 주제에 대한 내부 의견을 통일하여 최종적으로 기자회견을 통해 자신들의 견해를 발표하는 하나의 포럼'으로 정의된다. 이러한 합의회의는 1987년에 덴마크에서 시작된 이후 유럽 전역으로 확산되었고 미국과 일본에서도 1997년부터 조직되었다. 선진국의 경우에 합의회의는 주로 정부기관이나 공공재단에 의해 조직되고 있으며, 지금까지 합의회의에서 많이 다루어진 주제로는 생명공학, 정보통신, 지역현안 등을 들 수 있다. 우리나라의 경우에는 유전자 조작식품(1998년), 생명 복제기술(1999년), 전력 정책(2004년), 동물장기 이식(2007년)을 주제로 합의회의가 추진된 바 있다.

합의회의는 조정위원회 구성, 패널 구성, 예비모임, 본회의의 단계를 밟으며 여기에는 총 6개월 정도가 소요된다. 조정위원회 (steering committee)는 3~5명으로 구성되며 합의회의를 기획하고 관리하는 임무를 담당한다. 조정위원회는 신문이나 방송을 통해 특정 주제에 대한 회의가 개최될 예정이며, 참여를 원하는 사람은 지원할 수 있다는 점을 홍보한다. 이러한 광고를 통해 일반인들

그림 77. 2004년에 개최된 '전력 정책의 미래에 대한 합의회의'에서 시민 패널이 전문가 패널에게 질의하는 모습

의 신청이 이루어지면 조정위원회는 가능한 한 나라의 인구통계학적 특성에 부합하는 인적 구성을 갖는 사람들로 15명 내외의 일반인 패널(lay panel)을 구성한다. 여기서 일반인 패널에 속하는 사람 중에서 토의될 주제에 대하여 전문적 지식을 가지고 있거나 특정한 이해관계를 가진 사람이 있어서는 안 된다.

이렇게 구성된 일반인 패널은 일상생활의 경험에서 얻은 기본적인 상식을 바탕으로 토의될 주제에 대하여 지속적으로 학습하면서 주말을 활용한 제1차 예비모임(본회의 2~3개월 전)과 제2차 예비모임(본회의 1개월 전)을 통해 본회의 때 제기할 핵심적인 질문을 8~10개 정도 작성한다. 이와 병행하여 조정위원회는 일반인 패널의 의견을 참조하여 본회의에 참석할 10~15명의 전문가 패널(expert panel)을 구성하게 되는데, 전문가 패널에는 과학기술 전문가는 물론 사회과학 전문가도 포함되며 노동조합, 기업체, 지역 시민단체 등과 같은 이해 관계자들의 대표자들도 속하게 된다.

이상의 준비가 끝나면 약 4일에 걸친 본회의가 열리게 된다. 본회의 첫째 날에는 일반인 패널에서 제기한 질문들에 대해 초청된 전문가들이 문제에 대한 현재의 지식수준과 문제해결에 대한 자신의 견해 등에 관하여 진술한다. 이때 전문가 패널의 구성원들은 일반인 패널이 제기한 문제에 대해서 답변하는 것 이외에도 일반인 패널이 고려해야 할 사항들에 관하여 추가적으로 진술할 기회를 가진다. 본회의 둘째 날에는 일반인 패널이 미진한 답변에 대하여 해당 전문가에게 질문을 던지고 전문가는 이에 답변한다. 따라서 이날의 질의는 반대심문적인 성격도 띠게 된다. 또한 회의를 방청하고 있는 청중들도 질문할 기회를 가진다.

둘째 날의 남은 시간과 셋째 날에는 일반인 패널이 토론 주제에 대하여 15~30쪽가량의 보고서를 작성한다. 보고서는 핵심적인 질문들을 출발점으로 하여 각 질문에 대해 일반인 패널이 도달한 결론과 정책적 권고사항, 그리고 향후에 연구되어야 할 내용 등을 담아야 한다. 보고서를 작성할 때는 회의과정에서 합의에 도달한 이슈는 의견을 요약하고 그렇지 못한 이슈에 대해서는 다수자 의견과 소수자 의견으로 나누어 정리한다. 본회의 마지막 날에는 작성된 보고서를 회의에 참석한 모든 사람들에게 배포하며 참여자들은 보고서를 놓고 토론을 벌이게 된다. 이 자리에는 특히 정책결정 담당자, 국회의원, 언론인이 초청되어 합의회의의 결과가 사회적으로 확산되고 영향력을 행사할 수 있도록 한다.

이러한 합의회의는 일반인들의 참여 욕구가 점점 증대하고 있는 현실에서 특정한 정책의 정당성 여부를 조기에 판단할 수 있는 통로가 되며, 장기적으로는 토론과 학습을 통해 문제를 해결해 가는 선진적인 문화를 구축할 수 있는 계기로 작용한다. 우선,

합의회의는 특정한 기술개발을 추진하기에 앞서 일반인과 전문가가 모여 해당 기술의 긍정적인 측면과 부정적인 측면에 대하여 집중적으로 검토하고 이를 과학기술정책에 반영할 수 있는 기회를 제공한다. 이러한 면에서 합의회의는 기술영향평가가 구체화된 한 가지 형태로 파악할 수 있다. 또한, 합의회의는 과학기술적 이슈에 대해 일반인과 전문가의 상호학습을 통하여 인식의 간격을 좁힘으로써 일반인은 과학기술 및 관련 이슈에 대해 더욱 깊이 이해하게 되고, 전문가는 보다 친근하게 일반인에게 다가갈 수 있는 장점을 가지고 있다. 따라서 합의회의는 과거의 일방적이고 무차별적인 과학대중화에 비해 상호작용적이고 심도 깊은 과학기술에 대한 이해를 촉진할 수 있는 새로운 모델로 간주할 수 있다.

제 26 장 과학기술과 여성*

인류가 고민하고 해결해야 할 핵심적인 문제로 계급(class), 인종(race), 성(sex)이 거론된다. 이러한 주제들을 생각해보면, 세상의 절반 혹은 그 이상이 되는 집단이 충분히 고려되거나 인정되지 않고 있다는 것을 알 수 있다. 그동안 인류가 수많은 차별을 극복하기 위해 많은 노력을 기울여 온 것도 사실이지만, 성차별주의(sexism)는 다른 문제에 비해 가장 늦게 주목을 받은 영역에 해당한다. 그러나 최근에는 여성 문제에 대한 관심과 실천이 급증하면서 사회

그림 78. 인류의 3가지 문제로는 성, 인종, 계급이 거론되고 있다.

***

* 이 글은 송성수, 『위대한 여성 과학자들』(살림, 2011), 3~14쪽에 입각하고 있다.

문제나 사회적 쟁점의 차원을 넘어 정책 의제로 급속히 부상하고
있다.

우리가 아는 여성 과학자는

여성의 사회활동은 지속적으로 증가해 왔지만, 실제보다 과소
대표되는(underrepresented) 경우가 많다. 예를 들어, 음악가나 요리
사의 경우에는 남성보다 여성이 훨씬 많지만 오케스트라의 지휘
자나 특급 호텔의 주방장은 거의 남성이다. 과학기술자의 경우에
는 상황이 더욱 심각하다. 현실 세계에서 여성 과학기술자를 만
나기는 쉽지 않으며, 교과서나 대중매체에서 여성 과학기술자를
접하기는 더더욱 어렵다. 우리나라의 연구원 중에서 여성이 차지
하는 비율은 2007년 14.9 %, 2011년 17.3 %, 2015년 18.9 %로 집
계되고 있다. 과학기술자 10명을 만나도 여성 과학기술자는 그중
1~2명 정도에 불과한 것이다. 선진국의 경우에는 우리나라보다
여성 과학기술자의 비중이 높지만 전체의 30 %를 넘는 국가는
많지 않다. 이와 관련하여 사회적 소수자(social minorities) 집단이
지속적으로 재생산될 수 있는 최소 임계 규모(critical mass)가 20 %
라는 지적도 있다.

우리가 알고 있는 여성 과학기술자는 몇 명일까? 대다수의 사
람들이 기억하고 있는 여성 과학기술자는 아마도 마리 퀴리(Marie
Curie)가 거의 유일할 것이다. 그녀는 1903년 노벨 물리학상과
1911년 노벨 화학상을 수상한 위대한 과학자였다. 마리 퀴리 이
외에도 20세기에 노벨 과학상을 받는 여성은 9명이나 더 있다.
노벨 물리학상 수상자로는 마리아 메이어(Maria Mayer, 1963년)가 있

고, 노벨 화학상 수상자로는 이렌 퀴리(Irène Curie, 1935년)와 도로시 호지킨(Dorothy Hodgkin, 1964년)이 있으며, 노벨 생리의학상 수상자로는 거티 코리(Gerty Cory, 1947년), 로절린 앨로(Rosalyn Yalow, 1977년), 바버라 매클린톡(Barbara McClintock, 1983년), 리타 레비몬탈치니(Rita Levi-Montalcini, 1986년), 거트루드 엘리언(Gertrude Elion, 1988년), 크리스티아네 뉘슬라인폴하르트(Christiane Nüsslein-Volhard, 1995년)가 있다.

21세기에는 노벨 과학상을 수상하는 여성들이 더욱 늘어나고 있다. 2015년을 기준으로 6명의 여성이 노벨 과학상을 받았던 것이다. 린다 벅(Linda Buck)은 냄새 수용체와 후각 시스템의 구조에 관한 연구로 2004년 노벨 생리의학상을 수상했으며, 프랑수아즈 바레시누시(Françoise Barré-Sinoussi)는 AIDS를 유발하는 바이러스를 발견한 공로로 2008년 노벨 생리의학상을 받았다. 흥미롭게도 2009년에는 노벨 과학상을 수상한 여성이 3명이나 배출되었다. 아다 요나트(Ada Yonath)는 리보솜의 구조와 기능에 관한 연구로 노벨 화학상을 받았고, 엘리자베스 블랙번(Elizabeth Blackburn)과 캐럴 그라이더(Carol Greider)는 텔로미어와 텔로머라제 효소의 염색체 보호 메커니즘을 발견한 공로로 노벨 생리의학상을 수상했다. 가장 최근인 2015년에는 중국의 여성 과학자인 투유유[屠呦呦]가 개똥쑥에서 말라리아 특효약을 개발한 공로로 노벨 생리의학상을 받았다.

여기서 흥미로운 사실은 생물이나 의학에 비해 물리학이나 화학 분야에서 노벨상을 받은 여성이 적다는 점이다. 이와 관련하여 로시터(Margaret Rossiter)는 1956~1958년의 미국 과학자 사회를 분석하면서 과학의 분야에 따라 여성의 비율과 문화에 차이가 존재한다는 점을 지적한 바 있다. 그녀에 따르면, 당시에 심리학과 교육학을 포함한 과학 전체에서 여성이 차지하는 비율은 6.25 %

였으며, 과학 분야는 주변적 분야, 한계적 분야, 참여적 분야로 구분될 수 있다. 주변적 분야는 여성의 비율이 5 % 미만인 분야로 물리학, 지질학, 공학, 농학 등을 들 수 있고, 한계적 분야는 여성의 비율이 5~15 %로 생물학, 수학, 지리학, 천문학 등을 포함했으며, 여성의 비율이 15~40 %인 참여적 분야는 심리학, 교육학, 영양학 등을 포괄하였다. 주변적 분야에서는 남성이 여성을 배제하는 문화가 발달했으며, 한계적 분야에서는 남성과 여성을 분리하는 문화가 형성되었고, 참여적 분야에서는 여성의 리더십이 발휘되긴 하지만 여성에 의한 과학의 질적 저하를 염려하는 이중적 자세가 나타났다.

노벨 과학상을 받지는 않았지만 우수한 업적을 낸 여성 과학기술자들도 제법 있다. 20세기 이전의 과학자로는 캐번디시 공작의 부인으로서 자연철학에 조예가 깊었던 마거릿 캐번디시(Margaret Cavendish), 독일의 곤충학자로서 『수리남 곤충의 변태』를 발간했던 마리아 메리안(Maria Merian), 천문 관측과 달력 제작에 뛰어난 능력을 발휘했던 마리아 빙켈만(Maria Winkelmann), 볼테르의 연인으로서 뉴턴의 『프린키피아』를 프랑스어로 번역했던 에밀리 뒤 샤틀레(Emilie du Chatelet), 여성으로서 세계 최초로 대학교수가 된 라우라 바시(Laura Bassi), 영국 왕실의 천문관으로 활동했던 캐롤라인 허셜(Caroline Herschel), 라부아지에의 부인이자 유능한 조력가였던 마리안 폴즈(Marie-Anne Paulze), 프랑스 과학아카데미도 실력을 인정했던 수학자인 소피 제르맹(Sophie Germain), 아크등에 관한 연구로 영국 전기공학회의 회원이 되었던 허싸 에어튼(Hertha Ayrton) 등이 있다.

20세기에 주로 활동한 여성 과학기술자로는 미국에서 산업의

학을 정착시켰던 앨리스 해밀턴(Alice Hamilton), 핵분열 발견에 크게 기여했던 리제 마이트너(Lise Meitner), 경영관리의 퍼스트 레이디로 불리는 릴리언 길브레스(Lillian Gilbreth), 현대대수학 발전의 숨은 공로자 에미 뇌터(Amalie Emmy Noether), 1945년에 여성 최초로 영국 왕립학회의 회원이 되었던 캐슬린 론즈데일(Kathleen Londsdale), 『침묵의 봄』으로 DDT의 폐해를 고발했던 레이첼 카슨(Rachel Carson), 중국 출신으로 핵물리학의 발전에 크게 기여했던 우젠슝(Wu Chien-Shiung), DNA의 다크 레이디로 불리는 로절린드 프랭클린(Rosalind Franklin), 1979년에 여성 최초로 프랑스 과학아카데미의 회원이 되었던 이본느 쇼케브뤼아(Yvonne Choquet-Bruhat), 침팬지 연구의 대가로서 생명사랑을 실천하고 있는 제인 구달(Jane Goodall), 펄서의 발견에 기여한 전파천문학자 조셀린 버넬(Jocelyn Burnell) 등이 있다. 우리나라의 여성 과학자로는 본명이 김점동(金點童)인 에스더 박(Esther Kim Pak)이 있는데, 그녀는 우리나라 최초의 여성 양의사이자 한국인으로는 두 번째로 양의사가 된 인물이다.

이와 같은 여성 과학기술자들이 활동했던 시기, 국적, 전공에는 차이가 있었지만 자세히 들여다보면 몇 가지 공통점을 발견할 수 있다. 우선, 그녀들은 여성이 선택하기 쉽지 않았던 과학기술을 선택하여 해당 분야에서 선구적인 발자취를 남겼다. 그래서 그녀들이 한 일에는 '여성으로서 처음'이라는 수식어가 붙는 경우가 많았다. 또한, 그녀들은 남성 과학기술자들과 경쟁해서 지지 않을 정도의 학문적 깊이를 쌓기 위해서 상상을 초월한 노력과 헌신을 하였고, 그러한 과정에서 수많은 어려움과 차별을 슬기롭게 이겨냈다. 이처럼 여성 과학기술자들의 노력과 헌신이 일차적인 성공

그림 79. 퀴리 부부가 자전거 여행을 하는 모습

요인이었지만, 그녀들의 열정을 이해하고 성심껏 도와준 소수의 남성들이 존재했다는 점에도 주목해야 한다. 예를 들어, X선 결정학 분야에서 론즈데일, 프랭클린, 호지킨 등과 같이 상대적으로 많은 여성 과학기술자들이 배출될 수 있었던 이유 중의 하나는 그 분야를 주도한 남성 과학기술자들이 여성에 대해 편견을 가지지 않고 호의를 베풀었기 때문이었다. 이와 함께 몇몇 여성 과학기술자들이 스스로의 위치가 안정된 이후에 자신과 비슷한 위치에 있는 사회적 약자들을 돕는 일에도 많은 노력을 기울였다는 점도 주목할 만하다.

페미니스트 과학기술학의 주요 주제

과학기술과 여성의 문제를 연구해 온 학문분야는 페미니스트 과학기술학(feminist STS)으로 불린다. 페미니스트 과학기술학자들은 역사 속의 여성 과학기술자들을 발굴하는 것 외에도 다양한 주제들을 연구해 왔다. 그것은 과학기술 활동에서 여성의 지위 분석, 남성중심적 과학관에 대한 도전, 기술의 개발과 사용에서 여성의 배제 등으로 구분할 수 있다.

대학과 과학기술 단체들은 오랜 기간 동안 여성의 참여를 배제해 왔다. 서유럽의 대학들 대부분은 19세기 말까지 여성의 입학을 허용하지 않았고, 이러한 경향은 19세기에 높은 수준을 자랑했던 영국과 독일에서 특히 심했다. 또한 17세기 이후 생겨난 과학 단체들은 최근까지도 여성 과학자를 회원으로 넣어주지 않았다. 미국의 국립과학아카데미는 1925년에, 영국의 왕립학회는 1945년에 처음으로 여성 회원을 받았고, 프랑스의 과학아카데미는 1979년에 와서야 최초의 여성 회원을 선출하였다. 물론 지금은 여성의 과학기술계 진출을 가로막았던 과거의 장벽이 공식적으로는 거의 사라졌다. 이제 여성이라는 이유로 대학에 입학할 수 없거나 학회의 회원 가입을 거부당하는 사례는 거의 찾아볼 수 없게 되었다.

그러나 이러한 이론적 차원의 가능성과는 달리 아직도 여성 과학기술자들은 남성 위주의 학계 메커니즘에서 알게 모르게 소외되고 불평등한 대우를 받고 있다. 이와 관련하여 과학기술자 사회에 대한 연구들은 과학기술 활동이 특정한 집단에 유리하게 전개되는 경향이 있다는 점을 지적하고 있다. 이를 설명하는 개념에는 마태 효과(Matthew effect), 후광 효과(halo effect), 마틸다 효과(Matilda effect) 등이 있다. 마태 효과는 경력 형성에 성공한 과학기술자일수록 인정과 자원획득에서 유리하다는 점을, 후광 효과는 우수한

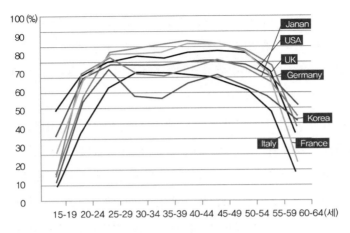

그림 80. 여성의 고용 추이에 관한 M자형 곡선

과학기술 기관에 속한 과학자가 이익을 얻는다는 점을, 마틸다 효과는 여성이 적절한 인정을 받지 못하면서 결과적으로 역사의 뒤편으로 사라지는 경향을 지칭한다.

과학기술 활동에서 여성의 지위는 '주변성(marginality)'이란 단어로 집약되고 있다. 여성은 과학기술에 대한 진입장벽(entry barrier)을 가지고 있으며, 과학기술계에 진입했다 할지라도 결혼과 출산으로 과학기술 활동을 계속하기가 어려워진다. 이와 관련하여 남성 노동자의 규모는 연령을 고려할 때 정규분포와 유사한 형태를 보이는 반면 여성의 경우에는 M자형이나 L자형을 그린다는 지적도 있다. 또한, 여성 과학기술자는 상층부로 갈수록 숫자가 감소하는 일종의 누수(pipeline leakage) 현상을 보이고 있으며, 상층부에 진입한 이후에도 보이지 않은 장벽, 즉 유리천장(glass ceiling)의 존재를 느낀다.

남성 중심적 과학관에 대한 도전에서는 '자연의 젠더화'가 중요한 논점이 되었다. 16~17세기의 과학혁명 이후에 객관성, 이성, 과학은 남성적 특성으로, 주관성, 감정, 자연은 여성적 특성으로 규정하는 일종의 신화 만들기가 이루어졌다. 예를 들어, 베이컨 (Francis Bacon)은 과학을 '정신과 자연의 순결하고 합법적인 결혼'으로 규정하면서 과학이란 진리를 추구하는 정신인 남성이 여성인 자연을 길들여서 지배하는 것으로 보았다. 이러한 과학관을 바탕으로 애매모호한 성차를 과학이라는 이름으로 격리시키고 차별하려는 시도가 지속적으로 전개되어 왔다. 예를 들어, 두개골학 (craniology)은 여성의 두뇌가 작고 가볍기 때문에 여성이 지적으로 열등하다고 주장했으며, 생리학은 여성의 지적 활동이 에너지를 고갈시켜 여성의 생식능력을 퇴화시킨다고 주장하였다.

이러한 과학관은 정자와 난자의 수정과정에 대한 연구에서도 잘 드러난다. 20세기에 출판된 대부분의 생물학 교과서에서는 난자가 '잠자는 공주'로 간주되는 반면, 정자는 '달려가는 왕자'의 역할을 맡는다. 정자는 말을 달려 성으로 들어가는 왕자처럼 힘차게 헤엄치며, 난자에 닿으면 난자의 막을 뚫고 들어가는 것으로 설명된다. 난자는 잠만 자는 공주처럼 가만히 있다가 정자에 의해 구멍이 뚫리면서 비로소 발생을 시작하는 것으로 묘사된다. 그러나 수정에 대한 이런 관점은 오류임이 밝혀졌다. 정자의 추진력은 난자의 막을 뚫을 만큼 강하지 않으며, 난자는 화학물질을 분비하여 능동적으로 정자를 포획하고 난자막을 녹여 정자가 쉽게 들어올 수 있도록 한다는 것이다. 즉, 정자는 난자를 공격하고 정복하는 것이 아니라 난자의 협조를 받아야만 수정에 성공할 수 있다는 것이다. 더 나아가 정자는 남성이고 난자는 여성이라는 도식도 성립될 수 없으며 정자와 난자는 혼자서는 아무런 성도 지닐 수 없는 존재에 불과하다.

쉬빙거(Londa Schibinger)는 인류가 왜 포유류라는 이름으로 불리게 되었는지에 대한 흥미로운 분석을 하였다. 분류학의 아버지로 불리는 린네는 고래, 말, 원숭이, 인간 등의 동물이 '새끼를 낳아 젖을 먹여 기르는' 특징을 공통적으로 가졌다고 해서 포유류라는 이름을 지었다. 이것은 얼핏 보면 자연적인 사실에 기초한 이름이라고 볼 수 있다. 하지만, 조류, 양서류, 어류 등은 신체의 특징이나 서식지를 기준으로 삼았는 데 반해 왜 하필이면 인간을 포함한 포유류의 경우에만 생식 기능을 강조했을까? 포유류가 새끼를 젖으로 기르는 것은 분명히 사실이지만, 엄밀하게 말하자면 수유(授乳)는 포유류에 속하는 동물 중에서 암컷만의 기능이고 그것도 암컷의 일생 중에서 극히 짧은 기간에만 가지는 특징이라 할 수 있다. 더구나 포유류는 수유 기능 이외에도 심장 구조가 2심방 2심실이라든지, 온몸에 털이 있다든지, 네 발을 가지고 있다든지 등과 같은 다른 공통점도 가지고 있다. 당시의 분류학자들은 대부분 '네 발 달린 동물'이란 뜻을 가진 'Quadrupedia'라는 용어를 썼고 린네(Carl von Linne)도 초기에는 이 단어를 그대로 사용했다.

그렇다면 린네는 왜 포유류에 대한 이름을 지으면서 포유류의 절반에만 해당하고 그것도 한시적인 특징에 불과한 수유 기능을 기준으로 삼았을까? 이 질문에 대한 대답은 린네가 살았던 18세기의 사회 분위기와 밀접한 관련이 있다. 18세기의 유럽 사회에서는 여권에 대한 담론이 널리 확산되면서 중상류층 여성들이 아이를 유모에게 맡기고 사교활동에 전념하거나 일부 급진적인 여성들은 아예 아이를 낳지 않으려는 경향이 강했다. 당시의 지배 집단은 적정한 수의 아이들이 있어야 미래의 노동력과 군사력을 보장받을 수 있다고 믿었다. 국가의 장래를 위해 지배 집단은 출산과 육아의 중요성을 강조함으로써 여성들을 가정에 제한하려고 했으며, 린네도 이러한 취지에 적극적으로 동조하였다. 실제로 린네의 부인은 7명의 자녀를 낳고 모두를 젖을 먹여 길렀다. 이러한 사고방식으로 인하여 린네는 분류학 체계를 만들면서 포유류라는 개념을 도입했다는 것이다.

기술에 관한 여성학 연구는 생산기술, 생식기술, 가사기술 등의 개발과 사용에서 여성이 배제되어 왔다는 점에 주목하고 있다. 생산기술의 경우에는 노동과정에 대한 통제가 성에 따라 차별적으로 나타나며, 여성은 기술적으로 무능하거나 비숙련 노동을 담당하는 존재로 각인되어 왔다는 점이 지적되고 있다. 생식기술의 경우에는 성공률이 그다지 높지 않으며 여성에게 주는 부작용도 심하다는 점이 부각되었고, 남성 과학기술자들이 여성의 몸을 통제하려는 의도가 반영되어 왔다는 주장이 제기되고 있다.

가사기술과 관련하여 코완(Ruth S. Cowan)은 20세기 전반에 등장한 진공청소기, 세탁기, 냉장고 등이 가정주부의 노동을 감소시킨 것이 아니라 오히려 증가시켰다고 주장한 바 있다. 산업화 이전

그림 81. 성적 평등을 상징화한 모형

에는 가사노동을 전 가족이 비교적 공평하게 분담하였고 경우에 따라 가정의 피고용인과 상업적 대리인의 도움도 받았으나, 산업화 이후에는 생활표준의 상승으로 가사노동의 양은 증가한 반면 가정주부가 가사노동을 전적으로 혼자서 감내하게 되었다는 것이다. 특히, 그녀는 새로운 형태의 가사노동의 출현이 가정주부에 관한 이데올로기의 변화와 결부되어 있었다는 점을 지적하였다. 제1차 세계대전이 지난 후에 미국 사회에서는 가사노동이 더 이상 허드렛일이 아니라 가족에 대한 사랑의 표현으로 간주되었으며, 당시의 여성잡지들은 가정주부가 이렇게 고상한 노동을 제대로 수행하지 않거나 다른 고용인에게 맡기는 것을 일종의 '죄'라고 표현했던 것이다.

여성 과학기술자의 육성과 지원

그렇다면 여성 과학기술자를 육성하고 지원하기 위해서는 어떤 노력을 기울여야 할까? 최근에 여성계에서 많이 제기되고 있는 논점은 '성주류화(gender-mainstreaming)'다. 그것은 젠더의 관점(gender perspective)을 모든 정책 과정에 통합하는 것으로서 1995년 북경 세계여성대회에서 공식적인 행동강령으로 수용된 바 있다. 과학기술의 경우에는 유럽위원회(European Commission)가 2002년에 '과학기술에서 성주류화'를 정책 기조로 설정한 후 여성의 과학기술계 진출 촉진, 여성 과학기술자의 역량 제고, 여성 과학기술자 지원을 위한 기반 확충 등을 도모하고 있다.

여성의 과학기술계 진출을 촉진하기 위한 방안으로는 여학생들의 이공계 진입 유도, 여자 이공계 대학(원)생 지원, 교육과정 및 교육환경 개혁 등이 강조되고 있으며, 특히 여학생들의 이공계 진입을 촉진하기 위하여 다양한 형태의 WISE(Women Into Science and Engineering) 프로그램이 실시되고 있다. 여성 과학기술자의 역량을 제고하기 위한 방안에는 과학기술 관련 직종으로의 진출 촉진, 연구 지원, 국제교류 지원, 네트워크의 활성화 등이 있는데, 특히 여성 과학기술자에 대한 적극적 조치(affirmative action)의 일환으로 채용 목표제 혹은 할당제(quota system)가 세계 각국에서 시도되고 있다. 여성 과학기술자의 지원을 위한 기반 확충과 관련해서는 법·제도 및 전담기구의 마련, 성인지적 통계자료의 구축, 가정생활과의 양립 지원 등이 강조되고 있다.

우리나라의 경우에는 2000년부터 여성 과학기술자를 육성하고 지원하기 위한 정책적 노력이 본격화되었다. 2000년에는 여성 과학자 연구개발 전담 지원사업이 시작되었고, 2001년에는 여학생 친화적 과학교육 프로그램(WISE)의 실시, 올해의 여성 과학자상 제정, 여성 과학기술인력 DB 구축, 여성 과학기술인력 채용목표제의 도입 등이 이루어졌다. 이어 2002년에는 여성 과학기술인 육성 및 지원에 관한 법률이 제정되었고, 2004년에는 여성 과학기술인 육성 및 지원에 관한 기본계획이 수립되었다. 이후 여성 과학기술인을 위한 다양한 사업이 진행되어 오다가 2011년에는 한국여성과학기술인지원센터(Center for Women in Science, Engineering and Technology, WISET)가 출범하였다.

이와 같은 조치는 현재의 과학기술 활동이 지속될 경우에는 여성과 같은 소수자 집단이 참여할 기회가 계속해서 제한될 것이라는 판단에 기초하고 있다. 출발선상에서 이미 평등하지 않기 때문에 이를 시정하기 위한 조치인 셈이다. 사실상 여성이 과학기술에서 고등교육을 받는 비율은 증가하고 있는데, 여성이 과학기술자로 활동하기 위한 장벽이 여전히 높다면 그것은 열심히 키운 아까운 인재를 놓치는 것과 다를 바가 없다. 이와 함께 여성 과학기술자들이 종종 남성과는 다른 경험을 통해 얻은 통찰과 관점을 적용함으로써 새로운 과학기술의 발전에 기여했다는 점에도 주목할 필요가 있다. 물론 그것은 여성이 본질적으로 어떤 특징을 가지기 때문이 아니라 현실에서 남성들과 다른 환경과 가치관을 경험하기 때문에 가능하다고 볼 수 있다. 다양한 경험과 가치관을 가진 과학기술자의 존재는 과학기술이 더욱 창의적이고 풍성한 방향으로 발전할 수 있는 기본적 조건인 것이다.

과학기술과 공공정책

제27장

정책은 기본적으로 정부가 개입하는 행위에 해당한다. 정부 개입의 이유로는 시장실패(market failure)가 거론되고 있는데, 연구개발과 환경오염은 시장실패가 자주 발생하는 대표적인 영역에 해당한다. 과학기술정책(science and technology policy, STP)은 과학기술을 대상으로 하는 정책으로서 제2차 세계대전 이후에 본격적으로 등장했다. 과학기술정책은 오랫동안 경제정책에 종속된 것으로 간주되어 왔지만, 최근에는 경제정책은 물론 사회정책의 중요한 요소로 부상하고 있다.

정책의 개념과 과정

정책에 대해서는 학자들에 따라 다양한 견해가 제시되고 있다. 여기서는 간략한 정의와 조금 긴 정의를 소개하고자 한다. 사전적 정의에 따르면, 정책은 공공문제를 해결하고자 정부가 결정한 행동방침을 뜻한다. 정정길 등은 정책을 다음과 같이 정의하고 있다. "정책이란 바람직한 사회 상태를 이룩하려는 정책목표와 이를 달성하기 위해 필요한 정책수단에 대하여 권위 있는 정부기관이 공식적으로 결정하는 기본방침이다." 정책이 가진 기본적 특성으로는 소망성(desirability)과 실현가능성(feasibility)을 들 수 있다.

정책과 유사한 개념에는 사업, 대책, 법률, 계획 등이 있다. 사업이나 대책은 특정한 정책이 구체화된 경우를 의미하며, 상위정책을 집행하기 위한 하위정책의 성격을 띤다. 법률은 매우 강력한 형태의 정책에 해당하지만, 모든 정책이 법률로 가시화되지는 않는다. 계획은 그 구성요소로서 목표와 수단을 지니고 있으며, 정부계획의 경우에는 수립주체도 정부이므로 정책과 공통적인 요소를 가지고 있다.

정책은 일련의 과정 혹은 단계로 구성되어 있다. 일상적인 관리활동에서는 기획(plan) → 집행(do) → 평가(see)의 3단계 사이클이 널리 사용되고 있다. 이를 정책과정에 적용하면, 각각 정책기획, 정책집행, 정책평가에 해당한다. 정책과정을 더욱 자세히 살펴보면, ① 정책 의제 설정 혹은 문제 형성, ② 정책 분석 혹은 대안 형성, ③ 정책 결정 혹은 정책 채택, ④ 정책 집행, ⑤ 정책 평가, ⑥ 정책 변동 등의 6단계로 구분할 수 있다. 이와 같은 정책과정의 단계는 단일 방향으로 진행되는 것이 아니라 서로 영향을 주고받는 순환적인 관계를 형성한다. 이와 달리 ② 정책 분석(대안형성)과 ③ 정책 결정(정책 채택)을 합쳐서 '정책 형성'으로 보는 경우도 있고, ⑥ 정책 변동을 제외하는 경우도 있다.

정책의제 설정(policy agenda setting)은 수많은 사회문제 중에서 특정한 문제들이 정부가 진지한 관심을 갖고 적극적으로 해결하려는 문제로 채택되는 과정을 의미한다. 정책의제 설정의 전 과정

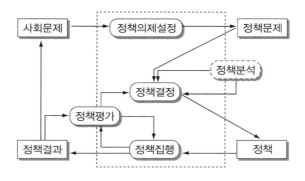

그림 82. 정책과정에 대한 개념도

에서는 문제에 대한 정의가 지속적으로 일어나는 경향이 있다. 정책 분석 혹은 대안 형성은 문제 해결에 이바지할 수 있고 실현 가능한 수단을 개발하는 단계에 해당한다. 목표 설정, 대안 탐색, 결과 예측을 포함하며, 대안 탐색과 결과 예측은 동시에 이루어지는 경우가 많다. 정책 결정 혹은 정책 채택을 위해서는 각 대안의 예상되는 결과를 비교·평가하여 최선이라고 판단되는 대안을 찾아내야 한다. 정책을 채택하는 데에는 효과성(effectiveness), 효율성(efficiency), 형평성(equity) 등이 중요한 기준으로 작용하며, 최종안을 선택한 후에는 지지 세력을 규합하여 권위 있는 기관이 의결하거나 합법성을 부여하는 것이 중요하다.

정책 집행은 결정된 정책을 실행에 옮기는 단계에 해당한다. 정책이 형성되었다고 해서 자동적으로 집행되는 것은 아니며, 정책 집행의 양태에 따라 정책 결과가 판이하게 달라질 수 있다. 정책 평가는 정책을 집행함으로써 나온 결과 혹은 효과를 당초에 설정된 목표에 비추어 평가하는 것이다. 정책 평가는 정책(X)과 효과(Y) 간의 관계에 대한 정보와 지식을 제공할 수 있으며, 그것은 향후에 바람직한 정책을 수립하는 데 반영될 수 있다. 정책 변동은 정책의 유지(policy maintenance), 정책의 승계(policy succession), 정책의 종결(policy termination) 등을 포괄한다. 정책의 유지는 문제가 지속되는 경우, 정책의 승계는 문제가 변경되는 경우, 정책의 종결은 문제가 소멸되는 경우에 적용된다.

과학기술정책은 기본적으로 과학기술의 혁신을 겨냥하고 있으며, 과학기술혁신정책(science, technology and innovation policy, STI policy)으로 불리기도 한다.

과학기술정책은 진흥정책(promotion policy)으로 간주되는 경우가 많지만, 규제정책(regulation policy)의 성격도 동시에 가지고 있다. 여기서 주목해야 할 점은 특정한 기술에 대한 규제가 다른 기술 혁신을 자극 혹은 유발하기도 한다는 사실이다. 프레온 가스에 대한 규제는 그 대표적인 예다. 프레온 가스가 오존층 파괴의 주범으로 밝혀지면서 이에 대한 규제가 강화되자 대체 냉매에 대한 개발이 가속화되었던 것이다.

과학기술정책은 임무지향적 정책(mission oriented policy)과 확산지향적 정책(diffusion oriented policy)으로 구분되기도 한다. 임무지향적 정책은 국가가 특정 산업이나 과학기술을 정해서 목표를 설정하고 이에 도달하기 위해 집중적으로 지원하는 형태의 정책으로 주로 하향식(top-down)으로 추진된다. 이에 반해 확산지향적 정책은 모든 분야의 전반적인 능력 향상을 위해 주요 과학기술의 이전과 확산을 지원하는 형태의 정책으로 주로 상향식(bottom-up)으로 추진된다.

과학을 위한 정책(policy for science)과 정책을 위한 과학(science for policy)을 대비시키는 경우도 있다. 전자가 과학의 발전을 위해 정부가 지원해야 한다는 점을 강조하고 있다면, 후자는 과학이 정책문제 혹은 사회문제의 해결에 기여해야 한다는 점에 주목하고 있다.

과학기술정책의 진화

정부가 과학 활동을 지원한 것은 오래전부터 시작되었다. 이미 기원전 3세기에 알렉산드리아에서는 프톨레마이오스 왕조가 지원하는 무세이온(Museion)이 운영되고 있었다. 근대 과학이 출현했던 17세기에는 영국의 왕립학회(Royal Society), 프랑스의 과학아카데미(Académie des sciences)를 비롯한 과학단체들이 설립되었는데, 특히 과학아카데미는 정부의 전폭적인 지원을 받았다. 19세기에 들어서는 많은 선진국들이 천문, 지질, 보건 등과 관련된 정부기구를 설립하고 이를 지원하기 시작했다. 그러나 19세기까지 정부의 과학에 대한 지원은 연구에 중점이 주어지지 않았고 지속성도 결여되어 있었다.

1900년을 전후하여 각국 정부는 과학연구와 관련된 새로운 조직을 설립하면서 이를 본격적으로 지원하기 시작했다. 예를 들어 독일은 1887년에 제국물리기술연구소(Physikalisch-Technische Reichstalt, PTR)를, 영국은 1900년에 국립물리학연구소(National Physical Laboratory, NPL)를, 미국은 1901년에 국립표준국(National Bureau of Standards, NBS)을 설립했다. 이러한 기구들은 정부가 정규 교육을 받은 과학자들을 고용하여 운영하는 선례가 되었으며 과학행정가와 같은 새로운 집단이 출현할 수 있는 기반으로 작용했다.

과학과 정부의 관계는 두 차례의 세계대전을 매개로 더욱 강화되었다. 제1차 세계대전을 계기로 새로운 무기를 개발할 필요성이 증대하자 각국 정부는 군사연구를 위한 대형 프로젝트를 추진하기 시작했다. 미국을 예로 들면, 1916년에 국립연구회의(National Research Council, NRC)가 설치되는 것을 배경으로 당시의 과학자들은 잠수함 탐지기, 방독면 등을 개발하여 독일의 침략을 봉쇄하는 데 큰 역할을 담당했다. 이러한 국방연구를 통해 집단적인 공동연구가 일반화되면서 연구주제도 정부가 기획·조정하기 시작했으며, 막대한 예산 지원을 매개로 과학자들은 부(富)를 축적할수 있는 기회도 가질 수 있었다.

제1차 세계대전 이후에 정부의 지원이 감소하자 과학자들은 새로운 후원자를 찾아 나섰다. 1920년대를 통하여 미국의 과학은 산업체와 사회사업재단의 지원을 바탕으로 지속적인 성장을 경험했다. 그러나 대공황이 발생하면서 과학에 대한 지원은 급속히 축소되었고 과학자들은 다시 정부를 설득하기 시작했다. 그들은 1933년에 "과학 진보를 위한 복구계획(Recovery Program of Scientific Progress)"을 수립하여 정부의 적극적인 지원을 주문했다. 그 계획은 현실화되지 못했지만 미국의 과학자 사회가 정부에게 과학연구에 대한 직접적인 지원을 요청했다는 점에서 특기할 만한 사건이었다.

제2차 세계대전이 발발하면서 국방연구의 필요성이 다시 대두되었다. 1940년에는 국방연구위원회(National Defense Research Committee, NDRC)가 설립되었으며, 그것은 1941년에 과학연구개발국(Office of Scientific Research and Development, OSRD)으로 확대되었다. 이러한 조직을 매개로 미국의 과학자들은 레이더와 원자폭탄을 비롯한 대형 프로젝트를 성공적으로 추진했다. 이를 통해 정부는 과학의

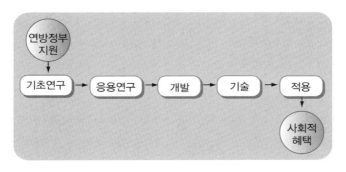

그림 83. 부시의 선형 모델. 『과학, 끝없는 프런티어』에서는 과학기술정책이 기초연구 → 응용연구 → 개발 → 기술 → 적용으로 이어지는 선형 모델에 입각하고 있었다.

위력을 완전히 인식하게 되었고 과학은 정부라는 안정적인 후원자와 밀접하게 결합하기 시작했다. 특히 NDRC와 OSRD의 의장을 맡았던 부시(Vannevar Bush)는 1945년에 『과학, 끝없는 프런티어(Science, the Endless Frontier)』라는 보고서를 작성하여 과학에 대한 정부의 강력한 지원책을 주문했다. 부시의 제안은 수많은 논의를 거친 후에 1950년에 국립과학재단(National Science Foundation, NSF)이 설립되는 것으로 이어졌다.

미국을 비롯한 선진국의 과학기술정책은 다음과 같은 세 단계를 거치면서 진화해 왔다고 볼 수 있다. 첫 번째 단계는 거대과학(big science) 프로젝트와 스핀오프(spin-off) 패러다임으로 대표되는 시기다. 이 시기에는 과학기술에 대한 낙관적인 믿음을 바탕으로 거대과학 프로젝트에 막대한 연구개발비가 투자되었다. 그리고 거대과학이나 군사연구를 통해 창출된 지식이 전파되어 결국에는 민간 부문의 기술 개발에 도움이 될 것이라고 파악하는 스핀오프 패러다임이 득세했다. 당시 정책결정은 주로 과학자, 그중에서도 경성과학(hard science)을 다루는 물리학자와 화학자가 주도했다. 이로 인해 과학기술정책은 정부부처가 아니라 과학자문위원회와 같이 과학자들로 구성된 전문가위원회를 통해 입안되었다.

두 번째 단계는 거대과학과 국방 분야에서 이루어진 막대한 투자의 비용효과성이 문제가 되면서 기존의 과학기술정책에 대한 비판적 관점이 표출된 시기다. 이 시기에는 기초적인 과학지식의 창출이나 군사적 임무의 달성만이 아니라 경제 발전도 과학기술 활동의 주요 목표로 등장했다. 그리고 정책결정 과정에 과학기술자만이 아니라 경제학자도 참여하여 연구개발사업의 경제성을 검토하기 시작했으며, 과학기술위원회와 같은 위원회 조직 혹은 과학기술 관련 정부부처가 정책결정을 주도했다. 또한 공식적인 연구개발 활동과 함께 산업 현장의 비공식적 활동도 경제 성장에 크게 기여한다는 인식이 생겨나면서 급진적 혁신(radical innovation)을 넘어 점진적 혁신(incremental innovation)이 중요하게 고려되기 시작했다.

세 번째 단계에서는 정보기술, 신소재기술, 생명공학기술 등과 같은 새로운 기술 패러다임에 대응하기 위해 혁신체제(innovation system)의 구축이 중요한 관심사로 등장했다. 이 시기에는 과학기술의 혁신이 가져오는 경제적 효과만이 아니라 사회적 효과에 대한 관심도 증대되기 시작했다. 이로 인해 정책결정 과정에 참여하는 집단이 대폭 확대되었다. 경성과학뿐만 아니라 생명과학, 환경과학 등과 같은 연성과학(soft science)도 중시되었으며, 경제학자는 물론 다른 사회과학자들의 참여도 가시화되었다. 더 나아가 과학기술에 대한 사회적 논쟁이 빈번해지면서 일반 시민이 과학기술과 관련된 정책 결정에 참여할 수 있는 계기가 마련되기도 했다. 이처럼 세 번째 단계에서는 첨단기술에 대한 관심이 증대하는 가운데 과학기술의 혁신만이 아니라 경제사회의 혁신도 필요하다는 인식이 등장했다.

한국의 과학기술정책

우리나라의 과학기술정책은 1960년대와 1970년대를 통해 형성되었다. 1962년에는 우리나라 최초의 과학기술종합계획으로 평가되는 "기술진흥 5개년 계획"이 수립되었으며, 1966년에는 최초의 정부출연연구기관인 한국과학기술연구소(현재 한국과학기술연구원)가 설립되었다. 1967년에는 과학기술에 관한 최초의 종합적인 법률인 <과학기술진흥법>이 제정되었으며, 과학기술을 담당하는 정부부처인 과학기술처(현재 과학기술정보통신부)가 출범했다. 이어 1970년대에는 한국과학기술연구소를 모태로 과학기술 분야별 정부출연연구기관이 속속 등장하는 가운데 고급 과학기술인력을 양성하기 위한 한국과학원(현재 한국과학기술원)과 기초연구를 지원하기 위한 한국과학재단(현재 한국연구재단)이 설립되었다.

1980년대에 들어서는 국가연구개발사업을 통해 과학기술이 국가 차원에서 보다 직접적인 방식으로 관리되기 시작했다. 1982년에 시작된 특정연구개발사업과 1987년에 시작된 공업기반기술개발사업(현재 산업기술개발사업)은 그 대표적인 예다. 또한 민간 기업의 연구개발 활동에 대한 금융, 세제, 인력상의 지원이 대폭적으로 강화되는 가운데 1983년부터 연구개발투자에서 정부와 민간이 차지하는 비중이 역전되었다. 이어 1990년대에는 우수연구센터 지원사업을 매개로 대학의 연구 활동에 대한 지원도 강화되었고, 정부출연연구기관과 기업에 이어 대학도 주요한 혁신주체로 자리 잡기 시작했다.

외환위기가 있었던 1997년을 전후하여 우리나라의 과학기술정책은 전환기에 접어들었다. 당시에는 '국가혁신체제'와 '지식기반경제'라는 용어가 자주 사용되면서 과학기술정책의 새로운 이념이 모색되었다. 그것은 과학기술정책에 관한 주요 법률을 정비하는 작업으로 이어져 1997년에는 <과학기술혁신을 위한 특별법>이, 2000년에는 <과학기술기본법>이 제정되었다. 과학기술 발전 전략의 키워드는 '모방' 혹은 '추격'에서 '탈추격' 혹은 '창조'로 이동하기 시작했으며, 여러 부처에 산재되어 있는 과학기술정책을 종합적으로 조정하는 일도 중요한 관심사로 부상했다. 이와 함께 과거에 소홀히 다루어져 왔거나 별로 부각되지 못했던 과학기술정책 분야가 새롭게 부상하는 경향도 나타났는데, 벤처기업의 육성, 지역혁신체제의 구축, 과학기술문화의 창달 등은 그 대표적인 예다.

우리나라의 과학기술정책이 포괄하는 범위는 <과학기술기본법>에 의거하여 5년 단위로 수립되는 "과학기술기본계획"에서 엿볼 수 있다. <과학기술기본법> 제7조는 과학기술기본계획에 포함되어야 할 사항을 다음과 같이 규정하고 있다.

① 과학기술의 발전목표 및 정책의 기본 방향
② 과학기술혁신 관련 산업정책, 인력정책 및 지역기술혁신정책 등의 추진 방향
③ 과학기술투자의 확대
④ 과학기술 연구개발의 추진 및 협동·융합연구개발 촉진

⑤ 기업, 교육기관, 연구기관 및 과학기술 관련 기관·단체 등의 과학기술혁신 역량의 강화

⑥ 연구개발 성과의 확산, 기술 이전 및 실용화의 촉진, 기술창업의 활성화

⑦ 기초연구의 진흥

⑧ 과학기술교육의 다양화 및 질적 고도화

⑨ 과학기술인력의 양성 및 활용 증진

⑩ 과학기술지식과 정보자원의 확충·관리 및 유통체제의 구축

⑪ 지방과학기술의 진흥

⑫ 과학기술의 국제화 촉진

⑬ 남북 간 과학기술 교류협력의 촉진

⑭ 과학기술문화의 창달 촉진

⑮ 민간 부문의 과학기술혁신 촉진

⑯ 그 밖에 대통령령으로 정하는 과학기술진흥에 관한 중요 사항

현재 우리나라의 혁신체제는 모방적·폐쇄적 성격을 띠고 있는 것으로 평가할 수 있으며, 향후에는 창조적·협동적 혁신체제로 전환되어야 한다. 구체적으로는 선진기술의 모방개량에서 핵심기술의 선도적 창출로, 단기적 문제의 해결에서 장기적 성장동력의 확보로, 혁신자원의 양적 확충에서 혁신자원의 질적 고도화로, 혁신주체의 개별적 육성에서 혁신주체의 연계 강화로, 국내 중심의 혁신활동에서 세계로 개방된 혁신활동으로, 지역 간 불균형 성장에서 지역의 균형적 발전으로, 과학기술의 발전을 위한 사회적 지원에서 사회문제의 해결을 위한 과학기술로 전환되어야 하는 것이다. 특히, 대기업과 중소기업의 동반 성장, 각 지역의

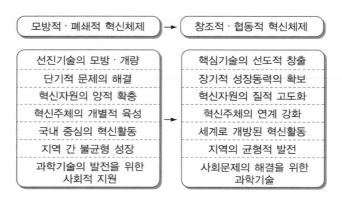

모방적 · 폐쇄적 혁신체제	→	창조적 · 협동적 혁신체제

선진기술의 모방 · 개량	핵심기술의 선도적 창출
단기적 문제의 해결	장기적 성장동력의 확보
혁신자원의 양적 확충	혁신자원의 질적 고도화
혁신주체의 개별적 육성	혁신주체의 연계 강화
국내 중심의 혁신활동	세계로 개방된 혁신활동
지역 간 불균형 성장	지역의 균형적 발전
과학기술의 발전을 위한 사회적 지원	사회문제의 해결을 위한 과학기술

그림 84. 한국 혁신체제의 전환에 대한 개념도

내생적 성장 촉진, 사회문제 해결에 대한 과학기술의 기여도 강화 등은 우리나라 혁신체제가 매우 취약한 지점으로 볼 수 있다.

우리나라 과학기술정책의 발전 방향을 정책목표, 정책수단, 정책문화의 측면에서 살펴보면 다음과 같다. 우선, 한국의 과학기술정책은 그동안 산업 발전을 위한 수단으로 간주되어 왔지만, 이제는 국민의 삶의 질 향상을 비롯한 사회문화적 이슈를 포괄해야 하는 국면에 진입하였다. 또한, 한국에서는 과학기술혁신을 위한 다양한 제도적 장치들이 개발되어 왔는데, 이제는 그것을 종합적으로 조정하고 실질적 효과를 제고해야 할 단계에 이르렀다. 마지막으로 한국의 과학기술정책은 관료 중심의 문화를 형성하면서 과학기술자 집단을 동원하는 특성을 보여 왔으며, 앞으로는 다양한 사회집단의 의사를 반영하고 이를 조율하는 과제가 부여되고 있다.

제 28 장 과학기술과 사회를 잇는 교육

> 오늘날 과학과 그 응용들은 이전의 어느 때보다도 발전에 필수불가결한 요소가 되고 있다. 모든 수준의 정부와 민간 부문에서는 적절하고 잘 공유된 과학기술적 역량을 확립하기 위해 경제적, 사회적, 문화적, 환경적으로 건전한 발전에 필수적인 적절한 교육과 연구 프로그램을 통하여 더 많은 지원을 강화해야 한다.
>
> – '과학과 과학적 지식의 이용에 관한 선언' 중에서 –

 1999년 7월 1일, 헝가리 부다페스트에서 전 세계 197개국 대표단을 포함한 2,000여 명이 참가한 세계과학회의(World Conference on Science)가 열렸다. 그리고 회의의 결과로 '과학과 과학적 지식의 이용에 관한 선언(Declaration on Science and the Use of Scientific Knowledge)'이 채택되었다. 이 선언은 "과학교육이 인간 발달, 내생적인 과학적 역량의 창출, 적극적이고 교양 있는 시민의 양성을 위해 필수적"임을 강조하며 과학교육 과정이 과학윤리를 비롯한 과학사, 과학철학, 과학의 문화적 영향에 관한 훈련을 포함해야 한다고 명시하였다.

 과학기술이 사회에 미치는 영향이 점차 확대되면서 과학교육은 과학지식과 방법의 전수를 넘어 과학의 가치와 윤리적 특성을 포함하는 교육으로 변화하고 있으며, 과거 우수한 과학자를 양성하기 위한 엘리트 교육에서 '모든 이를 위한 과학(science for all)' 교육으로 초점을 옮겨가고 있다. 그리고 이러한 맥락에서 과학교육은 민주사회의 시민으로서 갖추어야 할 과학기술 소양과 과학과 기술과 사회의 관계를 포함하는 교육에서 모든 이를 위한 과학교육의 해답을 찾고자 하였다.

과학기술 소양

'과학적 소양(scientific literacy)' 혹은 '과학 소양(science literacy)'이라는 말은 학자에 따라 다양하게 해석된다. 처음 이 용어를 사용한 사람은 스탠포드 대학교의 허드(Paul. H. Hurd) 교수인데 1958년 '과학 소양: 미국 학교에서 그 의미(Science Literacy: Its meaning for American School)'라는 논문에서, 사회의 경험에 과학지식을 적용하고 과학에 대한 이해를 묘사하는 용어로 '과학 소양'을 사용하였다. 허드 교수는 과학과 사회의 일관성을 이해하는 것이 과학적 소양의 여러 의미 중에서 가장 중요한 것이라고 보았다.

과학적 소양이라는 용어는 학자들 사이에서 점차 빈번하게 활용되었고 1970년대 미국 과학교사협회(National Science Teachers Association, NSTA)의 공식 견해를 통해 비로소 과학교육의 주요 목표로 자리매김하게 되었다. NSTA는 "이성적 사고와 행동을 하는 상위의 능력자로서 과학적 소양이 있고 스스로 사회문제에 관심을 갖는 사람을 기르는 것"을 과학교육의 중요한 목표로 제시하였다. NSTA는 과학적 소양을 갖춘 사람의 특성을 다음의 13가지로 정리하였다. 나 자신의 과학적 소양은 어느 정도인지 한 번 체크해보는 것도 흥미로울 것이다.

- 일상생활에서 책임 있는 의사결정을 내리기 위해 과학개념, 탐구과정 기능, 가치를 이용한다.
- 과학기술이 사회에 미치는 영향뿐 아니라 사회가 과학과 기술에 미치는 영향도 이해한다.
- 사회가 여러 가지 자원을 통해 과학기술을 통제한다는 것을 이해한다.
- 인간의 복지 증진에 있어 과학기술의 유용성뿐 아니라 한계도 이해한다.
- 과학의 주요 개념, 가설, 이론을 알고 이를 활용할 수 있다.
- 과학기술이 제공하는 지적 자극을 인식한다.
- 과학지식의 창출이 탐구과정 및 개념적 이론에 근거한다는 것을 이해한다.
- 과학적 증거와 개인적 견해를 구분할 수 있다.
- 과학의 본성을 이해하고 과학지식이 잠정적이며 증거의 축적에 따라 변한다는 것을 이해한다.
- 기술의 응용과 이에 따른 의사결정을 이해한다.
- 과학연구의 가치와 기술적 발달을 인식할 수 있는 충분한 지식과 경험을 가진다.
- 과학교육을 통해 세계에 대해 더 풍요롭고 긍정적인 견해를 가진다.
- 신뢰할 수 있는 과학적, 기술적 정보의 출처를 알고 의사결정에 활용한다.

미국 과학진흥협회(American Association for the Advancement of Science, AAAS) 역시 과학교육 과정 개발 계획인 Project 2061의 보고서 「모든 미국인을 위한 과학(science for all American)」을 통해 과학적 소양이 과학교육의 주요 목표가 되어야 한다고 주장하였는데, AAAS 가 기술한 과학적 소양을 갖춘 사람의 4가지 특성은 다음과 같다.

첫째, 과학과 수학, 그리고 기술이 강점과 한계를 동시에 지니는 상호 연관된 인간의 활동임을 인식한다.

둘째, 과학의 주요 개념과 원리를 이해한다.

셋째, 자연 세계에 친숙하고 자연계의 다양성과 단일성을 모두 인식한다.

넷째, 과학지식과 과학적 사고방식을 개인 및 사회적 목적을 위해 활용할 수 있다.

최근에는 과학적 소양이 하나의 차원이 아니라 여러 차원으로 구성되어 있다고 보고 이러한 구조를 파악하고자 하는 노력도 시도되고 있다.

한편 과학교육의 목표에서 과학적 소양뿐 아니라 기술적 소양 (technological literacy)의 중요성을 강조한 학자들도 있었다. 이들은 기술적 소양을 "일상생활의 모든 활동과 관계, 또는 고도로 발달된 기술사회에서 생활하는 우리에게 영향을 미치는 주요 요인에 대해 효과적으로 의사소통하는 시민의 능력"으로 정의하고, 진정한 기술적 소양이 기술세계에 잘 대응할 수 있는 시민을 준비시킬 수 있다고 주장하였다. 이러한 학자 중 화이트(Charles S. White)는 기술적 소양의 본성을 다음과 같이 기술하였다.

기술적 소양을 갖춘 사람은 기술이 범람하는 환경에서 편안한 삶을 즐긴다. 이러한 상황을 만들기 위해서는, 과학과 기술에 기반을 둔 문제에 대해 토론하고 성찰하는 과정에서 요구되는 기능 외에도 이러한 문제들이 생활에 미칠 수 있는 영향과 기술에 대한 일정 정도의 지식이 필요하다. 기술적 소양은 일상생활에서 광범위한 기술을 편안하게 활용할 수 있는 수준을 의미한다.

기술적 소양에 대한 논의가 구체화되면서 2000년 국제기술교육협회(International Technology Education Association, ITEA)는 「모든 미국인을 위한 기술 프로젝트(Technology for All Americans Project)」에서 교육자와 공학자, 과학자의 협력을 통해 20가지 기술적 소양 표준을 제시하고 다음의 5가지 범주로 분류하였다.

- 기술의 본성(The Nature of Technology): '기술의 특성과 범위', '기술의 핵심 개념', '다양한 기술 간의 관계 및 기술과 타 영역 간의 연관성'
- 기술과 사회(Technology and Society): '기술의 문화적·사회적·경제적 정치적 영향', '기술이 환경에 미치는 영향', '기술의 발달과 사용에서의 사회의 역할', '기술이 역사에 미친 영향'
- 설계(Design): '설계의 속성', '공학 설계', '문제해결에서 분쟁 조정, 연구와 개발, 발명과 혁신, 실험의 역할'
- 기술세계를 위한 능력(Ability for a Technological World): '설계 과정의 적용', '기술적 산물과 시스템의 사용 및 유지', '생산물과 시스템의 영향 평가'
- 설계된 세상(The Designed World): '의학기술', '농업 및 관련 생명공학', '에너지 및 전력 기술', '정보통신기술', '운송기술', '생산기술', '건설기술'

ITEA는 모든 학생을 위한 기술교육을 위해서는 성별, 소수자 및 형평성의 문제에 대한 관심이 필요하다고 보았으며 기술 소양의 표준이 기술교육뿐 아니라 다른 교과 영역에도 포함되어야 한다고 제안하였다. 실제로 현대사회에서는 과학과 기술을 분리시켜 생각하기가 어렵고 과학과 기술의 상호 연관성이 매우 높기 때문에 과학적 소양과 기술적 소양은 과학기술 소양의 맥락에서 함께 고려하는 것이 타당할 듯싶다.

과학적 소양과 기술적 소양 혹은 과학기술적 소양에 대해서는 용어와 정의에서 다양한 견해가 존재하지만 공통적으로 강조되는 점이 한 가지 있다. 그것은 바로 과학기술 교육이 소수의 과학자를 길러내기 위한 것보다 과학기술적 소양을 지닌 민주 시민, 즉 과학기술 소양인을 양성하는 데 중점을 두어야 한다는 점이다. 과학기술 소양인은 과학과 기술과 사회가 어떻게 서로 상호작용하는지를 이해하며, 매일매일의 의사결정에서 이러한 상호작용적 지식을 활용할 수 있는 사람이다. 또한 과학기술 소양인은 논리적으로 생각하고, 지속적으로 지식의 획득을 가능하게 하는 사실과 개념, 개념의 구조, 과정 기능에 대한 실질적인 지식기반을 가지고 있는 사람이다. 과학기술 소양인은 사회 속에서 과학과 기술의 가치를 인식하며 그 한계를 이해할 수 있다.

STS 교육

과학과 기술과 사회의 관계를 나타내는 데는 STS(Science, Technology and Society)라는 용어가 보편적으로 사용된다. 이 용어는 영국의 물리학자 자이먼(John Ziman) 교수가 그의 저서『과학과 사회에 대해 가르치고 배우기』에서 처음 사용하였는데, 과학기술이 사회에 영향을 미치며 사회 역시 과학과 기술에 영향을 주는 형태로 과학과 기술과 사회는 상호 연관을 맺고 있다는 점을 나타낸다. 바이비(Rodger W. Bybee)에 의하면, 과학과 기술과 사회의 가장 직접적인 상호작용은 기술과 사회 사이에 존재하지만 기술의 발달은 과학지식에 의해 가능해진다. 과학과 기술은 서로 구별되지만 서로 얽혀 있어서 과학과 기술과 사회 사이의 상호작용은 과학, 기술, 사회 모두를 포함해서 일어난다.

STS는 '학문으로서의 STS'와 '교육으로서의 STS'로 구분되는데 학문으로서의 STS는 과학과 기술과 사회에 관련된 학문 영역으로 흔히 '과학기술학'이라 불린다. 과학기술학의 입장에서 보면 과학은 과학의 고유한 가치 외에도 사회적 · 기술적 · 경제적 가치도 개재되어 있다. 이로 인해 '교육으로서의 STS', 특히 'STS에 관한 교육'은 특정 분야에 국한되어 이루어지는 것이 아니라 과학기술, 사회, 문화, 경제, 정치 등 여러 가지 상황에서 다양한 분야 간의 상호작용으로 이루어지는 다학문적(multidisciplinary) 교육을 의미하게 된다. STS 교육에 대한 학자들의 다양한 정의를 정리하면 다음과 같다.

- STS 교육은 과학, 기술, 사회의 상호 관련성을 다룬다.
- STS 교육은 인간의 경험적 맥락에서 이루어진다.
- STS 교육은 과학적 소양의 함양을 추구한다.
- STS 교육은 각종 의사결정과 문제해결력을 중시한다.
- STS 교육은 만인을 위한 과학을 추구한다.

그림 85. 과학기술과 사회에 대한 다양한 키워드. 대중(Public), 윤리(Ethics), 혁신(Innovation), 논쟁(Controversies), 미래(Futures), 참여(Participation) 등이 눈에 띈다. (출처: www.univie.ac.at)

STS 교육의 이러한 특성은 과학수업을 교사 중심에서 학생 중심으로 진행하게 한다. 학생들은 문제를 해결하기 위해 협동적이고 능동적으로 참여하게 되고 자신의 직접적인 경험을 수업에 활용한다. 강의 중심의 전통적인 수업과 STS 수업을 비교해보면, STS 수업에서는 토론, 역할놀이, 의사결정법, 자료 분석, 조사, 현장학습, 협동학습 등 다양한 교수학습 방법을 도입한다.

STS 교육에서 활용하는 수업 소재는 학생들에게 친숙한 내용이나 학생의 경험과 관련된 것을 이용한다. 예를 들면, 안테나, 전자시계, 핸드폰 등 일상생활에서 흔히 사용되는 과학기술 발명품 중 수업의 내용과 연관된 것을 선택할 수 있을 것이다. 과학기술의 발달과 함께 제기되는 사회적 논쟁 역시 STS 교육에서 중요하게 다루는 주제다. 과학기술의 응용이 사회에 미치는 영향이 증대됨에 따라 이러한 교육의 필요성은 더욱 정당성을 얻고 있다. 예를 들어, 최근 생명공학을 둘러싸고 벌어지는 생명 복제, 유전자 조작 등은 건강과 복지의 관점에서 우리 삶과 직접적으로 닿아 있기 때문에 중요한 사회적 의사결정이 요구되는 주제다. 이는 대부분 사회적·윤리적 문제를 수반하는 경우가 많으며 개인과 사회의 가치에 따라 선택이 달라질 수 있는 것들이다. 따라서 관련 교육은 주어진 과학기술 관련 문제에 대해 타당한 근거를 가지고 올바른 가치 판단을 할 수 있는 능력을 함양시키는 데 초점을 두고 이루어진다.

과학기술 교육의 방향

전통적으로 과학은 과학지식과 과학적 방법의 2가지 큰 구성요소로 이루어진 것으로 간주되어 왔다. 그러나 현대의 과학철학자들은 과학기술이 가지는 정치·사회·경제적 영향력을 인식하고 과학의 구성요소로서 과학지식과 방법 외에 기술적·경제적·윤리적·정치적 측면을 포함시켰다. 과학교육학자들 역시 과학이 인식론적·도덕적·윤리적·실용적 측면으로 이루어져 있다고 주장하며 사회학자는 거기에 가치와 법률적 판단까지 포함시킨다. 이처럼 현대에는 과학기술을 더 이상 가치중립적이고 객관적인 영역으로 바라보지 않는다. 실제로 과학기술과 관련된 대부분의 문제들은 사회적·윤리적 문제를 수반하기 때문에 '과학의 가치'와 '과학의 윤리적 측면'에 대한 적절한 교육이 요구된다.

'과학의 가치' 교육과 관련하여 하몬(Merrill Harmon), 키르센바움

(Howard Kirshenbaum), 사이먼(Sidney Simon)과 같은 학자들은 어떠한 과학주제도 사실수준, 개념수준, 가치수준의 3가지 수준에서 가르칠 수 있다고 주장하였다. 이들은 뉴턴의 운동방정식을 가르치는 가치수준의 예로 "당신은 자동차 제조업자들이 인간의 생명을 구하기 위해 무엇을 하고 있다고 생각하는가? 당신은 그 문제에 대해 이의를 제기하겠는가?"와 같은 질문을 제시하였다. 과학기술과 관련된 윤리적 문제 또는 가치가 포함될 수 있는 주제는 에너지의 이용과 보존, 나노기술의 활용, 유전자 변형식품, 대기 및 수질오염 등 매우 다양하다.

과학기술의 가치 차원은 STS 교육에서 과학적 소양의 중요한 일부로 다루어진다. 이는 우리의 삶에 영향을 미치는 비판적 주제에 대한 의사결정이 점차 중요해졌기 때문이다. 같은 맥락에서 과학수업을 논쟁이 되는 주제에 대한 토론 중심으로 진행해야 한다는 주장이 제기되기도 하였다. 가치와 관련된 대부분의 수업은 다음과 같은 기본 규칙을 따른다.

"먼저, 학생들에게 딜레마를 제시하라. 그 다음, 학생들에게 딜레마를 다룰 수 있는 합리적인 과정을 제시하라. 그리고 학생들에게 교사 자신의 가치를 강요하지 마라."

서로 다른 가치가 공존하는 다원화된 사회에서는 다양한 가치가 존중되어야 한다. 비판적인 사회적 문제 상황에 서로 다른 가치가 적용되고 대립될 수 있음을 인식해야 하며, 반대되는 가치에 직면했을 때는 자신의 가치를 반추하고 다듬어 가는 계기로 만들어야 한다. 과학의 가치교육은 학생들이 이러한 과정을 가치가 개입되는 실제 상황에 직접 적용하는 형태로 이루어질 수 있다.

'과학의 윤리적 측면'을 중요시하여 이를 과학과 교육과정에 반영하기 위한 노력은 1990년대 초부터 미국과 EU 등을 중심으로 이루어져 왔다. 유네스코 산하 국제생명윤리위원회(International Bioethics Committee, IBC)에서도 중등학교 과학과 교육과정에 과학의 윤리적 측면과 생명윤리를 포함하도록 권유하고 있다. 특히 2000년대 이후에는 과학기술계를 경악케 한 다수의 연구부정 사례들이 적발됨으로써 과학기술계에서는 윤리교육의 필요성이 어느 때보다도 절실히 요구되었다.

최근 우리나라 과학교육 현장에서도 과학의 윤리적 측면에 관심을 가지기 시작하여 다양한 교육 프로그램이 개발되어 적용되고 있다. 그러나 아직까지는 대부분의 연구가 실험적으로 이루어질 뿐 정규 교육과정에서 심도 있게 다루어지고 있지는 못한 실정이다. 현재까지의 주된 교육은 여전히 과학지식 중심으로 이루어지고 있으며 과학의 윤리적 측면에 대한 교육은 STS 교육의 일환으로 부분적으로만 다루어지고 있을 뿐이다.

21세기 과학기술 교육의 중요한 목표는 우리가 직면하는 과학-기술-사회의 문제를 이해하고 합리적으로 사고하며 바람직한 가치판단에 의한 의사결정을 내릴 수 있는 과학기술 소양인의 양성이다. 이러한 교육의 목표를 실현하기 위해서는 기존의 과학지식과 과학적 방법에 대한 교육을 넘어서 과학-기술-사회의 상호관계, 과학기술의 가치와 윤리적 특성 등 과학기술의 다양한 측면을 다루는 교육이 균형 있게 제공될 필요가 있다.

참고문헌

국내 문헌

가치를 꿈꾸는 과학교사 모임, 『과학, 일시정지: 과학 선생들의 현대과학 다시 보기』 (양철북, 2009).

강신주 외, 『과학이 나를 부른다: 과학과 인문학의 경계를 넘나드는 30편의 에세이』 (사이언스북스, 2008).

강양구, 『세 바퀴로 가는 과학 자전거』 (뿌리와 이파리, 2006).

강양구, 『아톰의 시대에서 코난의 시대로』 (프레시안북, 2007).

강양구, 김병수, 한재각, 『침묵과 열광: 황우석 사태 7년의 기록』 (후마니타스, 2006).

강윤재, 『세상을 바꾼 과학논쟁』 (궁리, 2011).

강정인, 『세계화, 정보화, 그리고 민주주의』 (문학과 지성사, 1998).

고현범, 『휴대전화, 철학과 통화하다』 (책세상, 2007).

권복규, 『생명윤리 이야기』 (책세상, 2007).

김광웅 엮음, 『우리는 미래에 무엇을 공부할 것인가: 창조사회의 학문과 대학』 (생각의 나무, 2009).

김근배, 『한국 과학기술혁명의 구조』 (들녘, 2016).

김기흥, 『광우병 논쟁』 (해나무, 2009).

김동광 외, 『불확실한 시대의 과학 읽기』 (궁리, 2017).

김명진 편저, 『대중과 과학기술: 무엇을, 누구를 위한 과학기술인가』 (잉걸, 2001).

김명진, 『야누스의 과학: 20세기 과학기술의 사회사』 (사계절, 2008).

김명진의 STS 홈페이지(http://walker71.woobi.co.kr)

김문조, 『과학기술과 한국사회의 미래: 정보기술의 사회화 과정을 중심으로』 (고려대학교 출판부, 1999).

김영민 외, 『과학교육학의 세계』 제2판 (북스힐, 2016).

김영식, 『과학혁명: 전통적 관점과 새로운 관점』 (아르케, 2001).

김영식 외, 『한국의 과학문화: 그 현재와 미래』 (생각의 나무, 2003).

김학수 외, 『과학문화의 이해: 커뮤니케이션 관점』 (일진사, 2000).

김환석, 『과학사회학의 쟁점들』 (문학과 지성사, 2006).

김훈기, 『유전자가 세상을 바꾼다』 개정판 (궁리, 2004).

문희경 외, 『정보기술과 미래사회』 (와이북스, 2016).

박민아, 『퀴리&마이트너: 마녀들의 연금술 이야기』 (김영사, 2008).

박범순, 김소영 엮음, 『과학기술정책: 이론과 쟁점』 (한울, 2015).

박태현, 『영화 속의 바이오테크놀로지』 (생각의 나무, 2008).

서이종, 『지식정보사회의 이론과 실제』 (서울대출판부, 2001).

손화철, 『토플러&엘륄: 현대 기술의 빛과 그림자』 (김영사, 2006).

송성수 엮음, 『우리에게 기술이란 무엇인가: 기술론 입문』 (녹두, 1995).

송성수 엮음, 『과학기술은 사회적으로 어떻게 구성되는가』 (새물결, 1999).

송성수, 『과학기술과 문화가 만날 때: 과학기술문화론 탐구』 (한울, 2009).

송성수, 『과학기술과 사회의 접점을 찾아서: 과학기술학 탐구』 (한울, 2011).

송성수, 『위대한 여성 과학자들』 (살림, 2011).

송성수, 『공학윤리의 쟁점』 (생각의 힘, 2013).

송성수, 『연구윤리란 무엇인가』 (생각의 힘, 2014).

송성수, 『사람의 역사, 기술의 역사』 제2판 (부산대학교출판부, 2015).

송성수, 『한 권으로 보는 인물과학사: 코페르니쿠스에서 왓슨까지』 제2판 (북스힐, 2015).

송성수, 『과학의 본성과 과학철학』 (생각의 힘, 2016).

송위진, 『창조와 통합을 지향하는 과학기술혁신정책』 (한울, 2010).

송위진, 성지은, 『사회문제 해결을 위한 과학기술혁신정책』 (한울, 2013).

시민과학센터, 『시민의 과학: 과학의 공공성 회복을 위한 시민 사회의 전략』 (사이언스북스, 2011).

신부용, 『대안 없는 대안, 원자력 발전』 (생각의 나무, 2005).

심기보, 『원자력의 유혹: 핵무기, 원자력발전, 방사선 및 방사성동위원소』 개정판 (한솜미디어, 2015).

연세 과학기술과 사회연구 포럼, 『멋진 신세계와 판도라의 상자: 현대 과학기술 낯설게 보기』 (문학과 지성사, 2009).

오조영란, 홍성욱 엮음, 『남성의 과학을 넘어서: 페미니즘의 시각으로 본 과학·기술·의료』 (창작과 비평사, 1999).

유네스코한국위원회 편, 『가치를 꿈꾸는 과학: 교실에서 함께 하는 과학윤리수업』 (당대, 2001).

유네스코한국위원회 편, 『과학기술과 인권』 (당대, 2001).

유네스코한국위원회 편, 『과학연구윤리』 (당대, 2001).

이상욱 외, 『과학으로 생각한다』 (동아시아, 2007).

이상욱 외, 『욕망하는 테크놀로지: 과학기술학자들, 기술을 성찰하다』 (동아시아, 2009).

이수범, 『사이버 윤리』 (한국통신문화재단, 2003).

이영희, 『과학기술의 사회학: 과학기술과 현대사회에 대한 성찰』 (한울, 2000).

이유진, 『기후변화 이야기』 (살림, 2010).

이은경 외, 『과학기술과 사회』 (소리내, 2016).

이은희, 『하리하라의 과학고전 카페』 총 2권 (글항아리, 2008).

이인식, 『21세기 키워드』 개정증보판 (김영사, 2002).

이인식 외, 『새로운 인문주의자는 경계를 넘어라』 (고즈윈, 2005).

이인식, 염재호 외, 『따뜻한 기술: 첨단과 상생의 만남』 (고즈윈, 2012).

이장규 외, 『글로벌 정보사회의 전개와 대응』 (나남출판, 2002).

이장규, 홍성욱, 『공학기술과 사회: 21세기 엔지니어를 위한 기술사회론 입문』 (지호, 2006).

이재현, 『인터넷과 사이버사회』 (커뮤니케이션북스, 2000).

이종구 외, 『정보사회의 이해』 전면 신판 (미래M&B, 2005).

이중원 외, 『인문학으로 과학 읽기』 (실천문학사, 2004).

이중원, 홍성욱 외, 『필로테크놀로지를 말한다: 21세기 첨단 공학기술에 대한 철학적 성찰』 (해나무, 2008).

이진아, 『환경지식의 재발견: 지구에서 일어나고 있는 일들』 (책장, 2008).

이천표, 『우물 밖 인터넷: 경제학자가 바라본 인터넷의 현재와 미래』 (동아시아, 2007).

이필렬, 『에너지 대안을 찾아서』 (창작과 비평사, 1999).

이필렬, 『석유시대 언제까지 갈 것인가』 (녹색평론사, 2002).

이필렬, 박진희, 김동광, 한재각,『생명공학과 인간의 미래』(한국방송통신
  대학교 출판부, 2007).

이필렬, 최경희, 송성수,『과학, 우리 시대의 교양』(세종서적, 2004).

이향우 외,『정보사회의 이해』전면 개정판 (미래인, 2011).

임경순,『과학을 성찰하다: 현대 과학의 새로운 지평』(사이언스북스,
  2012).

임경순, 정원,『과학사의 이해』(다산출판사, 2014).

임종식 외,『과학의 발전과 윤리적 고민』(라이프사이언스, 2007).

장대익,『쿤&포퍼: 과학에는 뭔가 특별한 것이 있다』(김영사, 2008).

장성권 외,『디지털권력: 디지털기술, 조직 그리고 권력』(삼성경제연구소,
  2004).

장회익,『온생명과 환경 공동체적 삶』(생각의 나무, 2008).

정정길 외,『정책학원론』개정증보판 (대명출판사, 2010).

조은희 외,『실험실 생활 길잡이』(라이프사이언스, 2007).

조희형,『과학-기술-사회와 과학교육』(교육과학사, 1994).

조희형, 최경희,『과학교육의 이론과 실제』제2판 (교육과학사, 2008).

연구윤리정보센터(http://www.cre.or.kr/)

참여연대 과학기술민주화를 위한 모임,『진보의 패러독스: 과학기술의 민주
  화를 위하여』(당대, 1999).

참여연대 시민과학센터,『과학기술・환경・시민참여』(한울, 2002).

최경희,『STS 교육의 이해와 적용』(교학사, 1996).

최재천・주일우 엮음,『지식의 통섭: 학문의 경계를 넘다』(이음, 2007).

추병완,『정보 윤리 교육론』개정판 (울력, 2005).

한겨레21세기특별기획팀 편,『새 천년 새 세기를 말한다』총 2권 (한겨레신
  문사, 1999).

한국공학교육학회,『공학기술과 인간사회: 공학소양 종합교재』(지호,
  2005).

한국과학기술학회 편,『과학기술학의 세계: 과학기술과 사회를 이해하기』
  (휴먼사이언스, 2014).

한국과학문화재단 엮음,『과학이 세상을 바꾼다』(크리에이터, 2007).

한국여성과학기술인지원센터(http://www.wiset.re.kr/)

한국환경사회학회, 『우리의 눈으로 보는 환경사회학』 (창비, 2004).

한양대학교 과학철학교육위원회 편, 『과학기술의 철학적 이해』 제6판 (한 양대학교출판부, 2017).

홍성욱, 『생산력과 문화로서의 과학기술』 (문학과 지성사, 1999).

홍성욱, 『파놉티콘: 정보사회 정보감옥』 (책세상, 2002).

홍성욱, 『네트워크 혁명, 그 열림과 닫힘』 (들녘, 2002).

홍성욱, 『과학은 얼마나』 (서울대 출판부, 2004).

홍성욱, 『인간의 얼굴을 한 과학』 (서울대 출판부, 2008).

홍성욱, 『홍성욱의 과학에세이: 과학, 인간과 사회를 말하다』 (동아시아, 2008).

홍성욱, 『홍성욱의 STS, 과학을 경청하다』 (동아시아, 2016).

홍성욱 엮음, 『인간·사물·동맹: 행위자네트워크 이론과 테크노사이언스』 (이음, 2010).

홍성욱, 백욱인 편, 『2001 싸이버스페이스 오디세이』 (창작과 비평사, 2001).

홍성태, 『현실 정보사회의 이해』 (문화과학사, 2002).

홍성태, 오병일 외, 『디지털은 자유다: 인터넷과 지적 재산권의 충돌』 (이후, 2000).

번역 문헌

고어, 앨(김명남 옮김), 『불편한 진실』 (좋은 생각, 2006).

구달, 제인 외(최재천 외 옮김), 『제인 구달의 생명사랑 십계명』 (바다출판사, 2003).

그레고리, 제인, 스티브 밀러(이원근, 김희정 옮김), 『두 얼굴의 과학: 과학과 대중은 어떻게 커뮤니케이션하는가』 (지호, 2001).

그레이스, 에릭(싸이제닉 생명공학연구소 옮김), 『생명공학이란 무엇인가』 (지성사, 2000).

기어, 찰리(임산 옮김), 『디지털 문화: 튜링에서 네오까지』 (루비박스, 2006).

나이스빗, 존 외(김홍기 옮김), 『메가트렌드 2000』 (한국경제신문사, 1997).

나카지마 히데토(김성근 옮김), 『사회 속의 과학』 (오래, 2013).

누스바움, 마르타, 카스 선스타인 엮음(이한음 옮김), 『클론 AND 클론: 당신도 복제될 수 있다』 (그린비, 1999).

니어링, 헬렌(이석태 옮김), 『아름다운 삶 사랑 그리고 마무리』 (보리, 1997).

데자르뎅, 요셉(김명식 옮김), 『환경윤리: 환경윤리의 이론과 쟁점』 (자작나무, 1999).

드부아, 조지(정진우 옮김), 『과학교육사』 (시그마프레스, 1999).

라베츠, 제롬(이혜경 옮김), 『과학, 멋진 신세계로 가는 지름길인가?』 (이제이북스, 2002).

라이너스, 마크(이한중 옮김), 『지구의 미래로 떠난 여행: 투발루에서 알래스카까지 지구온난화의 최전선을 가다』 (돌베개, 2006).

라이언, 존(이상훈 옮김), 『지구를 살리는 7가지 불가사의한 물건들』 (그물코, 2002).

라투르, 브루노(황희숙 옮김), 『젊은 과학의 전선(Science in Action)』 (아카넷, 2016).

러셀, 라이언 외(강유 옮김), 『네트워크를 훔쳐라』 (에이콘출판, 2003).

레스닉, 데이비드(양재섭, 구미정 옮김), 『과학의 윤리』 (나남, 2016).

레식, 로렌스(이주명 옮김), 『자유문화: 인터넷 시대의 창작과 저작권 문제』 (필맥, 2005).

레오폴드, 알도(송명규 옮김), 『모래 군의 열두달』 (따님, 2002).

레이몬드, 에릭(송창훈 외 옮김), 『오픈 소스』 (한빛미디어, 2000).

로뱅, 마리 모니크(이선혜 옮김), 『몬산토, 죽음을 생산하는 기업』 (이레, 2009).

로즈, 리처드(문신행 옮김), 『원자폭탄 만들기』 총2권 (사이언스북스, 2003).

로즈, 리처드(안정희 옮김), 『죽음의 향연: 광우병의 비밀을 추적한 공포와 전율의 다큐멘터리』 (사이언스북스, 2006).

롬보르, 비외른(홍욱희 외 옮김), 『회의적 환경주의자』 (에코리브르, 2003).

르윈스타인, 브루스(김동광 옮김), 『과학과 대중이 만날 때』 (궁리, 2003).

리프킨, 제레미(전영택, 전병기 옮김), 『바이오테크 시대』 (민음사, 1999).

맥그레인, 샤론(윤세미 옮김), 『두뇌, 살아있는 생각: 노벨상의 장벽을 넘은 여성 과학자들』 (룩스미아, 2007).

맥길리브레이, 알렉스(이충호 옮김), 『세계를 뒤흔든 침묵의 봄』 (그린비,

2005).

밀러, 타일러(김준호 외 옮김), 『생태와 환경』 (라이프사이언스, 2006).

바살라, 조지(김동광 옮김), 『기술의 진화』 (까치, 1996).

벅슨, 린드세이(김소정 옮김), 『환경호르몬의 반격』 (아롬미디어, 2007).

벡, 울리히(홍성태 옮김), 『위험사회: 새로운 근대(성)를 향하여』 (새물결, 1997).

보울러, 피터, 이완 모러스(김봉국, 서민우, 홍성욱 옮김), 『현대과학의 풍경』 총 2권 (궁리, 2008).

브록만, 존 엮음(안인희 옮김), 『과학의 최전선에서 인문학을 만나다』 (소소, 2006).

사더, 지아우딘(김환석, 김명진 옮김), 『토마스 쿤과 과학전쟁』 (이제이북스, 2002).

설스턴, 존, 조지나 페리(유은실 옮김), 『유전자 시대의 적들』 (사이언스북스, 2004).

쉬빙거, 론다(조성숙 옮김), 『두뇌는 평등하다: 과학은 왜 여성을 배척했는가?』 (서해문집, 2007).

슈밥, 클라우스(송경진 옮김), 『제4차 산업혁명』 (새로운 현재, 2016).

슈밥, 클라우스 외(김진희 외 옮김), 『제4차 산업혁명의 충격』 (흐름출판, 2016).

스노우, 찰스(오영환 옮김), 『두 문화: 과학과 인문학의 조화로운 만남을 위하여』 (사이언스북스, 2001).

스콧, 크리스토퍼(이한음 옮김), 『줄기세포』 (한승, 2006).

스타이거, 조지프(박길용 옮김), 『현대 환경사상의 기원』(성균관대학교 출판부, 2008).

스토크스, 도널드(윤진효 외 옮김), 『파스퇴르 쿼드런트』 (북앤월드, 2007).

시바, 반다나(한재각 외 옮김), 『자연과 지식의 약탈자들』 (당대, 2000).

싱어, 피터(김성한 옮김), 『동물해방』 (인간사랑, 1999).

싱어, 피터, 헬가 커스(변순용 외 옮김), 『생명윤리학』 총 2권 (인간사랑, 2006).

앤드루스, 로리, 도로시 넬킨(김명진, 김병수 옮김), 『인체 시장』 (궁리, 2006).

앨버드, 케이티(박웅희 옮김), 『당신의 차와 이혼하라』 (돌베개, 2004).

예거, 로버트(조희형, 최경희 옮김), 『STS 무엇인가』 (사이언스북스, 1997).

와츠맨, 주디(조주현 옮김), 『페미니즘과 기술』 (당대, 2001).

웹스터, 앤드류(김환석, 송성수 옮김), 『과학기술과 사회』 보론증보판 (한울, 2002).

웹스터, 프랭크(조동기 옮김), 『정보사회이론』 (나남출판, 1997).

위너, 랭든(강정인 옮김), 『자율적 테크놀로지와 정치철학』 (아카넷, 2000).

위너, 랭든(손화철 옮김), 『길을 묻는 테크놀로지』 (씨아이알, 2010).

윌슨, 에드워드(최재천, 장대익 옮김), 『통섭: 지식의 대통합』 (사이언스북스, 2005).

융크, 로버트(이필렬 옮김), 『원자력 제국』 (따님, 1991).

이스턴, 토머스(박중서 옮김), 『당신의 선택은? 과학기술』 (양철북출판사, 2015).

자이먼, 존(오진곤 외 옮김), 『과학과 사회를 잇는 교육』 (전파과학사, 1994).

존슨, 드보라(추병완 외 옮김), 『컴퓨터 윤리학』 (한울아카데미, 1997).

차머스, 앨런(신중섭, 이상원 옮김), 『과학이란 무엇인가』 (서광사, 2003).

카스텔, 마뉴엘(김묵한 외 옮김), 『네트워크 사회의 도래』(한울, 2008).

카슨, 레이첼(김은령 옮김), 『침묵의 봄』 (에코리브르, 2011).

커즈와일, 레이(김명남 옮김), 『특이점이 온다』 (김영사, 2007).

켈러, 이블린 폭스(민경숙, 이현주 옮김), 『과학과 젠더』 (동문선, 1996).

코완, 루스(김성희 외 옮김), 『과학기술과 가사노동(More Work for Mother)』 (학지사, 1997).

코완, 루스(김명진 옮김), 『미국 기술의 사회사』 (궁리, 2012).

콜라타, 지나(이한음 옮김), 『복제양 돌리』 (사이언스북스, 1998).

콜린스, 해리, 트레버 핀치(이충형 옮김), 『골렘: 과학의 뒷 골목』 (새물결, 2005).

콜본, 테오(권복규 옮김), 『도둑 맞은 미래』 (사이언스북스, 1997).

쿤, 토머스(김명자, 홍성욱 옮김), 『과학혁명의 구조』 제4판 (까치글방, 2013).

퍼거슨, 찰스(주홍렬 옮김), 『원자력 재난을 막아라: 원자력에 대해 알아야 할 모든 것』 (생각의 힘, 2014).

포인터, 제인(박범수 옮김), 『인간 실험: 바이오스피어 2』 (알마, 2008).

푸코, 미셸(오생근 옮김),『감시와 처벌』(나남출판, 2003).

하딩, 산드라(이재경, 박혜경 옮김),『페미니즘과 과학』(이화여대 출판부, 2002).

해리스, 찰스 외(김유신 외 옮김),『공학윤리: 개념과 사례들』제4판 (북스힐, 2012).

헤스, 데이비드(김환석 외 옮김),『과학학의 이해』(당대, 2004).

호, 매완(이혜경 옮김),『나쁜 과학: 근본적으로 위험한 유전자조작 생명공학』(당대, 2005).

호프만, 로얼드(이덕환 옮김),『같기도 하고 아니 같기도 하고』(까치, 1996).

화이트, 린(강일휴 옮김),『중세의 기술과 사회변화』(지식의 풍경, 2005).

휴즈, 토머스(김명진 옮김),『현대 미국의 기원: 발명과 기술적 열정의 한 세기, 1870~1970』총2권 (나남, 2017).

찾아보기

2판 과학기술로
세상 바로 읽기

지은이 • 송성수·최경희
발행인 • 조승식
발행처 • (주) 도서출판 북스힐
등록 • 제22-457호
주소 • 01043 서울시 강북구 한천로153길 17
www.bookshill.com
E-mail • bookshill@bookshill.com
전화 • 02-994-0071
팩스 • 02-994-0073

2011년 6월 10일   초판 1쇄 발행
2015년 2월 20일   초판 3쇄 발행
2017년 8월 31일   2판 1쇄 발행

값 18,000원
ISBN 979-11-5971-087-2